“低慢小”目标柔性拦截网动力学与性能仿真研究

卞伟伟　贾彦翔　邱旭阳　编著

DYNAMICS AND PERFORMANCE SIMULATION OF FLEXIBLE INTERCEPTION NET FOR LOW SLOW SMALL TARGETS

北京理工大学出版社
BEIJING INSTITUTE OF TECHNOLOGY PRESS

图书在版编目（CIP）数据

“低慢小”目标柔性拦截网动力学与性能仿真研究 / 卞伟伟，贾彦翔，邱旭阳编著. --北京：北京理工大学出版社，2021.5

ISBN 978-7-5682-9885-8

Ⅰ. ①低…　Ⅱ. ①卞…　②贾…　③邱…　Ⅲ. ①航空器–空防–研究　Ⅳ. ①E926.4

中国版本图书馆 CIP 数据核字（2021）第 110658 号

出版发行 / 北京理工大学出版社有限责任公司
社　　址 / 北京市海淀区中关村南大街 5 号
邮　　编 / 100081
电　　话 /（010）68914775（总编室）
（010）82562903（教材售后服务热线）
（010）68944723（其他图书服务热线）
网　　址 / http://www.bitpress.com.cn
经　　销 / 全国各地新华书店
印　　刷 / 三河市华骏印务包装有限公司
开　　本 / 710 毫米×1000 毫米　1/16
印　　张 / 16.75
字　　数 / 300 千字
版　　次 / 2021 年 5 月第 1 版　2021 年 5 月第 1 次印刷
定　　价 / 89.00 元

责任编辑 / 孙　澍
文案编辑 / 国　珊
责任校对 / 周瑞红
责任印制 / 李志强

前　言

随着国内低空空域开放进程的加快以及无人机研制水平的不断提升，以无人机为代表的“低慢小”类航空器发展迅速。由于其威胁样式更加先进、实战威胁能力更强，对要地防护与重大活动安保构成了极大威胁。柔性拦截网因其容错范围大、目标测量与制导控制精度要求低、碰撞危险小和安全系数高等特点，在空天领域空间碎片清除问题上得到了越来越多的关注。同样地，由于高容差、低要求、低成本和避免二次毁伤等特性，将柔性拦截网用于捕获无人机类“低慢小”目标也受到了世界各国和有关组织机构的重视。

柔性拦截网空中展开过程作用时间短、动态变化快，流固耦合现象严重，且相比空间飞网，其处于超低空，气动环境复杂多变，地面试验尚难以模拟其动态特性，导致其展开过程存在很大的不确定性。本书针对上述问题，根据国家国防科技工业局“十三五”重大专项“基于多元探测复合拦截的‘低慢小’目标协同防控关键技术”项目大面积柔性网定向投送/长滞空展开技术开展相关研究工作，主要包含柔性拦截网网绳动力学、柔性拦截网长滞空网型保持、多柔性拦截网联合组网、柔性拦截网空中开网效果评估等方面。本书的内容既能使读者对用于无人机捕获的柔性拦截网有一定的了解，也能为柔性拦截网系统的动力学仿真与工程设计提供相关的设计理论和方法，同时也为柔性拦截网在其他领域中的应用提供了研究方法上的参考和借鉴。

本书由中国航天科工二院二〇六所卞伟伟博士、贾彦翔博士、邱旭阳研究员、杨静伟高级工程师、刘亮高级工程师、陈青全博士编著，书稿完成后由卞伟伟博士统筹编著。由于作者对各章节内容进行相互交叉的补充、修改并统稿、定稿，因此很难清楚地写明各位作者的具体撰写内容。在本书成稿过程中，得到了很多同行专家的指导和项目实施团队的帮助，在此表示衷心感谢；同时特别感谢国防科技大学空天科学学院张青斌教授与张国斌博士提供的大力支持，在此谨致深切谢意。

本书内容是在博士论文及项目研究成果的基础上扩充修改的。由于时间仓促，限于作者水平有限，书稿在撰写过程中虽投入了大量的精力，但难免存在疏漏和不妥之处，恳请广大读者批评指正。

编著者

2021 年 2 月

目录

第1章

绪　　论

1.1 “低慢小”目标反制技术研究

“低慢小”目标（low slow small target，LSST）是低空、慢速、小型航空器的统称，主要包括部分军用无人机、航空模型、部分有人驾驶飞行器（如动力伞、滑翔翼）和空飘气球等，以微小型无人机为主。随着无人机技术的发展，无人机价格更低、操作更简单且更容易获取，在地形测绘[1-2]、矿产探测[3-4]和地震灾害预警勘察[5-6]等方面发挥着越来越重要的作用。但是同时，“低慢小”目标具有飞行高度低、飞行速度慢、体积小、造价低、易操作、起飞要求低、难以探测发现且处置相对困难等特点[7-8]，已成为各种破坏活动的主要媒介。目前在全球已发生多起无人机非法进入敏感空域事件和无人机贩毒、走私和暴力活动事件[9-13]，关于“低慢小”航空器非法测绘、抵近侦察、扰乱正常航空秩序的报道频频见诸报端，造成了较大的负面影响和经济损失，给社会稳定及安全保卫工作带来重大挑战及安全隐患，严重影响到国家安全和经济发展，因此反无人机技术成为近几年来世界各国关注的热点课题[14-17]。

目前，用于“低慢小”目标防控的探测拦截系统层出不穷[18-23]，其中常用的无人机反制方案主要有直接击落、阻断干扰和其他方案。根据无人机损毁程度不同，直接击落方式分为两种，一种是暴力摧毁，即运用火炮攻击，将目标飞行器在空中完全炸毁；一种是击伤坠落，即采用小口径武器或者激光武器将目标飞行器击伤而使其坠毁，如图 1.1、图 1.2 所示。

图 1.1 美国军方悍马激光枪

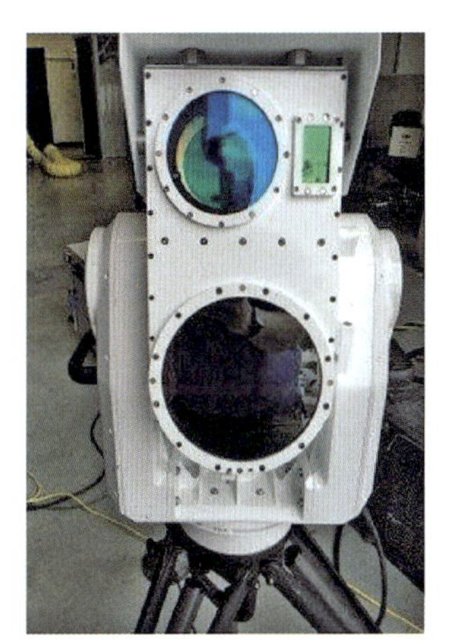

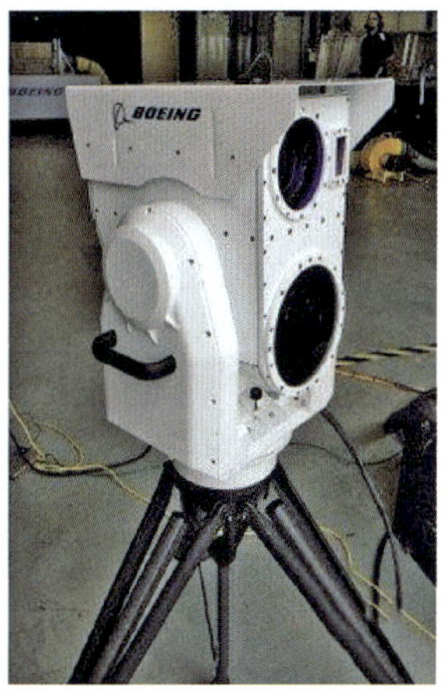

图 1.2 美国波音公司激光炮

对无人机进行阻断干扰的方式主要有电波干扰、微波干扰、声波干扰和 GPS（全球定位系统）信号干扰三种。其主要工作原理分别为：①向目标无人机发射定向的微波或射频，干扰无人机的硬件或切断无人机与遥控器之间的通信，从而迫使无人机自行降落或者返航，如图 1.3、图 1.4 所示；②用声波来干扰无人机的硬件，主要是干扰无人机内部陀螺仪功能使其丧失工作能力；③通过干扰无人机的 GPS 导航系统，使其失控。

图 1.3　美国无人机狙击枪

图 1.4　英国 AUDS 反无人机系统

其他一些无人机反制方法，如系统控制型，即利用无人机内实时操作系统的内置 Wi-Fi 功能和开放的 Telnet 端口来侵入并操作无人机；又比如荷兰警方训练动物－鹰对无人机进行抓捕等。

目前新兴的柔性拦截网捕获目标方式，以其高容差、低要求和低成本等特性，正受到世界各国和各组织的重视。柔性拦截网捕获方法按发射位置，分为地面发射捕获和空中捕获。

（1）地面发射捕获是利用地面瞄准和发射装置，将带有降落伞的柔性拦截网发射至目标附近，完成目标捕获操作后，打开降落伞降落回收。图 1.5 为英国公司 OpenWorks 研发出的 SkyWall 肩扛式网弹发射器，图 1.6 为中国航天科工二院二〇六所研发的“天网一号”反无人机柔性拦截网捕获系统。

（2）空中捕获是利用装载有柔性拦截网的无人机在空中锁定目标无人机，将其捕获并运送至指定区域进行进一步处理。图 1.7 为日本警方的垂直网无人机系统（中国航天科工二院二〇六所亦有类似研究），图 1.8 为美国密歇根理工大学研制的无人机捕获系统。

图 1.5 英国 SkyWall 肩扛式网弹发射器

图 1.6 “天网一号”反无人机柔性拦截网捕获系统

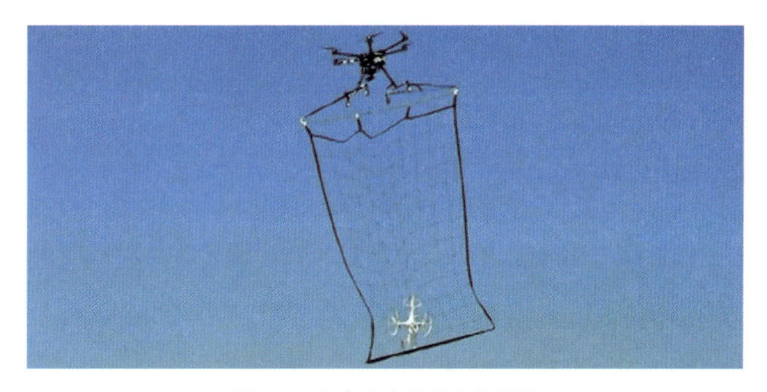

图 1.7 日本垂直网无人机系统

图 1.8 美国密歇根理工大学研制的无人机捕获系统

1.2 柔性拦截网系统动力学及试验研究

除了上述介绍的各大柔性拦截网工程项目外，相关组织和学者也针对柔性拦截网的动力学特征进行了理论研究与试验。Benvenuto 等[24-26]结合 3D 运动重建技术进行了地面测试和微重力测试，建立了空间柔性拦截网系统的多柔体动力学模型，分析了抓捕碰撞过程中柔性拦截网与目标之间的摩擦力对系统稳定性和目标动量矩耗散的影响，同时分析了轨道转移过程中翻滚目标与柔性拦截网之间的扰动，研究了轨道转移过程中通过系绳对非合作目标的控制。

Lavagna 等运用弹簧－阻尼等效模型对柔性拦截网动力学特征进行了研究，采用如图 1.9 所示的柔性拦截网发射装置进行了小型柔性拦截网发射展开与收口试验，通过仿真对比，验证了模型的正确性和收口装置的可靠性。

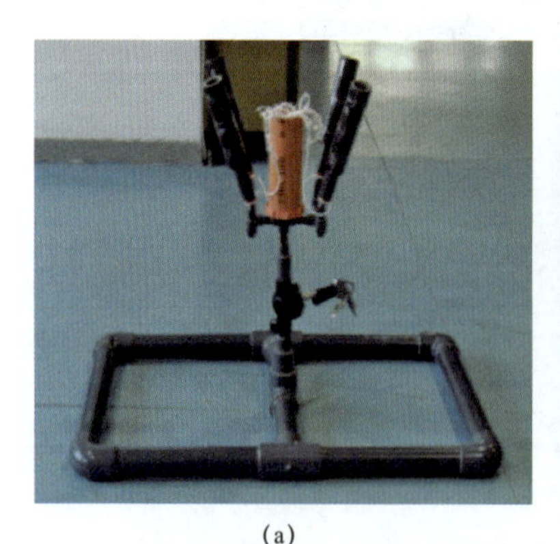

(a)

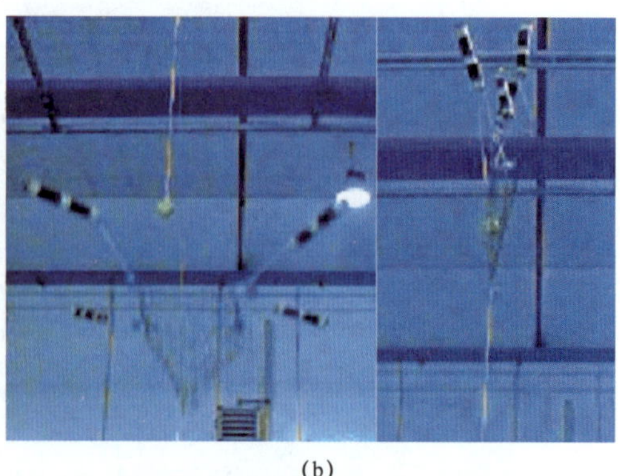

(b)

图 1.9 Lavagna 团队的小型柔性拦截网

(a) 试验发射装置；(b) 试验过程

Botta 和 Sharf 等[27-30]采用集中质量法建立了空间柔性拦截网的动力学模型，分析了柔性拦截网与目标的碰撞动力学，研究了柔性拦截网发射参数与柔性拦截网自身系统设计参数之间的关系。还通过在柔性拦截网模型中引入绳索单元间的弯曲刚度[31]，分析了绳索弯曲对柔性拦截网运动的影响，结果表明绳索单元的弯曲刚度会显著增加仿真计算耗时并且延缓柔性拦截网在发射阶段和碰撞阶段的外形变化。此外，该团队运用试验的方法[32-33]，进行了柔性拦截网动力学模型验证，提出一种如图 1.10 所示的柔性拦截网收口方法，并通过如图 1.11 所示的样机对该种收口方法的有效性进行了验证。

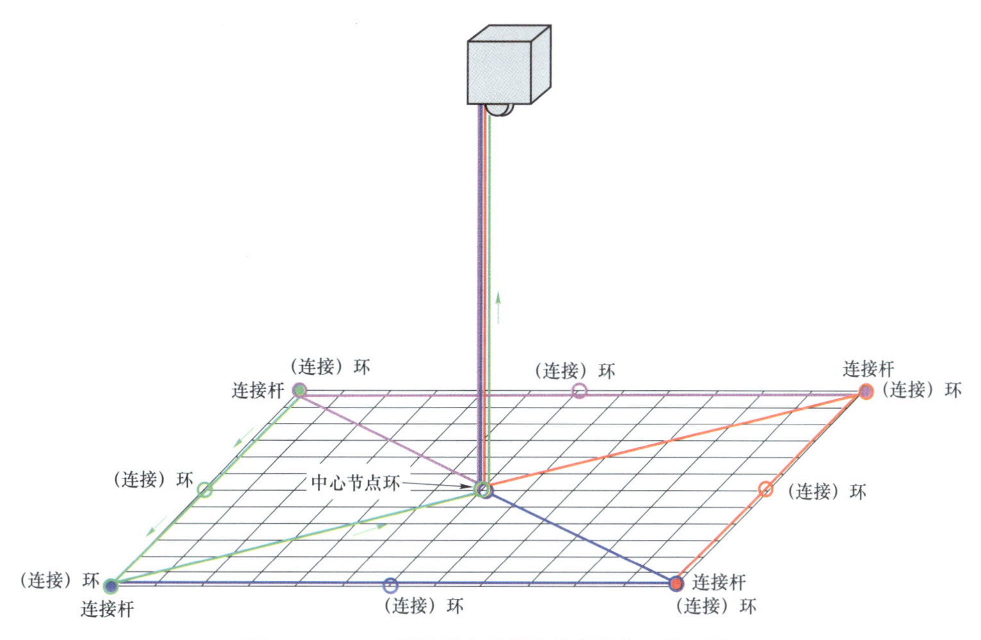

图 1.10 Sharf 团队提出的柔性拦截网收口原理图

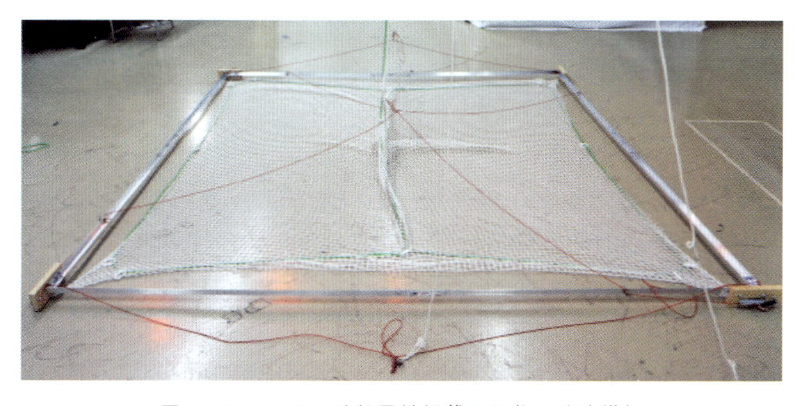

图 1.11 Sharf 团队的柔性拦截网及收口试验样机

Shan 和 Gill 等[34-35]利用绝对节点坐标法和弹簧–阻尼模型开展了对空间柔性拦截网的动力学建模研究，选取了最大开网面积、发射时间、飞行距离和有效时间等关键参数对柔性拦截网捕获性能进行了考量，对比了集中质量法和绝对节点坐标法建立模型的仿真结果，还分别通过集中质量法和绝对节点坐标法对 ESA（欧洲航天局）资助的抛物线飞行试验进行了验证分析。研究表明，绝对节点坐标法与弹簧–阻尼模型的计算结果基本一致，虽然绝对节点坐标法建立的模型可以更加细致地描述柔性拦截网的变形特征，但计算耗时也更长。

国防科技大学陈钦等[36-38]针对柔性拦截网系统进行了分析，讨论了与柔性拦截网展开面积相关的各个参数及其影响，并进行了大量地面试验。此外，该团队还设计了机械收口机构，通过试验验证了其工作的可靠性[39-41]。南京理工大学的庞兆君等[42]采用弹簧–阻尼模型进行了柔性拦截网的动力学建模，并针对柔性拦截网的自接触问题，基于线–线接触模型进行了柔性拦截网回弹后的自接触过程中绳索碰撞接触的非线性动力学研究。哈尔滨工业大学翟光等[43-45]建立了空间条件下的柔性拦截网系统展开动力学模型和柔性拦截网的姿态动力学模型，分析了柔性拦截网的动力学特性，研究了姿态协调控制和柔性拦截网发射参数的规划问题，采用 Hill 方程对系统任务过程中的误差补偿和前馈控制问题进行了研究[46]，同时对柔性拦截网与目标碰撞的非线性动力学问题进行了探索。清华大学于洋等[47-48]应用绝对节点坐标法建立了简单几何柔性拦截网的动力学模型，并结合 ABAQUS 软件分析了柔性拦截网的松弛现象，建立了相应松弛模型，然后对柔性拦截网的发射参数进行了优化设计[49-51]。北京航空航天大学赵国伟等 [52-53]基于离散质点系统假设，建立了柔性网体的质量球–杆模型，并成功解决了实际问题，还基于 LS-DYNA 软件进行了柔性拦截网的动力学分析。浙江大学郭吉丰等[54]设计并试验了一种收口机构，并针对任务过程中的质量块翻滚缠绕问题进行了优化与改进；此外，对柔性拦截网与卫星之间连接绳索的张力进行了研究[55-56]，并设计了控制器进行控制。王楠等[57]采用绝对节点坐标法对空间充气网袋进行了动力学建模，对非合作目标捕获任务进行了分析。

此外，还有很多关于绳索本身以及绳系卫星中的绳索动力学相关研究，如 Williams 等[58-59]研究了绳索在空气作用力和重力的影响下的动力学特性，还进行了绳系卫星中绳索的动力学特性的研究；Hobbs[60]分析了绳索内部结构对弹性和疲劳断裂性能的影响；Papazoglou 等[61]进行了水下绳索的非线性响应研究；Rega 等[62-63]对面内受横向激励时的绳索非线性动力学进行了研究；Koh 等[64]进行了绳索大变形研究，并与试验进行了对比；Barbieri 等[65-67]对电线在大气中的动力学特征进行了研究；Gosling 等[68]开发了一种能够模拟绳索弯曲效应的有限元单元，并对电缆在空气中的运动进行了模拟；Gattulli 等[69]研究了电缆在接近谐振时会导致大幅度振荡的问题，采用简化的有限元模型进行了研究；Buckham 等[70]对拖车/船所用绳索的动力学特征进行了研究；丁浩等[71]对水下拖曳绳索在随机脉动压力下的响应进行了研究。此外，大量学者[72-76]对 NASA（美国国家航空航天局）资助下的 MXER（the Mometun Exchange Electrodynamic Reboost）项目及类似问题进行了绳索相关动力学研究。

经过调研后可以发现，绳索的建模主要有连续和离散两种方法。绳索的连续模型通过建立在平衡位置附近的偏微分方程来求解绳索的内力分布和形变问题。但是柔性拦截网结构中绳索单元数量庞大，工作应用过程较为复杂，很难用连续模型进行动力学分析，因此柔性拦截网建模过程中主要运用离散模型进行动力学求解。现有的柔性拦截网离散动力学建模主要分为三种，分别是集中质量模型、刚性杆模型和绝对节点坐标模型。

柔性拦截网的集中质量模型是将柔性拦截网以绳结为分界进行离散后，将每一个绳段用若干集中质量单元进行模拟，每个单元的质量平均分配至两端节点。在仿真过程中，可以通过计算绳段当前长度与原长的差值得到绳段的变形量，通过计算绳段两端节点相对速度在绳段上的投影得到变形速度。然后根据绳索本构关系计算得到绳段内的张力，再结合节点受到的外力，即可求解单个集中质量点的动力学问题。绳索的集中质量单元模型划分可见图 1.12。

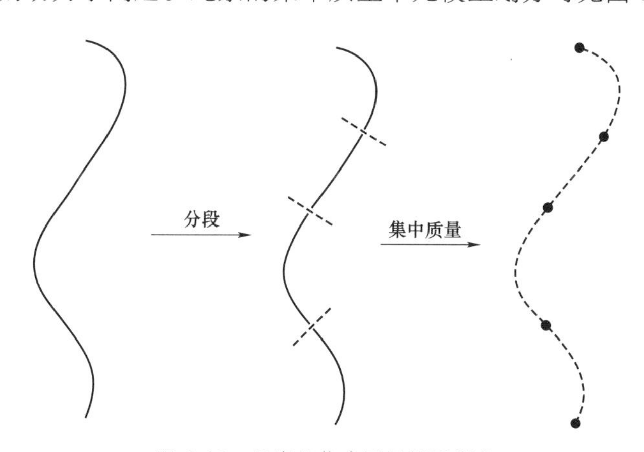

图 1.12 绳索的集中质量模型划分

柔性拦截网的刚性杆模型是将离散后得到的绳段划分为若干个刚性杆，每个刚性杆采用单刚体动力学方程求解。此外，单个绳段内部若干刚性杆之间的连接主要有两种处理方式，分别是直接球铰连接和间接弹簧–阻尼单元连接，如图 1.13 所示。

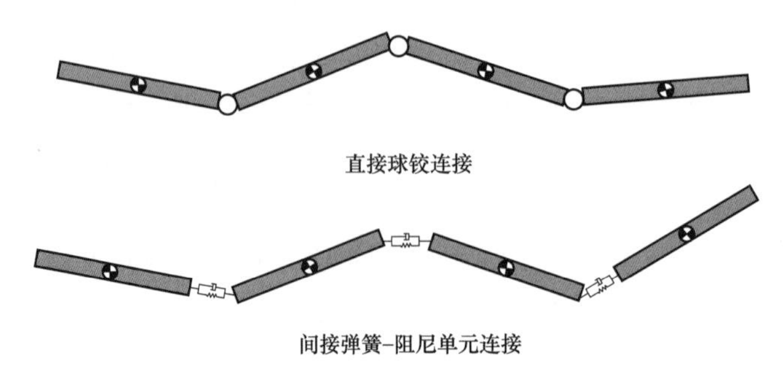

图 1.13 刚性杆模型示意图

绝对节点坐标法是由 Shabana[77]提出的一种柔性多体建模方法，是多柔体系统动力学领域的重要突破。其主要特点是将单元关于物质坐标的导数项也引入单元的节点坐标中来，并且由于是在惯性坐标系中进行动力学分析，该方法中不存在科氏力和离心力项，如图 1.14 所示。

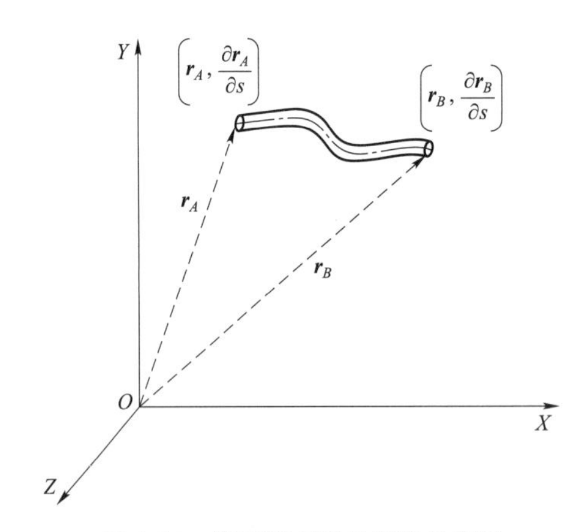

图 1.14 绝对节点坐标模型示意图

1.3 柔性拦截网控制相关研究

通过大量的地面测试和仿真模拟后发现，传统柔性拦截网展开到最大面积后将迅速回弹，这极大地限制了柔性拦截网的应用。为了抑制甚至消除柔性拦截网的回弹运动，国内外学者进行了多种尝试。

Tibert 和 Gardsback 等借鉴太阳帆的展开，提出一种柔性拦截网旋转展开方式，并设计了一种能最大限度减小卫星能耗和振荡的控制方法[78－81]，使得柔性拦截网展开后能够保持张开状态直至任务结束，图 1.15 为柔性拦截网旋转展开过程示意图。此种柔性拦截网展开方式的优点是柔性拦截网能够一直保持捕获任务所需的形状；缺点是展开所需时间较长，配套结构较为复杂，且需进行在轨操作。

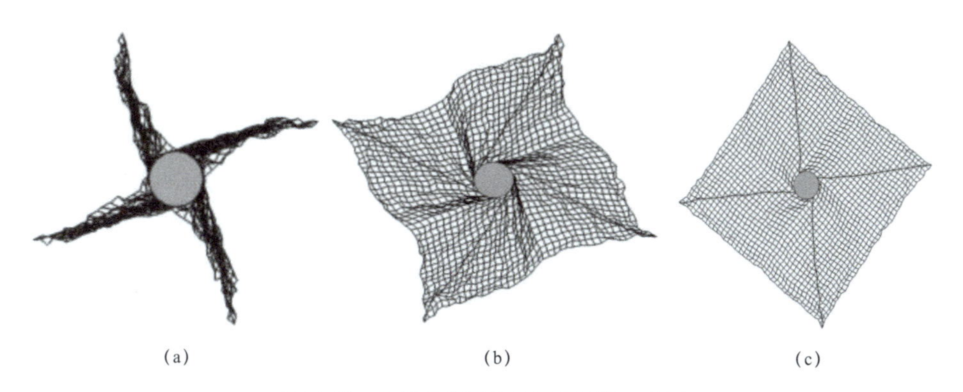

图 1.15　柔性拦截网旋转展开过程示意图
（a）开始展开；（b）展开过程；（c）完成展开

西北工业大学计算机学院黄攀峰等[82]提出了一种全新可操纵的空间柔性拦截网–机器人系统，如图 1.16 所示。该系统在继承了柔性拦截网的各种优势的前提下，机器人的机动性能增大了成功捕获空间碎片的可能性。在建立系统动力学模型之后[83]，黄攀峰还提出了一种基于 Leader-Follower 方法的净保持控制策略[84]和一种辐射开环空间绳系机器人编队系统[85]。上述柔性拦截网控制方法的优点是柔性拦截网能够较长时间地保持所需形状，并且能够根据任务要求主动改变柔性拦截网构形；缺点是系统设计复杂，对配套系统要求同样较高，且需进行在轨操作。

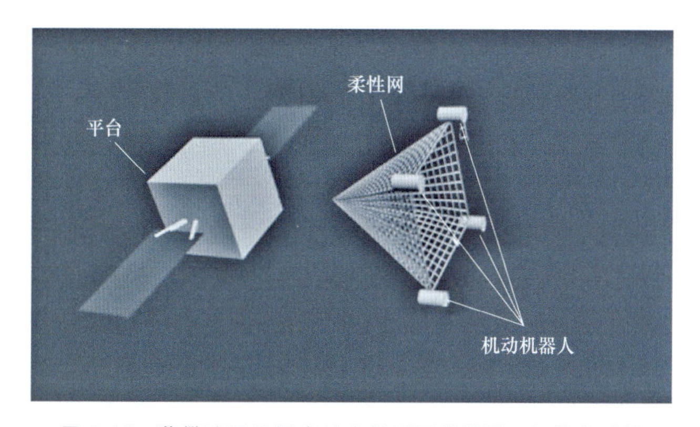

图 1.16　黄攀峰团队提出的空间柔性拦截网–机器人系统

北京工学院的翟光等[86]通过控制柔性拦截网与卫星之间的连接绳内部的张力，来达到抑制柔性拦截网平面内的自由运动、减弱柔性拦截网的回弹运动的目的，并且在引入卫星运动特性后，提出了一种综合控制方案。上述柔性拦截网控制方法的优点是操作简单易于实现；缺点是不能完全消除柔性拦截网的回弹运动，且在消耗柔性拦截网平面内的运动能量的同时，对柔性拦截网纵向飞行能量也进行了消耗，另外控制的实现需要进行在轨操作。

1.4 计算优化相关研究

柔性拦截网系统的动力学比较复杂，设计参数较多，在具体的工程设计中涉及仿真计算优化问题。此类优化问题需要耗费大量的计算时间[87]来评估其候选解决方案的质量，这大大降低了迭代算法的效率和有效性。为了显著减少优化过程中性能评估的次数，代理辅助优化算法[88-90]（surrogate assisted optimization algorithms，SAOA）应运而生。SAOA 构造了耗时更少的替代模型来近似未知的优化问题，然后使用替代模型指导优化过程。SAOA 的每次迭代通常都有一个建模步骤和一个填充采样步骤。在建模步骤中，它使用可用的样本来构建代理模型。在填充采样步骤中，它会基于构造的替代模型查找新样本用以进行耗时评估。通常，替代模型的近似质量越高，新选择的样本越好。因此，SAOA 的性能首先受到代理模型质量的影响。目前 SAOA 中使用的一些比较通用的替代模型包括多项式回归（polynomial regression，PR）模型[91]、径向基函数（radial basis function，RBF）模型[92]、高斯过程[88]（Gaussian processes，GP）和 Kriging 模型[93-94]等。采样标准的选择对优化问题同样重要，在经典的 SAOA 中，已经提出了许多填充采样标准来确定用于昂贵评估的新样本，如预期改进[88]（expected improvement，EI）、概率改进[95]（probability improvement，PI）、较低置信区间[96]（lower confidence bound，LCB）、可靠区域准则[97]等。无论采用哪种填充标准或预筛选机制，都应在开发与探索之间保持良好的平衡。

柔性拦截网系统还涉及多目标优化问题，而针对此类多目标耗时优化问题，国内外学者进行了大量探索。Messac[98]提出了一种基于物理规划（physical programming，PP）的灵活的鲁棒设计优化方法，使总目标函数（aggregate objective function，AOF）的变化最小，从而使输入变化对物理系统的影响最小。田志刚等[99]将物理规划与神经网络和模糊逻辑相结合，结合工程实际，进行了

PP 法的相关研究。Fonseca 等[100]提出了多目标遗传算法，基于前沿解支配关系对每个迭代步中的优秀个体进行统计并排序，基于预设的选取数进行下一代的选择。

Deb 等[101]分析了传统多目标遗传算法的不足，提出了非劣排序遗传算法（non-dominated sorting genetic algorithm，NSGA），经过经典算例的验证，证明了该方法可以扩展到更高维度和更困难的多目标问题。随后，Deb 团队对 NSGA 方法进行了改进，提出了 NSGA-Ⅱ算法，解决了 NSGA 计算复杂、非精英解靠近和需指定共享参数等不足[102]。NSGA-Ⅱ法是近年来最流行的优化算法。Horn 等[103]提出一种小生境 Pareto 遗传算法，通过采用基于 Pareto 支配的集合的选择机制和适应度共享机制对传统遗传算法进行了改进。Zitzler 等[104-105]提出强度 Pareto 进化算法（strength pareto evolutionary algorithm，SPEA），在第二个连续更新的外部群体中存储每一代找到的非支配解决方案，并根据支配它的外部非支配点的数量评估一个解的适应度。改进的强度优化前沿算法 SPEA2，引入了基于细粒度的适应度赋值算法，对边界处理效果更好。

Knowles 等[106]提出一种 Pareto 存档进化策略（Pareto archived evolution strategy，PAES），该方法由（1+1）进化策略和记录非支配解的历史存档组成，该方法没有交叉算子，只有变异算子，通过删除最靠近的点来保持外部存档的规模。Das 等[107]提出了一种法向边界交叉（normal boundary intersection，NBI）方法，在目标集左下角边界部分中寻找一组直线来近似优化前沿。

Wettergren[108]将遗传算法和边界交叉（boundary intersection，BI）法结合提出了基于遗传算法的法线边界交叉方法，通过与经典算例对比验证了方法的有效性。Tseng 等[109]针对平滑函数和可分离凸函数之和的最小化问题，提出了一种坐标梯度下降的方法，在局部 Lipschitzian 误差界限假设下，建立了全局收敛的线性收敛方法。Zhang 等[110-112]结合传统分解方法，提出了一种基于分解的多目标进化算法（multi objective evolutionary algorithms based on decomposition，MOEA/D），将多目标问题分解为多个单目标优化问题，然后利用一定数量相邻问题的信息，采用进化算法对这些子问题同时进行优化。这种方法较为显著地降低了优化算法的复杂度，并且由于其算法特点，可以进行并行计算，大大增加了计算效率。Nebro 等[113]基于上述 MOEA/D 提出了一种基于线程的并行计算方法，并进行了试验验证。丰志伟深入研究了基于分解的多目标进化算法和耗时优化算法[114]，提出了椭球分解方法和基于 MOEA/D 的多点加点序列优化方法，并应用于滑翔飞行器多目标轨迹优化、柔性航天器控制–结构一体化设计和火星探测器气动外形和进入段弹道多目标优化设计中。

1.5 本书主要内容

本书重点围绕柔性拦截网系统中若干重要动力学问题，以及工程应用中的优化设计问题，开展柔性拦截网网绳及其展开动力学研究，对柔性拦截网长滞空网型保持、多柔性拦截网空中动态组网、柔性拦截网开网效果开展仿真分析，并将选定的配置参数用于“低慢小”目标（无人机）柔性拦截网系统动力学模型优化设计。

第 1 章主要对“低慢小”目标反制技术进行介绍，阐述柔性拦截网系统动力学及试验研究、控制相关研究与计算优化相关研究等研究现状。第 2 章研究柔性拦截网网绳的动力学问题。针对工程应用中的多柔体和大变形动力学分析理论，建立了考虑空气作用力的集中质量模型、两节点非线性绳索单元模型和绝对节点坐标模型，在通过试验获取了柔性拦截网材料的特性参数后，对三种动力学模型的性能进行了对比分析。第 3 章建立柔性拦截网网绳展开过程的精细动力学模型。提出一种新的网绳初始折叠模式，根据网绳与网包之间的相对位置关系，建立网绳拉出展开过程的精细动力学模型，并且采用伪柔性单元对由于长期折叠封贮导致的绳索弯曲变形进行模拟与验证，最后提出柔性拦截网开网效果的主要评估指标。第 4 章针对柔性拦截网长滞空网型保持的典型仿真工况，对四边形、六边形柔性拦截网的滞空时间进行仿真分析，并对相关参数进行拟合。第 5 章对柔性拦截网的空中联合组网开展仿真研究，分析有效拦截面积、响应快速性影响因素；针对空间柔性拦截网捕获任务，辅以最小柔性拦截网和质量块总质量开展柔性拦截网系统的多目标优化方法设计；并以两网、三网、四网为典型组合情况开展多网联合组网仿真分析。第 6 章对柔性拦截网空中开网效果进行研究，以最大捕获能力和最小设计风险为出发点，综合考虑各方面因素对柔性拦截网性能的影响，设计正交仿真试验方法，以最大有效捕获距离和最小柔性拦截网内力为目标开展柔性拦截网系统的灵敏度分析。第 7 章针对“低慢小”目标捕获问题，对柔性拦截网捕获系统进行优化设计，建立结合捕获平台发射飞行、发射展开捕获、降落伞回收的反无人机柔性拦截网捕获过程动力学模型，采用试验的方法对模型进行了部分验证。第 8 章对全书的主要研究内容及主要创新点进行归纳总结。

第 2 章

柔性拦截网网绳动力学研究

2.1 引 言

相比空间环境，柔性拦截网在空中发射、展开、与目标碰撞及收缩运动过程中，作用时间短、动态变化快、流固耦合现象严重，具有高动态、强变化的特性，其动力学建模的核心问题是网绳的动力学分析，只有建立足够精确的网绳动力学模型，才能够真实地反映柔性拦截网的运动过程。本章将网绳离散成若干单元，采用集中质量法、非线性绳索单元法和绝对节点坐标法分别进行网绳的动力学建模，在通过试验获取网绳材料的特性参数后，利用柔性单摆试验对三种动力学模型的性能进行对比分析。

2.2 网绳的几何非线性特征

柔性拦截网属于典型的非线性、多柔性体动力学系统，其网绳具有“可拉不可压”的特殊性质，即使在线弹性假设下的小变形系统，其动力学响应也具有几何非线性特征，目前还很难建立精确的动力学模型。

不失一般性，以如图 2.1 所示的一个简单绳索系统为例，绳索两端固连在 B 、D 两点处，且 B 、D 两点间的距离为 $2L$，绳索的刚度记为 EA（轴力比轴向线应变），绳索原长为 $2L_0$，预应变及预拉力分别为 ε_0 和 T_0。在外载荷 F 的作用下，绳索在中点 C 处的垂直位移为 y，绳索伸长 $2\Delta L$，应变增加到 ε，应力增加到 T，中点 C 位移到 C'。

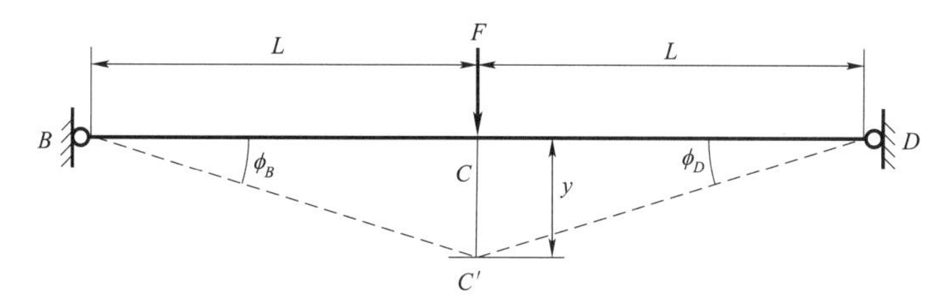

图 2.1　简单绳索系统示意图

在外载荷 F 的作用下，绳索的应变可以表示为

$$
\begin{aligned}
\varepsilon &= \frac{\Delta L}{L_0} \\
&= \frac{(1+\varepsilon_0)L_0 \sec\phi_B - L_0}{L_0} \\
&= (1+\varepsilon_0)\sec\phi_B - 1 \\
&= (1+\varepsilon_0)\sqrt{1+\left(\frac{y}{L}\right)^2} - 1
\end{aligned}
\tag{2.1}
$$

在小变形假设下存在如下近似关系：

$$\sin\phi_B \approx \frac{y}{L} \tag{2.2}$$

$$\varepsilon = (1+\varepsilon_0)\sqrt{1+\left(\frac{y}{L}\right)^2} - 1 \overset{\frac{y}{L_0}\to 0}{=} (1+\varepsilon_0)\left(\frac{y^2}{2L^2}+1\right)^2 - 1 \tag{2.3}$$

根据静力平衡条件，在绳索中点 C' 可以得到

$$2T\sin\phi_B = F \tag{2.4}$$

由式（2.2）与式（2.4）得到

$$T = \frac{FL}{2y} \tag{2.5}$$

在线弹性假设下，系统的本构方程为

$$T = \varepsilon EA$$

$$\varepsilon_0 = \frac{T_0}{EA} \tag{2.6}$$

由式（2.3）～式（2.6）可以得到

$$\left(\frac{EA}{L^3} + \frac{T_0}{L^3}\right)y^3 + \frac{2T_0}{L}y = F \tag{2.7}$$

式（2.7）即该简单绳索系统的力学控制方程，它表明，即使在线弹性、小变形的假设下，绳索系统的外力与位移也不是简单的线性关系。

针对图 2.1 所示的简单系统，假设绳索的刚度 $EA = 80\,000\ \text{N}$，$2L_0 = 2\ \text{m}$，图 2.2 是预拉力分别为 0、500 N、1 000 N 时，绳索中点处的垂直位移与外载荷之间的关系曲线。从图中可以看出，预拉力越大，则曲线的斜率越大，也就是绳索抵抗外力的能力越强，同时也说明绳索的动力学问题具有明显的非线性动力学特征，不同于通常的线性系统。

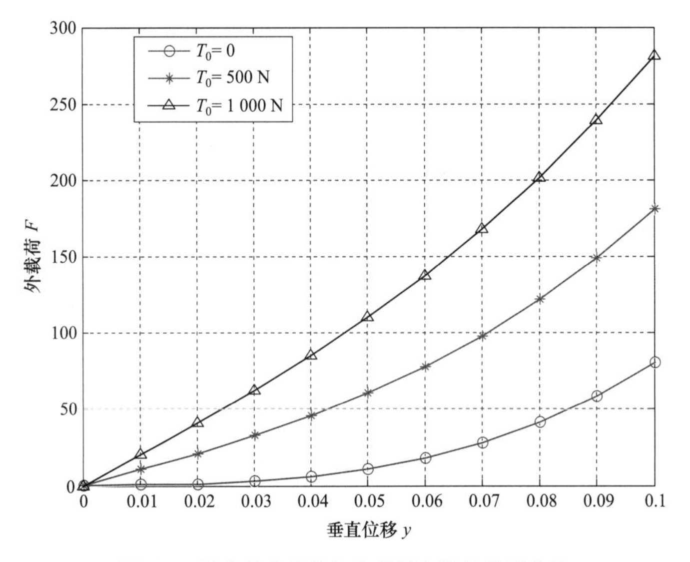

图 2.2　绳索垂直位移与外载荷之间的关系曲线

2.3　集中质量法

2.3.1　模型描述

为了分析网绳的动力学问题，采用离散化的建模思路，将绳索离散为若干有限段，然后将各绳段的质量集中在两端点处，即柔性拦截网的绳段节点处，而后将绳索受到的外力均匀分布于各有限段两侧节点，并结合绳索内力建立网绳的动力学模型，如图 2.3 所示。

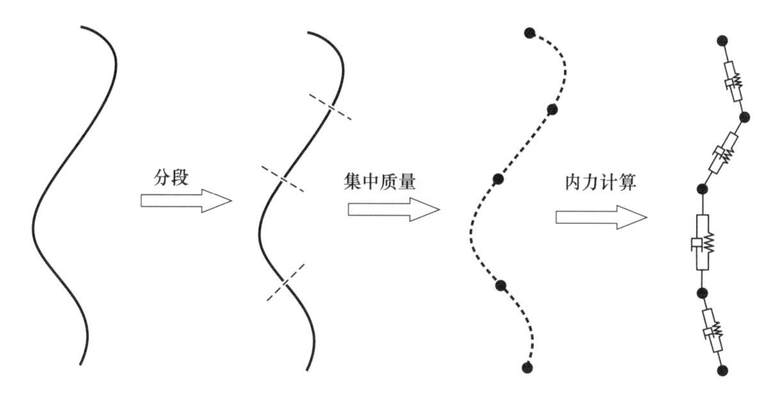

图 2.3　集中质量法建模思路示意图

由于绳索极度柔软，仅能承受拉力，故可假设绳段节点之间由弹簧相连，而且该弹簧只能承受拉力，而不能承受压力，同时考虑到绳索的阻尼效应，则可将各绳段处理为集中质量阻尼弹簧，这就是“集中质量弹簧模型”，如图 2.4 所示，或“半弹簧–阻尼模型”，如图 2.5 所示。

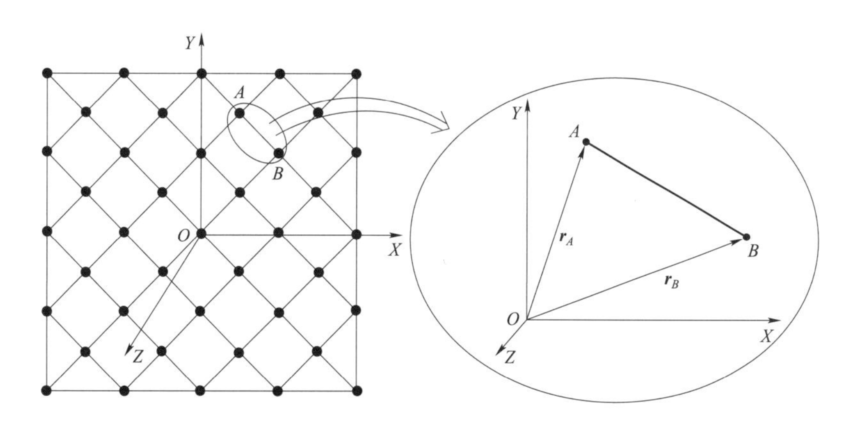

图 2.4　集中质量弹簧模型

图 2.6 为绳段单元示意图，在模型中将第 n 个绳段处理为质量集中在端点的“弹簧–阻尼”元件，并将其刚度记为 k_n，阻尼系数记为 c_n，第 n 个绳段节点的坐标分量为 x_n、y_n、z_n。

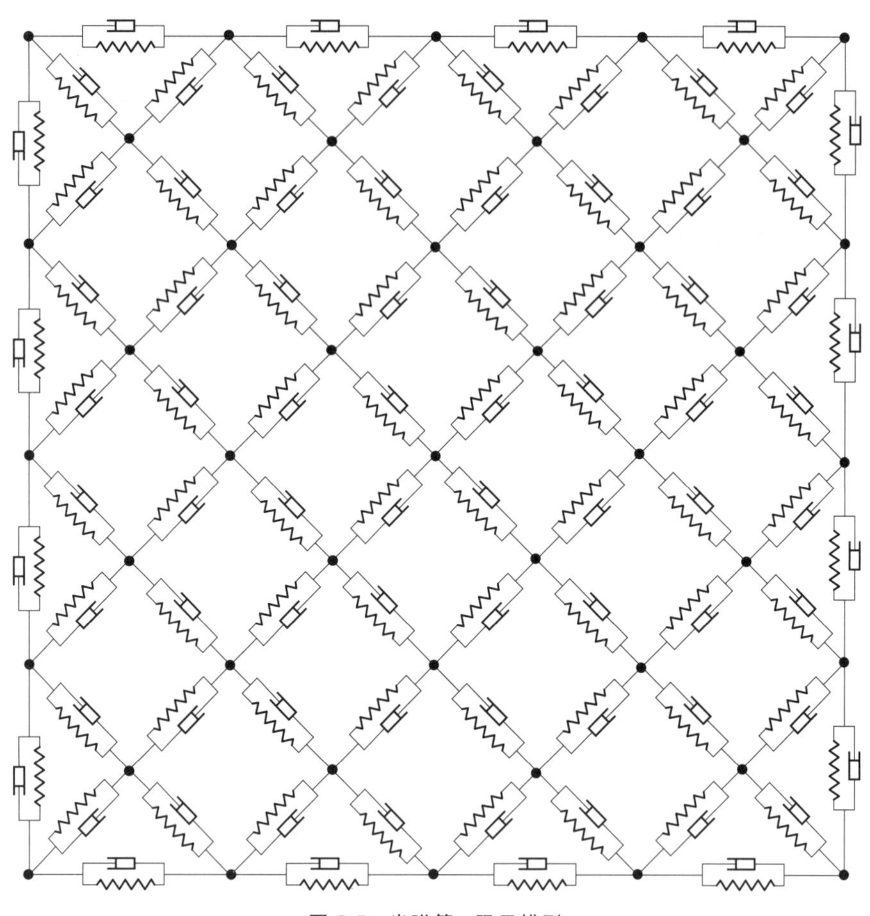

图 2.5 半弹簧－阻尼模型

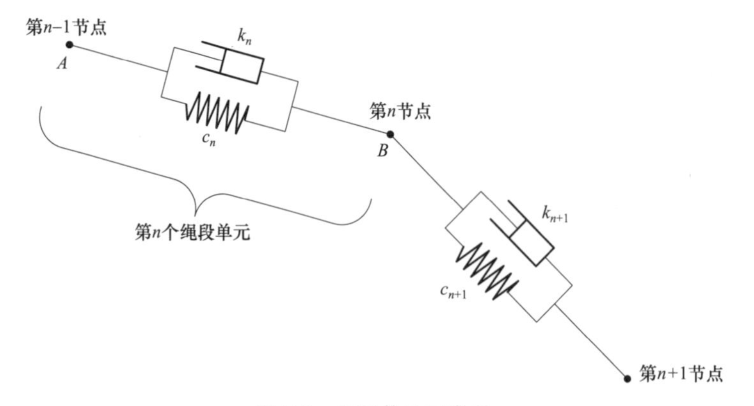

图 2.6 绳段单元示意图

建立第 n 个绳段单元的连体坐标系 $Ox_ny_nz_n$，该坐标系的3个坐标轴分别对应绳段曲线的主法向量、次法向量和切向量[115]，如图2.7所示。

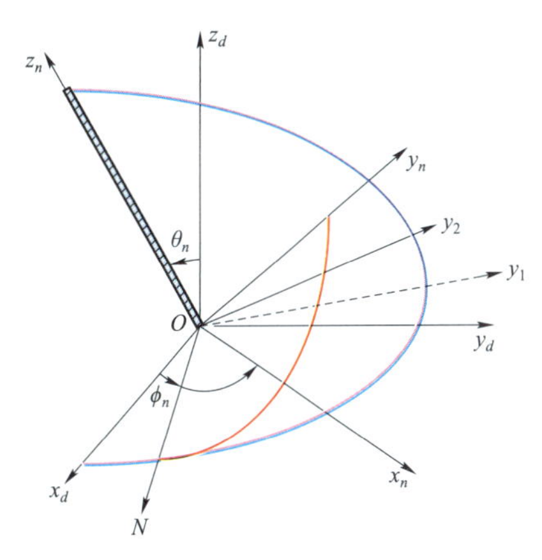

图 2.7 绳段连体坐标系

连体坐标系与惯性坐标系 $Ox_dy_dz_d$ 之间可以由3个欧拉角 ϕ_n、θ_n、ψ_n 来确定其转换关系。惯性坐标系可以依次经过三次旋转与连体坐标系重合。首先绕坐标轴 Oz_d 转过 ϕ_n 角，从 $Ox_dy_dz_d$ 到达 ONy_1z_d 的位置；然后绕 ON 轴转过 θ_n 角，从 ONy_1z_d 到达 ONy_2z_n 的位置；最后绕 Oz_n 转过 ψ_n 角，从 ONy_2z_n 达到 $Ox_ny_nz_n$。绳段连体坐标系 $Ox_ny_nz_n$ 与惯性坐标系 $Ox_dy_dz_d$ 之间的转换矩阵为

$$\boldsymbol{C}_d^n=\begin{bmatrix}\cos\phi_n\cos\psi_n-\sin\phi_n\cos\theta_n\sin\psi_n & \sin\phi_n\cos\psi_n+\cos\phi_n\cos\theta_n\sin\psi_n & \sin\theta_n\sin\psi_n\\ -\cos\phi_n\sin\psi_n-\sin\phi_n\cos\theta_n\cos\psi_n & -\sin\phi_n\sin\psi_n+\cos\phi_n\cos\theta_n\cos\psi_n & \sin\theta_n\cos\psi_n\\ \sin\phi_n\sin\theta_n & -\cos\phi_n\sin\theta_n & \cos\theta_n\end{bmatrix} \tag{2.8}$$

由于绳索极度柔软，不能承受法向的弯矩和剪切力，仅能承受切向的拉力，因此可以忽略欧拉角 ψ_n，或令 $\psi_n=0$，则式（2.8）可以转化为

$$C_d^n=\begin{bmatrix}\cos\phi_n & \sin\phi_n & 0\\ -\sin\phi_n\cos\theta_n & \cos\phi_n\cos\theta_n & \sin\theta_n\\ \sin\phi_n\sin\theta_n & -\cos\phi_n\sin\theta_n & \cos\theta_n\end{bmatrix} \tag{2.9}$$

2.3.2 绳段内力

一般地，由于很难得到网绳准确的动态应力–应变曲线，在工程上通常利用绳索的静态应力–应变曲线，采用分段线性化的方法，将绳段的本构关系简化为线弹性与线性速度阻尼之和，第 n 个绳段的拉力可通过式（2.10）计算：

$$T_n=\begin{cases}f_n(\varepsilon_n)+\boldsymbol{C}_d^n\dot{\varepsilon}_n & \varepsilon_n>0\\ 0 & \varepsilon_n\leqslant 0\end{cases} \tag{2.10}$$

式中，ε_n 为第 n 个绳段的应变；$f_n(\varepsilon_n)$ 为第 n 个绳段的线性拉力函数；C_d^n 为绳段的拉力阻尼系数。

应变 ε_n 计算公式如下：

$$\varepsilon_n = \frac{L_n - L_{n,0}}{L_{n,0}} \tag{2.11}$$

式中，$L_{n,0}$ 为第 n 个绳段的原长；L_n 为第 n 个绳段变形后的长度，且

$$L_n = \sqrt{(x_n - x_{n-1})^2 + (y_n - y_{n-1})^2 + (z_n - z_{n-1})^2} \tag{2.12}$$

对式（2.12）微分可以得到绳段的应变为分

$$\dot{\varepsilon}_n = [(x_n - x_{n-1})(\dot{x}_n - \dot{x}_{n-1}) + (y_n - y_{n-1})(\dot{y}_n - \dot{y}_{n-1}) + (z_n - z_{n-1})(\dot{z}_n - \dot{z}_{n-1})] / (L_n L_{n,0}) \tag{2.13}$$

对于如图 2.4 与图 2.6 所示的第 n 个绳段的端点 A 、B 来说，由于网状构形，单一节点受力并不单一，特别地，记 $R(A)$ 为与端点 A 连接的节点集合，则作用于端点 A 的内力合力 $\boldsymbol{T}_A$ 为

$$\boldsymbol{T}_A = \sum_{B \in R(A)} T_{AB} \boldsymbol{e}_{AB} \tag{2.14}$$

式中，T_{AB} 为第 n 个绳段的内力；$\boldsymbol{e}_{AB}$ 是从端点 A 指向端点 B 的单位方向向量。

$\boldsymbol{e}_{AB}$ 可通过式（2.15）计算：

$$\boldsymbol{e}_{AB} = \frac{(x_A - x_B \quad y_A - y_B \quad z_A - z_B)}{\sqrt{(x_A - x_B)^2 + (y_A - y_B)^2 + (z_A - z_B)^2}} \tag{2.15}$$

参照式（2.10），T_{AB} 计算公式如下：

$$T_{AB} = \begin{cases} k_{AB}(L_{AB} - L_{AB}^0) + c_{AB}\dot{L}_{AB} & L_{AB} > L_{AB}^0 \\ 0 & L_{AB} \leqslant L_{AB}^0 \end{cases} \tag{2.16}$$

式中，k_{AB} 为绳段 AB 的等效刚度；c_{AB} 为弹簧的阻尼；L_{AB}^0 为第 n 个绳段的原长；L_{AB} 为第 n 个绳段变形后的长度。

根据文献［116］可得

$$k_{AB} = \frac{E_{AB} S_{AB}}{L_{AB}^0} \tag{2.17}$$

$$c_{AB} = 2\zeta \sqrt{\rho_{AB} k_{AB} L_{AB}^0 S_{AB}} \tag{2.18}$$

式中，E_{AB} 为绳段 AB 的线弹性模量；S_{AB} 为绳段 AB 的横截面积；ζ 为绳段 AB 的弹簧阻尼比；ρ_{AB} 为绳段 AB 的密度。

2.3.3 绳段外力

在不考虑绳段之间的接触碰撞的情况下，绳索所受到的外力包括重力、流体阻力等。这里主要讨论绳索单元在流体运动时受到的流体作用力，如图 2.8 所示。

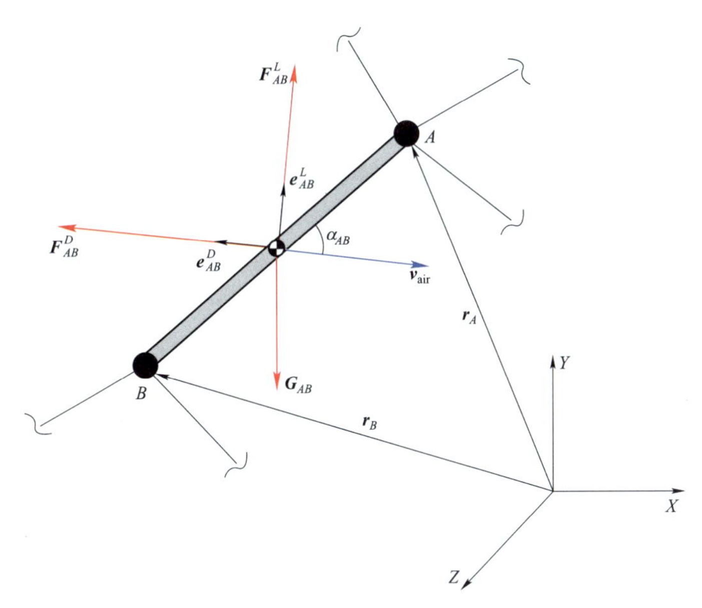

图 2.8　作用于绳段 *AB* 上的外力示意图

流体阻力主要是空气作用力，可表示为

$$\boldsymbol{F}_{AB}^{D}=\frac{1}{2}\boldsymbol{e}_{AB}^{D}\rho_{\mathrm{air}}C_{AB}^{D}d_{AB}\left\|\boldsymbol{v}_{\mathrm{air}}\right\|L_{AB} \tag{2.19}$$

$$\boldsymbol{F}_{AB}^{L}=\frac{1}{2}\boldsymbol{e}_{AB}^{L}\rho_{\mathrm{air}}C_{AB}^{L}d_{AB}\left\|\boldsymbol{v}_{\mathrm{air}}\right\|L_{AB} \tag{2.20}$$

式中，ρ_{air} 为空气的密度；$\boldsymbol{v}_{\mathrm{air}}$ 为绳段 *AB* 相对空气的运动速度；d_{AB} 为绳段 *AB* 的最大特征尺寸；C_{AB}^{D} 和 C_{AB}^{L} 分别为空气阻尼力系数与空气升力系数；$\boldsymbol{e}_{AB}^{D}$ 和 $\boldsymbol{e}_{AB}^{L}$ 分别为空气阻尼力与空气升力的单位方向向量。

$\boldsymbol{e}_{AB}^{D}$ 和 $\boldsymbol{e}_{AB}^{L}$ 的值可通过式（2.21）、式（2.22）求得。

$$\boldsymbol{e}_{AB}^{D}=-\frac{\boldsymbol{v}_{\mathrm{air}}}{\left\|\boldsymbol{v}_{\mathrm{air}}\right\|} \tag{2.21}$$

$$\boldsymbol{e}_{AB}^{L}=\frac{(\boldsymbol{r}_A-\boldsymbol{r}_B)\cdot\boldsymbol{v}_{\mathrm{air}}}{\left\|(\boldsymbol{r}_A-\boldsymbol{r}_B)\cdot\boldsymbol{v}_{\mathrm{air}}\right\|}\cdot\frac{[\boldsymbol{v}_{\mathrm{air}}\times(\boldsymbol{r}_A-\boldsymbol{r}_B)]\times\boldsymbol{v}_{\mathrm{air}}}{\left\|[\boldsymbol{v}_{\mathrm{air}}\times(\boldsymbol{r}_A-\boldsymbol{r}_B)]\times\boldsymbol{v}_{\mathrm{air}}\right\|} \tag{2.22}$$

由于绳索具有透气性，很难精确地得到空气动力学系数，可借鉴 Williams 经验公式[117]，令

$$C_{AB}^{D}\approx 0.022+1.1\sin^{3}\alpha_{AB} \tag{2.23}$$

$$C_{AB}^{L}\approx 1.1\sin^{2}\alpha_{AB}\cos\alpha_{AB} \tag{2.24}$$

式中，α_{AB} 为绳索运动攻角。

由此，作用在 AB 绳段节点 A 上的空气阻力和空气升力分别为

$$\boldsymbol{F}_A^D = \frac{1}{2}\sum_{B\in R(A)} \boldsymbol{F}_{AB}^D \tag{2.25}$$

$$\boldsymbol{F}_A^L = \frac{1}{2}\sum_{B\in R(A)} \boldsymbol{F}_{AB}^L \tag{2.26}$$

作用在 AB 绳段节点 A 上的重力可表示为

$$\boldsymbol{G}_A = \frac{1}{2}\sum_{B\in R(A)} m_{AB}\boldsymbol{g} \tag{2.27}$$

式中，$\boldsymbol{g}$ 为当地重力加速度；m_{AB} 为绳段单元 AB 的质量。

若绳段 AB 为圆柱形状，则 m_{AB} 可表示为

$$m_{AB} = \rho\frac{\pi d_{AB}^2}{4}L_{AB}^0 \tag{2.28}$$

2.3.4 网绳动力学方程

忽略柔性拦截网网绳各绳段之间的接触碰撞，联合式（2.14）、式（2.25）、式（2.26）和式（2.27），可得到网绳任意绳段节点 A 的动力学方程为

$$m_A\ddot{\boldsymbol{r}}_A = \boldsymbol{T}_A + \boldsymbol{F}_A^D + \boldsymbol{F}_A^L + \boldsymbol{G}_A \tag{2.29}$$

对于由 n 个节点组成的网绳系统，气系统动力学方程可表示为矩阵形式：

$$\boldsymbol{M}\ddot{\boldsymbol{r}} - \boldsymbol{T} - \boldsymbol{F}^D - \boldsymbol{F}^L - \boldsymbol{G} = 0 \tag{2.30}$$

式中，

$$\boldsymbol{M} = \frac{1}{2}\mathrm{diag}\left(\sum_{B\in R(1)}\rho\pi\frac{d_{1B}^2}{4}L_{1B}^0 \quad \sum_{B\in R(2)}\rho\pi\frac{d_{2B}^2}{4}L_{2B}^0 \quad \cdots \quad \sum_{B\in R(n)}\rho\pi\frac{d_{nB}^2}{4}L_{nB}^0\right)$$

$$\boldsymbol{r} = [\boldsymbol{r}_1 \quad \boldsymbol{r}_2 \quad \cdots \quad \boldsymbol{r}_n]^{\mathrm{T}}$$

$$\boldsymbol{T} = \left[\sum_{B\in R(1)} T_{1B}\boldsymbol{e}_{1B} \quad \sum_{B\in R(2)} T_{2B}\boldsymbol{e}_{2B} \quad \cdots \quad \sum_{B\in R(n)} T_{nB}\boldsymbol{e}_{nB}\right]^{\mathrm{T}}$$

$$\boldsymbol{F}^D = \frac{1}{2}\left[\sum_{B\in R(1)} \boldsymbol{F}_{1B}^D \quad \sum_{B\in R(2)} \boldsymbol{F}_{2B}^D \quad \cdots \quad \sum_{B\in R(n)} \boldsymbol{F}_{nB}^D\right]^{\mathrm{T}}$$

$$\boldsymbol{F}^L = \frac{1}{2}\left[\sum_{B\in R(1)} \boldsymbol{F}_{1B}^L \quad \sum_{B\in R(2)} \boldsymbol{F}_{2B}^L \quad \cdots \quad \sum_{B\in R(n)} \boldsymbol{F}_{nB}^L\right]^{\mathrm{T}}$$

$$\boldsymbol{G} = \frac{1}{2}\left[\sum_{B\in R(1)} m_{1B}\boldsymbol{g} \quad \sum_{B\in R(2)} m_{2B}\boldsymbol{g} \quad \cdots \quad \sum_{B\in R(n)} m_{nB}\boldsymbol{g}\right]^{\mathrm{T}}$$

2.4　非线性绳索单元法

2.4.1　柔性绳索非线性动力学

对连续体的运动描述有 Lagrangian 和 Eularian 两种方式[118]。在 Lagrangian 描述方法中，独立坐标是材料坐标和时间，划分网格随着物体的运动和变形而改变，适用于物体在空间中做大范围运动的情况，一般用于固体介质的建模分析；在 Eularian 描述中，独立坐标是空间坐标和时间，划分网格在空间中不变，适用于物体在指定空间中运动的情况，一般用于流体介质的建模分析。本节采用 Lagrangian 网格对柔性绳索的运动和变形进行描述。

如图 2.9 所示，令物体在 $t=0$ 时的外形作为参考构形 Ω_0，物体当前时刻的变形构形域为 Ω_t，物体变形域的边界为 Γ，采用三维空间单位正交矢量 $\boldsymbol{e}_1$、$\boldsymbol{e}_2$ 和 $\boldsymbol{e}_3$ 作为参考系。在参考构形中，以任意材料点的位置矢量 $\boldsymbol{x}$ 作为材料坐标（Lagrangian 坐标），该坐标提供了材料点的标识。

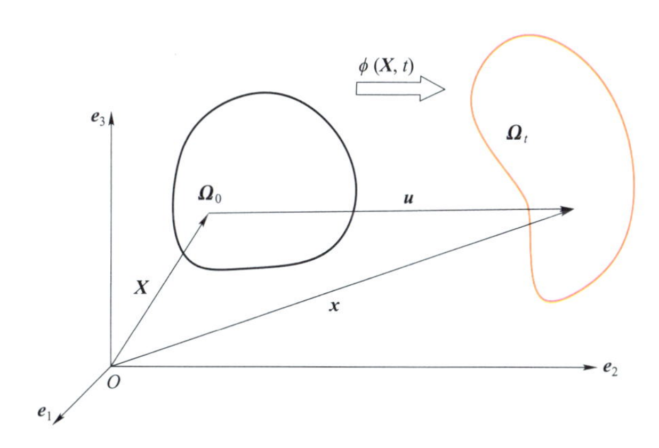

图 2.9　一个物体的初始构形和当前构形

以材料坐标 $\boldsymbol{x}$ 和时间 t 作为函数变量，可将任意材料点在空间中的位置标识如下：

$$\boldsymbol{x}=\boldsymbol{\phi}(\boldsymbol{X},t)=\boldsymbol{\phi}\left(\sum_{i=1}^{3}X_i\boldsymbol{e}_i,t\right)=\sum_{i=1}^{3}x_i\boldsymbol{e}_i \tag{2.31}$$

式中，$\boldsymbol{X}$ 为参考构形中材料点的位置矢量；$\boldsymbol{x}=\sum_{i=1}^{3}x_i\boldsymbol{e}_i$ 为当前构形中材料点的

位置矢量，且有 $\boldsymbol{X}=\sum_{i=1}^{3}X_i\boldsymbol{e}_i$ 、$\boldsymbol{x}=\sum_{i=1}^{3}x_i\boldsymbol{e}_i$ ；$\boldsymbol{\phi}(\boldsymbol{X},t)$ 是从参考构形到当前构形的映射函数。

考虑在初始构形中的一个无限小段 $\mathrm{d}\boldsymbol{X}$ ，由式（2.31）可知，它在当前构形下对应的微段 $\mathrm{d}\boldsymbol{x}$ 可表示为

$$\mathrm{d}\boldsymbol{x}=\frac{\partial\boldsymbol{\phi}}{\partial\boldsymbol{X}}\mathrm{d}\boldsymbol{X} \quad 或 \quad \mathrm{d}x_i=\frac{\partial\phi_i}{\partial X_j}\mathrm{d}X_j \tag{2.32}$$

式（2.32）中，第二式采用了爱因斯坦求和约定（Einstein summation convention），即若同一指标成对出现，则遍历其取值范围求和。

由连续介质力学理论可知：$\boldsymbol{F}=\dfrac{\partial\boldsymbol{\phi}}{\partial\boldsymbol{X}}$ 为运动的变形梯度，是物体变形特征的一个重要度量。

相比线弹性力学，非线性连续介质力学中使用了多种不同的应变和应力度量，这里主要用到 Green 应变 $\boldsymbol{E}$ ，Green 应变张量定义为

$$\mathrm{d}\boldsymbol{x}^2-\mathrm{d}\boldsymbol{X}^2=2\mathrm{d}\boldsymbol{X}\cdot\boldsymbol{E}\cdot\mathrm{d}\boldsymbol{X} \tag{2.33}$$

结合变形梯度与式（2.33）可得

$$\boldsymbol{E}=\frac{1}{2}(\boldsymbol{F}^{\mathrm{T}}\boldsymbol{F}-\boldsymbol{I}) \tag{2.34}$$

在几何非线性力学问题中，具有多种应力度量，由于第二类 Piola-Kirchhoff 应力 $\boldsymbol{S}$ 与 Green 应变 $\boldsymbol{E}$ 在能量上是耦合的，故选取第二类 Piola-Kirchhoff 应力 $\boldsymbol{S}$ 作为应力度量。变形体变形前后作用力的相对关系如图 2.10 所示。

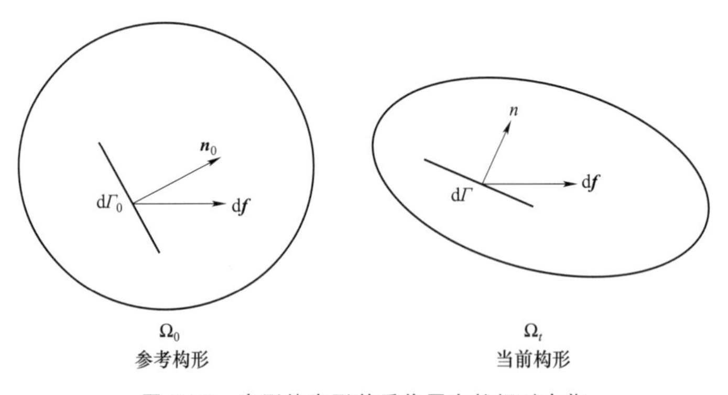

图 2.10 变形体变形前后作用力的相对变化

在当前构形下变形体某一微元截面上内力的合力为 $\mathrm{d}\boldsymbol{f}$ ，截面积为 $\mathrm{d}\Gamma$ ，当前状态下的变形梯度为 $\boldsymbol{F}$ ，微元截面在初始构形下的截面积为 $\mathrm{d}\Gamma_0$，外法线单

位矢量为 $\boldsymbol{n}_0$，则第二类 Piola-Kirchhoff 应力的定义为

$$\boldsymbol{n}_0\boldsymbol{S}\mathrm{d}\Gamma_0=\boldsymbol{F}^{-1}\mathrm{d}\boldsymbol{f} \tag{2.35}$$

在当前构形上建立平衡方程，转换至参考构形后可得变形体控制方程为

$$\int_{\Omega_0}S_{ij}\delta E_{ij}\mathrm{d}\Omega_0+\int_{\Omega_0}\rho\ddot{u}_i\delta u_i\mathrm{d}\Omega_0-\int_{\partial\Omega_0}p_i\delta u_i\mathrm{d}S_0=0 \tag{2.36}$$

式中，S_{ij} 是第二类 Piola-Kirchhoff 应力 $\boldsymbol{S}$ 的分量；δE_{ij} 是 Green 应变 $\boldsymbol{E}$ 的变分分量；Ω_0 是初始构形空间；$\ddot{u}_i$ 是加速度矢量分量；ρ 为材料密度；$p_i\mathrm{d}s_0$ 为作用在变形体表面的外力。

从一般性考虑，应力与应变的关系为

$$S_{ij}=C_{ijkl}E_{kl} \tag{2.37}$$

式中，C_{ijkl} 为弹性模量的四阶张量。

在绳索单元中，当仅考虑单元的轴向力时，应力应变关系可简化为

$$S_{11}=E_cE_{11} \tag{2.38}$$

式中，E_c 为绳索轴向拉伸杨氏模量。

2.4.2　控制方程的有限元求解方法

有限元方法是求解控制方程的重要工具，其基本原理为：将连续的积分域分割成若干单元，在每个单元中选取节点坐标来表征单元的运动状态，单元内任意一点的运动则通过各个节点的插值来实现。有限元方法的求解精度取决于对积分域的分割程度以及插值形函数的构造方式。以两节点绳索单元为例，设单元上两节点间的插值形函数是线性的，如图 2.11 所示。

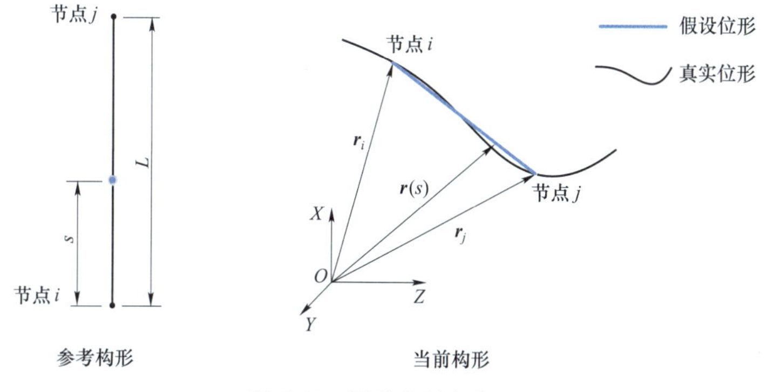

图 2.11　两节点绳索单元

选取单元的节点坐标为节点 i 的位置坐标 $\boldsymbol{r}_i$ 和节点 j 的位置坐标 $\boldsymbol{r}_j$。令

$\boldsymbol{w}=(\boldsymbol{r}_i \quad \boldsymbol{r}_j)^{\mathrm{T}}$，在参考构形上距离节点 i 为 s 的点，其在当前时刻的位移为

$$\boldsymbol{r}(s)=\left(1-\frac{s}{L}\right)\boldsymbol{r}_i+\frac{s}{L}\boldsymbol{r}_j=\left[\left(1-\frac{s}{L}\right)\boldsymbol{I}_3 \quad \frac{s}{L}\boldsymbol{I}_3\right]\boldsymbol{w}=\boldsymbol{N}(s)\boldsymbol{w} \tag{2.39}$$

式中，$\boldsymbol{r}(s)$ 是 s 点的空间位置；s 是物质点的参考构形坐标；L 是未变形长度；$\mathbf{r}_i$、$\boldsymbol{r}_j$ 分别是节点 i、j 的空间位置矢量；$\boldsymbol{I}_3$ 是 3 阶单位阵；$\boldsymbol{w}$ 是单元节点坐标向量；$\boldsymbol{N}(s)$ 为单元的形函数。

记 $\boldsymbol{r}(s)=(x \quad y \quad z)^{\mathrm{T}}$，则单元的变形梯度可以表示为

$$\boldsymbol{F}=\begin{bmatrix} \dfrac{\partial x}{\partial s} & 0 & 0 \\ \dfrac{\partial y}{\partial s} & 0 & 0 \\ \dfrac{\partial z}{\partial s} & 0 & 0 \end{bmatrix} \tag{2.40}$$

单元在 $\boldsymbol{r}(s)$ 点处的 Green 应变为

$$\boldsymbol{E}=\frac{1}{2}\begin{bmatrix} \left(\left(\dfrac{\partial x}{\partial s}\right)^2+\left(\dfrac{\partial y}{\partial s}\right)^2+\left(\dfrac{\partial z}{\partial s}\right)^2-1\right) & 0 & 0 \\ 0 & -1 & 0 \\ 0 & 0 & -1 \end{bmatrix} \tag{2.41}$$

令 $\boldsymbol{N}_i(s)$ 为形函数矩阵 $\boldsymbol{N}(s)$ 的第 i 行（$i=1,2,3$），则结合式（2.40）可得到

$$E_{11}=\frac{1}{2}\boldsymbol{w}^{\mathrm{T}}\boldsymbol{B}\boldsymbol{w} \tag{2.42}$$

式中，E_{11} 为 Green 应变 $\boldsymbol{E}$ 在 x 方向上的正应变；$\boldsymbol{w}$ 为单元节点坐标向量；$\boldsymbol{B}$ 为一个 6 阶矩阵，且

$$\boldsymbol{B}=\frac{1}{L^2}\begin{bmatrix} \boldsymbol{I}_3 & -\boldsymbol{I}_3 \\ -\boldsymbol{I}_3 & \boldsymbol{I}_3 \end{bmatrix} \tag{2.43}$$

仅考虑绳索轴向变形产生的应变能，结合本构方程（2.38），并代入控制方程（2.36），可得到

$$\int_0^L E_c \frac{1}{2}(\boldsymbol{w}^{\mathrm{T}}\boldsymbol{B}\boldsymbol{w}-1)\boldsymbol{w}^{\mathrm{T}}\boldsymbol{B}^{\mathrm{T}}\delta\mathbf{w}\mathrm{d}s+\int_0^L \rho(\boldsymbol{N}\ddot{\boldsymbol{w}})^{\mathrm{T}}\boldsymbol{N}\delta\mathbf{w}\mathrm{d}s-\int_0^L \boldsymbol{p}^{\mathrm{T}}\boldsymbol{N}\delta\mathbf{w}\mathrm{d}s=0 \tag{2.44}$$

式中，$\boldsymbol{p}$ 是外部作用力向量。

消去变分项后，可得线性形函数下的网绳非线性有限元动力学方程为

$$\left(\int_0^L \rho\boldsymbol{N}^{\mathrm{T}}\mathbf{N}\mathrm{d}s\right)\ddot{\boldsymbol{w}}+\frac{L}{2}E_c(\boldsymbol{w}^{\mathrm{T}}\boldsymbol{B}\boldsymbol{w}-1)\boldsymbol{B}\boldsymbol{w}-\int_0^L \boldsymbol{N}^{\mathrm{T}}\mathbf{p}\mathrm{d}s=0 \tag{2.45}$$

在得到式（2.45）后通过数值积分算法即可进行动力学求解。除了线性的形函数外，尽管绳索单元还有多种插值形式，但其非线性有限元推导过程与上述过程相似。

2.5　绝对节点坐标法

绝对节点坐标法由 Shabana.A[77]于 1996 年首次提出，经过多年的发展，被证明是对柔性多体系统进行建模的有效方法。绝对节点坐标法本质上是一种非线性有限元方法，它以连续介质力学[118]为理论基础，采用 Green 应变描述物体在大位移和大转动情况下的变形。绝对节点坐标法选取节点的位置矢量及其关于物质坐标的梯度矢量作为广义坐标，能够较为直观地反映柔性体的变形，可以便捷地计算单元的变形能，建模思路清晰。

2.5.1　三维实体梁单元

三维实体梁单元同时考虑了梁的轴向、扭转、弯曲和剪切变形，单元的每个节点由 4 个矢量组成，分别为 1 个位置矢量和 3 个梯度矢量，如图 2.12 所示。

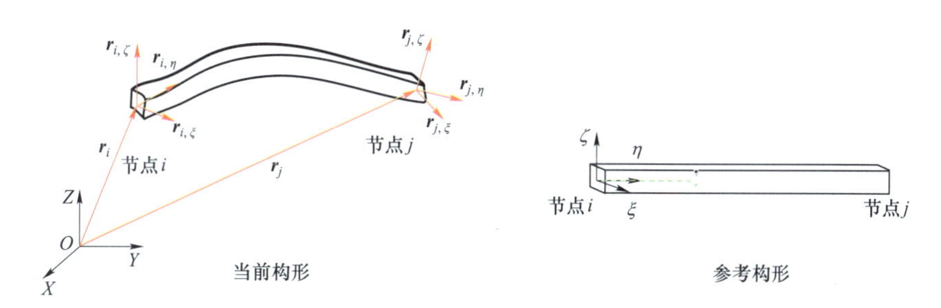

图 2.12　三维实体梁单元

在初始参考构形下，梁上任意一点的坐标可在局部坐标系下表示为 $\boldsymbol{X}=(\xi,\ \eta,\ \zeta)^{\mathrm{T}}$，则由梁上任意一点的位移可表示为

$$\boldsymbol{r}(\boldsymbol{X})=\begin{bmatrix}x\\y\\z\end{bmatrix}=\begin{bmatrix}a_0+a_1\xi+a_2\eta+a_3\zeta+a_4\xi\eta+a_5\xi\zeta+a_6\xi^2+a_7\xi^3\\b_0+b_1\xi+b_2\eta+b_3\zeta+b_4\xi\eta+b_5\xi\zeta+b_6\xi^2+b_7\xi^3\\c_0+c_1\xi+c_2\eta+c_3\zeta+c_4\xi\eta+c_5\xi\zeta+c_6\xi^2+c_7\xi^3\end{bmatrix}=\boldsymbol{N}(\xi,\eta,\zeta)\boldsymbol{w}\quad(2.46)$$

式中，$\boldsymbol{w}$ 为单元节点坐标；$\boldsymbol{N}(\xi,\eta,\zeta)$ 为单元形函数。

如图 2.12 所示，单元的节点坐标为

$$\boldsymbol{w}=[\boldsymbol{r}_i \quad \boldsymbol{r}_{i,\xi} \quad \boldsymbol{r}_{i,\eta} \quad \boldsymbol{r}_{i,\zeta} \quad \boldsymbol{r}_j \quad \boldsymbol{r}_{j,\xi} \quad \boldsymbol{r}_{j,\eta} \quad \boldsymbol{r}_{j,\zeta}]^{\mathrm{T}} \tag{2.47}$$

式中，$\boldsymbol{r}_i$、$\boldsymbol{r}_j$分别为节点i与j的位置坐标；$\boldsymbol{r}_{i,\xi}$为位置矢量对ξ的一阶偏导数，其他类同。

将各矢量在惯性参考坐标下表示，梁单元的坐标为

$$\boldsymbol{w}=\begin{matrix}[x_i \ y_i \ z_i \ x_{i,\xi} \ y_{i,\xi} \ z_{i,\xi} \ x_{i,\eta} \ y_{i,\eta} \ z_{i,\eta} \ x_{i,\zeta} \ y_{i,\zeta} \ z_{i,\zeta} \\ x_j \ y_j \ z_j \ x_{j,\xi} \ y_{j,\xi} \ z_{j,\xi} \ x_{j,\eta} \ y_{j,\eta} \ z_{j,\eta} \ x_{j,\zeta} \ y_{j,\zeta} \ z_{j,\zeta}]^{\mathrm{T}}\end{matrix} \tag{2.48}$$

即梁单元有 24 个自由度，每个节点有 12 个自由度，包含 3 个位置自由度和 9 个位置梯度自由度。设单元在初始状态下的构形为一长直梁，其长度为L，单元的坐标为

$$\boldsymbol{w}=\begin{matrix}[0 \ 0 \ 0 \ 1 \ 0 \ 0 \ 0 \ 1 \ 0 \ 0 \ 0 \ 1 \\ L \ 0 \ 0 \ 1 \ 0 \ 0 \ 0 \ 1 \ 0 \ 0 \ 0 \ 1]^{\mathrm{T}}\end{matrix} \tag{2.49}$$

通过节点的初始条件可以解出形函数中的未知参数，得到形函数为

$$\boldsymbol{N}=[N_1\boldsymbol{I} \quad N_2\boldsymbol{I} \quad N_3\boldsymbol{I} \quad N_4\boldsymbol{I} \quad N_5\boldsymbol{I} \quad N_6\boldsymbol{I} \quad N_7\boldsymbol{I} \quad N_8\boldsymbol{I}] \tag{2.50}$$

式中，$\boldsymbol{I}$为 3×3 的单位阵。

式（2.50）中各个形函数如下：

$$\begin{cases} N_1=1-3\left(\dfrac{\xi}{L}\right)^2+2\xi^3 \\ N_2=1-3\left(\dfrac{\xi}{L}\right)^2+2\xi^3 \\ N_3=\eta-\dfrac{\xi\eta}{L} \\ N_4=\zeta-\dfrac{\xi\zeta}{L} \\ N_5=3\left(\dfrac{\xi}{L}\right)^2-2\left(\dfrac{\xi}{L}\right)^2 \\ N_6=-\dfrac{\xi^2}{L}+\dfrac{\xi^3}{L^2} \\ N_7=\dfrac{\xi\eta}{L} \\ N_8=\dfrac{\xi\zeta}{L} \end{cases} \tag{2.51}$$

绳索单元的动能为

$$T=\frac{1}{2}\int_V \rho\dot{\boldsymbol{r}}\dot{\boldsymbol{r}}\mathrm{d}V \tag{2.52}$$

式中，$\dot{\boldsymbol{r}}$是梁上任意一点在惯性系下的速度；ρ 为密度函数；V 为梁当前构形所在的区域。

将形函数式（2.46）代入式（2.52），可将积分域从当前构形转换到初始参考构形，得到

$$T=\frac{1}{2}\dot{\boldsymbol{w}}^{\mathrm{T}}\int_{V_0}\rho\boldsymbol{N}^{\mathrm{T}}\boldsymbol{N}\mathrm{d}V_0\dot{\boldsymbol{w}} \tag{2.53}$$

于是，单元的质量矩阵为

$$\boldsymbol{M}=\int_{V_0}\rho\boldsymbol{N}^{\mathrm{T}}\boldsymbol{N}\mathrm{d}V_0 \tag{2.54}$$

质量矩阵 $\boldsymbol{M}$ 是一个常值矩阵，该矩阵取决于梁的惯量特性。

由弹性力学理论[119]，梁的内能由六部分组成：轴向力产生的内能、两个弯矩产生的内能、两个剪切力产生的内能以及扭矩产生的内能，梁单元的应变能可表示为

$$U=\frac{1}{2}\int_0^L\left[EA\left(\frac{\partial u_x}{\partial x}\right)^2+EI_{yy}\left(\frac{\partial u_y}{\partial y^2}\right)^2+EI_{zz}\left(\frac{\partial u_z}{\partial z^2}\right)^2+Gk\beta_y^2+Gk\beta_z^2+GI_{xx}\left(\frac{\partial \beta_x}{\partial x}\right)^2\right]\mathrm{d}x \tag{2.55}$$

式中，u_x、u_y、u_z 为小变形情况下梁的挠度相对于随体坐标系的分量；β_x、β_y、β_z 为剪切角；k 为 Timoshenko（铁木辛哥）剪切系数；E 和 G 分别是弹性模量和剪切模量；I_{xx}、I_{yy} 和 I_{zz} 为截面惯性矩。

2.5.2　中心柔索单元

中心柔索单元不考虑梁剪切变形和扭转变形，仅考虑弯曲变形和拉压变形，同时，假设梁沿任何方向弯曲的截面惯性矩均相等，单元的坐标定义如图 2.13 所示。

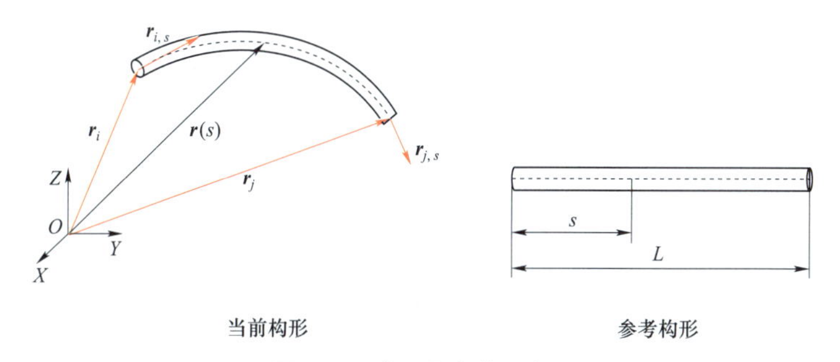

图 2.13　中心柔索单元定义

基于有限元理论，中心柔索单元的位移模式为

$$\boldsymbol{r}=\begin{pmatrix} a_0+a_1s+a_2s^2+a_3s^3 \\ b_0+b_1s+b_2s^2+b_3s^3 \\ c_0+c_1s+c_2s^2+c_3s^3 \end{pmatrix} \tag{2.56}$$

式中，s是沿单元弧线的物质坐标。

单元的节点坐标可表示为

$$\boldsymbol{w}_e=(\boldsymbol{r}_i,\boldsymbol{r}_{is},\boldsymbol{r}_j,\boldsymbol{r}_{js})^{\mathrm{T}} \tag{2.57}$$

式中，$\boldsymbol{r}_i=(x_i,y_i,z_i)^{\mathrm{T}}$为节点$i$处的位置坐标；$\boldsymbol{r}_{is}=\left(\frac{\partial x_i}{\partial s},\frac{\partial y_i}{\partial s},\frac{\partial z_i}{\partial s}\right)^{\mathrm{T}}$是节点$i$处的梯度坐标。

在节点i处$s=0$，在节点j处$s=l$，l为单元长度，利用i、j处的12个节点坐标，不难解出位移模式中的系数，进而得到单元的形函数表达式为

$$\boldsymbol{r}=\boldsymbol{N}\boldsymbol{w}_e=[N_1\boldsymbol{I} \quad N_2\boldsymbol{I} \quad N_3\boldsymbol{I} \quad N_4\boldsymbol{I}]\boldsymbol{w}_e \tag{2.58}$$

式（2.58）中各个形函数如下：

$$\begin{cases} N_1=\frac{1}{2}-\frac{3}{4}\xi+\frac{1}{4}\xi^3 \\ N_2=\frac{l}{8}(1-\xi-\xi^2+\xi^3) \\ N_3=\frac{1}{2}+\frac{3}{4}\xi-\frac{1}{4}\xi^3 \\ N_4=\frac{l}{8}(-1-\xi+\xi^2+\xi^3) \end{cases} \tag{2.59}$$

式中，$\xi=2\frac{s}{l}-1$。

单元的动能可以表达为

$$T_e=\frac{1}{2}\int_0^l \rho A\dot{\mathrm{r}}^2\mathrm{d}s=\frac{l}{4}\int_0^l \rho A\boldsymbol{w}_e^{\mathrm{T}}\boldsymbol{N}^{\mathrm{T}}\boldsymbol{N}\boldsymbol{w}_e\mathrm{d}\xi=(\boldsymbol{w}^e)^{\mathrm{T}}\boldsymbol{M}_e\boldsymbol{w}_e \tag{2.60}$$

式中，ρ、A分别为绳索的密度和截面积。

绳索单元的内能由弯曲变形能和轴向拉压变形能构成，轴向变形主要采用轴向应变来度量，弯曲变形采用绳索弯曲的曲率来度量，绳索的轴向应变和轴向曲率的表达式为

$$\varepsilon_s=\frac{1}{2}(\boldsymbol{r}_s{}^{\mathrm{T}}\boldsymbol{r}_s-1) \tag{2.61}$$

绳索弯曲的曲率为

$$\kappa = \frac{\left\| \boldsymbol{r}_s \times \boldsymbol{r}_s \right\|}{\left\| \boldsymbol{r}_s \right\|^3} \tag{2.62}$$

于是，绳索的内能可表达为

$$U_e = \frac{1}{2}\int_0^l (EA\varepsilon_s^2 + EI\kappa^2)\mathrm{d}s \tag{2.63}$$

式中，E 为绳索材料的杨氏模量；I 为绳索截面的惯性矩。

2.5.3　网绳动力学方程

对于一些绳索材料，其黏弹性效应十分显著，在此情况下，就不能忽略阻尼力对能量的耗散。沿绳索中心轴线方向，等效阻尼应力的大小为

$$\sigma_c = cE\dot{\varepsilon} \tag{2.64}$$

式中，c为等效阻尼系数。

阻尼力对应的虚功为

$$\delta W = -\int_0^L cEA\dot{\varepsilon}_s\delta\varepsilon_s \mathrm{d}s = -\left(\int_0^L cEA\dot{\varepsilon}_s \left(\frac{\partial \varepsilon_s}{\partial \boldsymbol{w}^e}\right)^{\mathrm{T}} \mathrm{d}s\right)\delta \boldsymbol{w}_e \tag{2.65}$$

于是绳索单元上广义阻尼力为

$$\boldsymbol{Q}_c = -\int_0^L cEA\dot{\varepsilon}_s \frac{\partial \varepsilon_s}{\partial \boldsymbol{w}_e}\mathrm{d}s = -\left(\int_0^L \frac{1}{2} cEA(\dot{\boldsymbol{w}}^e)^{\mathrm{T}} \boldsymbol{N}_s^{\mathrm{T}} \boldsymbol{N}_s \dot{\boldsymbol{w}}_e \boldsymbol{N}_s^{\mathrm{T}} \boldsymbol{N}_s \mathrm{d}s\right)\boldsymbol{w}_e \tag{2.66}$$

式中，$\boldsymbol{N}_s$ 由形函数式（2.59）每一项（N_1、N_2、N_3、N_4）关于物质坐标 s 求导得到。

作用在绳索上任意一点 s 处的外力 $\boldsymbol{F}$ 所做的虚功可以表示为

$$\delta W = \boldsymbol{F}^{\mathrm{T}}\delta \boldsymbol{r} = \boldsymbol{F}^{\mathrm{T}}\mathrm{N}(s)\delta \boldsymbol{w}_e = Q^{\mathrm{T}}\delta \boldsymbol{w}_e \tag{2.67}$$

于是作用绳索上一点外力的广义力可表示为

$$\boldsymbol{Q}_e = \boldsymbol{N}(s)^{\mathrm{T}}\boldsymbol{F} \tag{2.68}$$

以节点坐标为自由度，对绳索应用第二类 Lagrange 方程可以得到

$$\frac{\mathrm{d}}{\mathrm{d}t}\left(\frac{\partial T_e}{\partial \dot{\boldsymbol{w}}}\right) - \frac{\partial T_e}{\partial \boldsymbol{w}} = -\frac{\partial U_e}{\partial \boldsymbol{w}} + \boldsymbol{Q}_c + \boldsymbol{Q}_e \tag{2.69}$$

代入式（2.60）和式（2.63）后，就可得到绳索单元的动力学方程为

$$\boldsymbol{M}_e\ddot{\boldsymbol{w}} = \boldsymbol{Q}_e - \boldsymbol{Q}_c - \frac{\partial U_e}{\partial \boldsymbol{w}} \tag{2.70}$$

式（2.70）即为绳索单元的动力学方程。对于划分有多个单元的绳索，只需将单元质量矩阵 $\boldsymbol{M}_e$ 和单元广义外力列阵 $\boldsymbol{Q}_e$ 按照划分节点坐标的排列方式组

装成整体质量矩阵、整体广义力列阵以及对应计算单元内力项 $\frac{\partial U_e}{\partial \boldsymbol{w}}$ 和阻尼力 $\boldsymbol{Q}_c$ 项即可。

2.6 网绳的特性试验

为了得到网绳的动力学特征，分别选取 3 根长为 1 m 的粗绳和细绳进行测量试验，如图 2.14 所示。通过试验得到两种规格绳索的强度和弹性模量，为柔性拦截网仿真提供参数。

图 2.14 粗、细两种待测量绳索

2.6.1 网绳直径测量

利用千分尺和游标卡尺对绳索直径进行测量，精度都为 0.001 mm（但是由于游标卡尺为电子游标卡尺，因此无预估位），如图 2.15 所示。由于网绳周向具有较大的可变形性，因此确定测量值的标准是绳索在千分尺（游标卡尺）两测脚之间刚好通过且稍带阻力。

取 n_1 根绳索，每根绳索上取 n_2 个位置进行直径测量，得到一系列直径数据 $d_i(i=1,2,\cdots,n_1\times n_2)$，然后通过求平均值得到绳索的平均直径为

$$d=\frac{\sum_{i=1}^{n_1\times n_2} d_i}{n_1\times n_2} \tag{2.71}$$

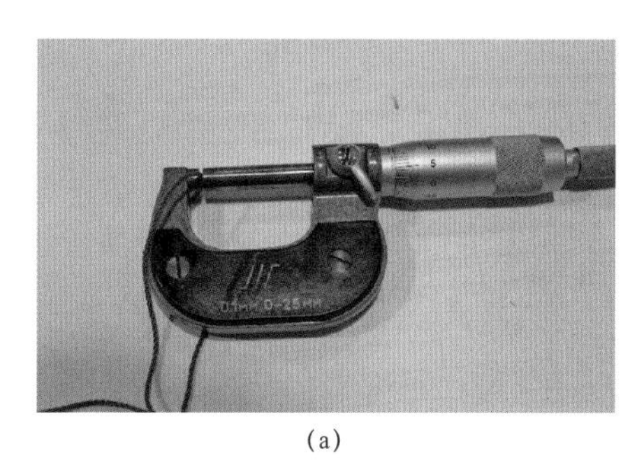

(a)

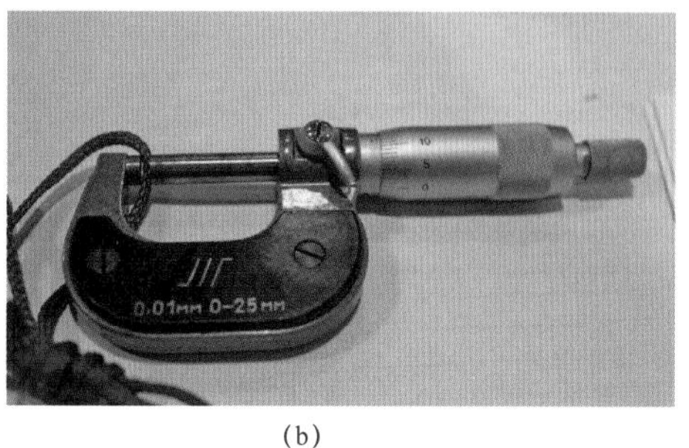

(b)

图 2.15　网绳直径测量

（a）细绳；（b）粗绳

绳索的截面积 A 为

$$A=\frac{\pi d^2}{4} \tag{2.72}$$

通过测量，得到直径测量数据如表 2.1 所示。

表 2.1　绳索直径测量试验数据

绳结点编号		绳索 1 编号处直径/mm	绳索 2 编号处直径/mm	绳索 3 编号处直径/mm
细绳	1	1.081	1.080	1.082
	2	1.079	1.081	1.080
	3	1.083	1.079	1.080
	4	1.080	1.078	1.081
绳结点编号		绳索 4 编号处直径/mm	绳索 5 编号处直径/mm	绳索 6 编号处直径/mm
粗绳	1	2.182	2.183	2.180
	2	2.180	2.180	2.181
	3	2.182	2.182	2.180
	4	2.180	2.182	2.182

由式（2.71）可得，细绳平均直径为 $d_A=1.080\,333\times10^{-3}$ m，粗绳平均直径为 $d_B=2.181\,167\times10^{-3}$ m。因此式（2.72）得到细绳的横截面积分别为约 $9.166\,5\times10^{-7}$ m^2，粗绳的横截面积为约 $3.736\,5\times10^{-6}$ m^2。

2.6.2　网绳拉伸试验

运用拉伸机，在室温下对两种规格的绳索进行拉伸直至拉断，测得绳索伸长量与两端的受力关系，以及绳索的拉断伸长量与拉断力。试验系统如图 2.16 所示，由运动台、传感器、夹具、显示控制台和数据处理设备组成，其中传感器的测力范围为 0～500 N，运动台的行程为 0～500 mm。

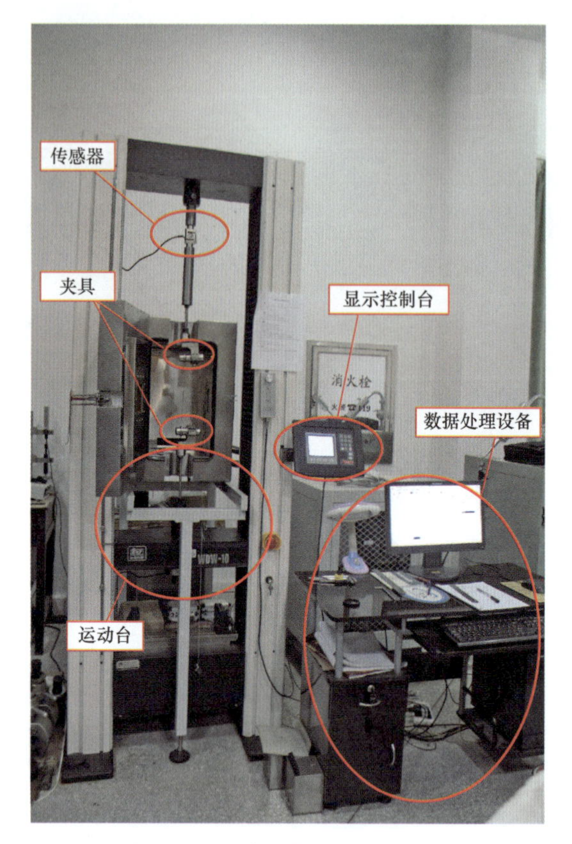

图 2.16　绳索测量试验所用工具

首先利用标定砝码，进行传感器标定，如图 2.17 所示。

根据当地重力加速度，进行显示控制台中及传感器力的零点标定，如图 2.18 所示。

图 2.17　悬挂标定砝码

图 2.18　传感器零点标定

待标定传感器力零点后，将绳索固定于上下两夹具之间，用直尺测得实际拉伸原长为 L，如图 2.19 所示。

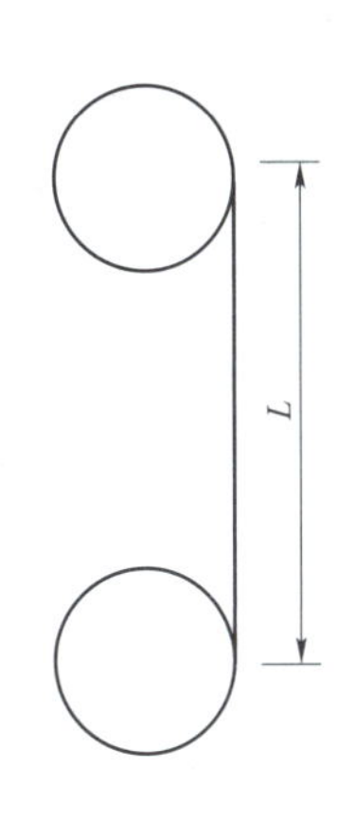

图 2.19　绳索固定及测量原长

上述准备工作完成之后，即进行绳索的拉伸试验，分别对上述粗、细绳子进行拉伸试验，拉伸过程如图 2.20 所示。

图 2.20　绳索拉伸试验过程图

图 2.20　绳索拉伸试验过程图（续）

通过数据处理，得到绳索伸长量与两端力值的关系曲线，即图 2.21 所示实线。

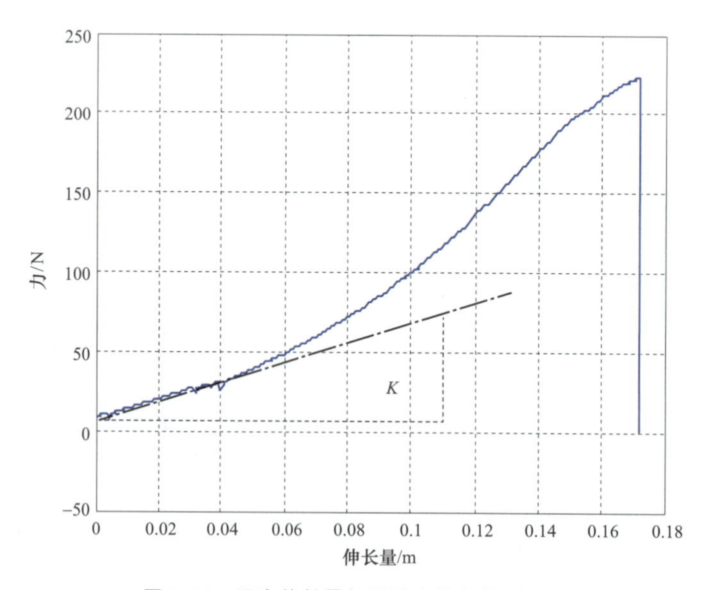

图 2.21　绳索伸长量与两端力值的关系曲线

根据材料力学知识，可得

$$F = EA\frac{\Delta l}{L} \tag{2.73}$$

所以弹性模量为

$$E = \frac{L}{A} \cdot \frac{F}{\Delta l} \tag{2.74}$$

式中，E 为弹性模量；F 为网绳两端受力；A 为网绳横截面积；Δl 为网绳伸长量。

考虑到网绳进行拉伸试验之前的预应力施加过程，将式（2.74）修正为

$$E = \frac{L}{A} \cdot \frac{F - F_0}{\Delta l} \tag{2.75}$$

式中，F_0 为网绳的预应力。

考虑到柔性拦截网实际应用时绳索的应变较小，因此选取对小变形时的线性段的试验数据进行直线拟合，拟合曲线为图 2.21 中虚线段。通过拟合得到的斜率 k 即为式（2.74）中的 $\frac{F - F_0}{\Delta l}$，因此式（2.75）变为

$$E = \frac{L}{A} \cdot k \tag{2.76}$$

经过试验测量，每根绳索的有效拉伸长度 L 如表 2.2 所示。

表 2.2　绳索有效拉伸长度

序号	名称	长度 L/mm
1	细绳	245
2		225
3		255
4	粗绳	235
5		245
6		230

得到绳索两端受力随伸长量的变化曲线如图 2.22 和图 2.23 所示。

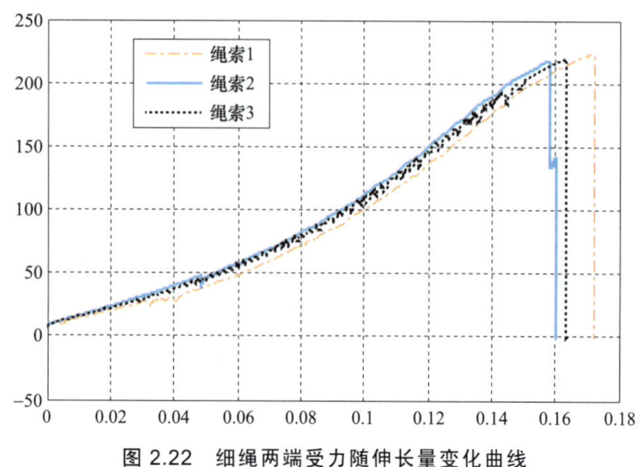

图 2.22　细绳两端受力随伸长量变化曲线

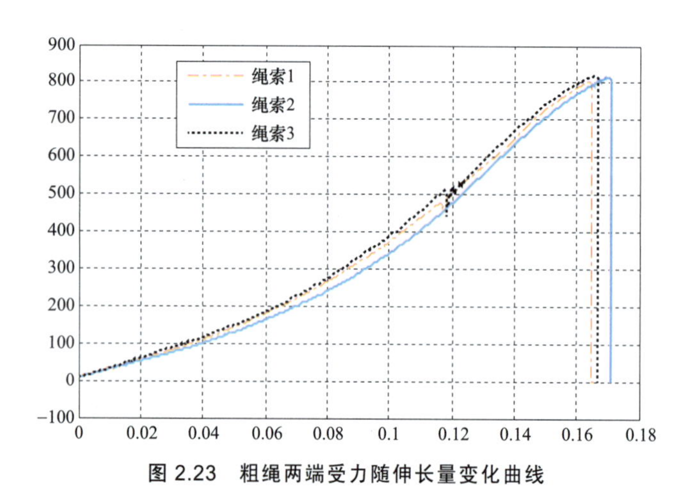

图 2.23　粗绳两端受力随伸长量变化曲线

经过拟合，得到各绳索两端受力随伸长量变化曲线斜率，如表 2.3 所示。

表 2.3　斜率

序号	1	2	3	4	5	6
斜率	735.4	1 022.5	850	4 914.9	5 287.4	4 226.7

将斜率值代入式（2.76），并结合绳索的有效长度和 2.6.2 小节得出的绳索截面积，可以得到绳索的弹性模量，见表 2.4。

表 2.4　弹性模量

序号	1	2	3	4	5	6
弹性模量/GPa	0.197	0.251	0.236	0.309	0.347	0.260

将网绳 1、2、3 的弹性模量求平均值得到细绳的弹性模量为约 0.228 GPa，将网绳 4、5 和 6 的弹性模量求平均值得到粗绳的弹性模量为约 0.305 GPa。

由图 2.22 和图 2.23 可得绳索的断裂强度，见表 2.5。

表 2.5　断裂强度

序号	1	2	3	4	5	6
断裂力/N	221.306	217.473	217.807	793.963	816.770	816.300
伸长率	0.681 633	0.702 222	0.639 216	0.697 872	0.695 353	0.726 087

将绳索 1、2 和 3 的断裂力求平均值得到细绳的断裂力为约 218.862 N，对应的伸长率为约 0.674 356 854，将绳索 4、5 和 6 的断裂力求平均值得到粗绳的断裂力为约 809.011 N，对应的伸长率为约 0.706 437 453。

2.7　网绳动力学仿真分析

前面分别建立了柔性摆的集中质量模型、两节点非线性绳索单元模型及绝对节点坐标模型，各种绳索建模方法都有其优势与不足，本节通过仿真对上述三种方法的数值求解特性进行研究。动力学求解采用显示积分算法，仿真计算机所用 CPU（中央处理器）主频为 2.5 GHz，程序语言为 Matlab，仿真采用的单位为 kg、mm、s。

近几年的研究经验表明，采用显示 Newmark 方法[120]求解动力学方程，仿真结果稳定且可靠。本节采用了该积分算法。算法简述如下：

$$\dot{u}=\frac{\alpha(u-u_p)}{\beta\Delta t}+\left(1+\frac{\alpha}{\beta}\right)\dot{u}_p+\left(1-\frac{\alpha}{2\beta}\right)\ddot{u}_p \tag{2.77}$$

式中，α 和 β 为 Newmark 系数；Δt 为时间步长；u_p、$\dot{u}_p$、$\ddot{u}_p$ 分别代表单元在前一时间步长结束时的位移、速度和加速度。

2.7.1 相同单元数目下的对比分析

图 2.24 所示为一柔性单摆，摆长为 1 m，截面直径为 1 mm，摆为各向同性材料，杨氏模量 E 为 1×10^7 Pa，密度 ρ 为 1×10^3 kg/m^3，初始时刻柔性摆位于水平位置，在重力作用下开始摆动。

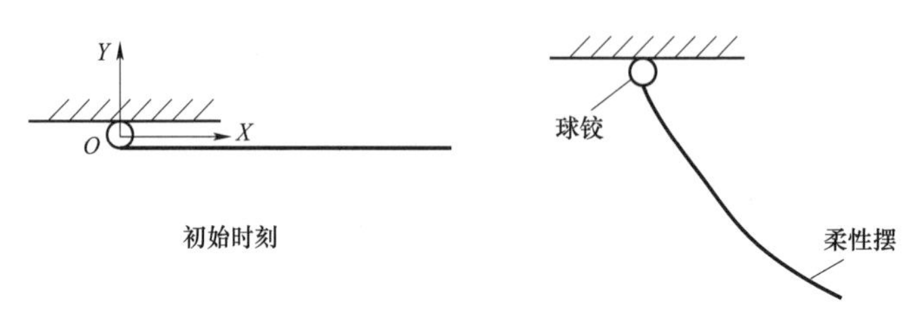

图 2.24 柔性摆示意图

将集中质量模型、两节点非线性绳索单元模型、绝对节点坐标模型的单元数目均设为 10 个。计算柔性摆 1 s 的动力学响应，各种求解方法的计算时间如表 2.6 所示。其中 ANCF（absolute nodal coordinate formulation）代表绝对节点坐标法、NCE（nonliner cable element）代表非线性绳索单元法、CMM（consentrated mass model）代表集中质量法。从表中数据可以看出，绝对节点坐标法耗时最长，计算时间远远超过其他方法，集中质量法耗时最短。

表 2.6 不同建模方法在划分单元数目相同时的计算时间

建模方法	ANCF	NCE	CMM
计算耗时/s	208.504	12.349	3.716

为对比仿真结果的差异，输出了三种计算模型所得到的位形变化，如图 2.25 所示。

从图 2.25 可知，在短时间内三种方法的动力学响应基本一致，但随着时间的增长，不同方法的差异逐渐显现出来。绝对节点坐标法的响应与非线性绳索单元法的动力学响应较为接近。三种求解方法得到柔性摆末端的动力学响应如图 2.26 和图 2.27 所示。从图中可见，由于质量分布的不连续性，集中质量法与其他两种方法间存在一定的误差，但总体相差不大。分析仿真结果可知，从时间和精度两方面考虑，两节点非线性绳索单元具有适中的计算时间及较高的计算精度，是柔性绳索系统建模较为合理的选择。

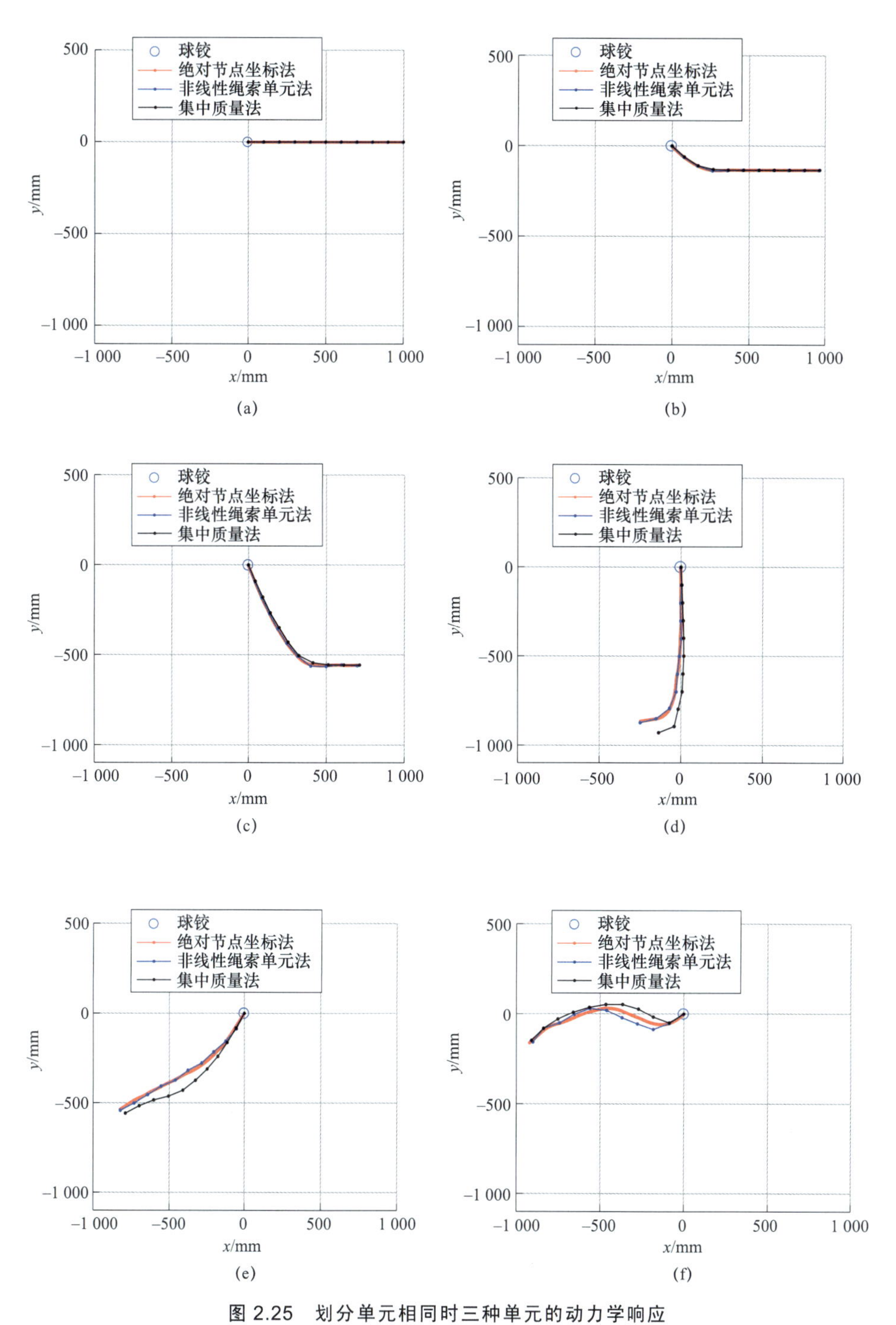

图 2.25　划分单元相同时三种单元的动力学响应

（a）$t=0$；（b）$t=0.165$ s；（c）$t=0.367$ s；（d）$t=0.497$ s；（e）$t=0.663$ s；（f）$t=1.0$ s

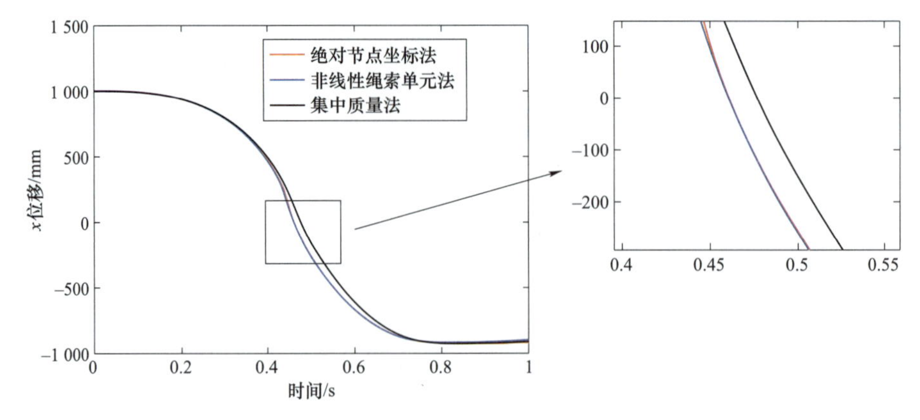

图 2.26　柔性摆末端在 X 方向的运动

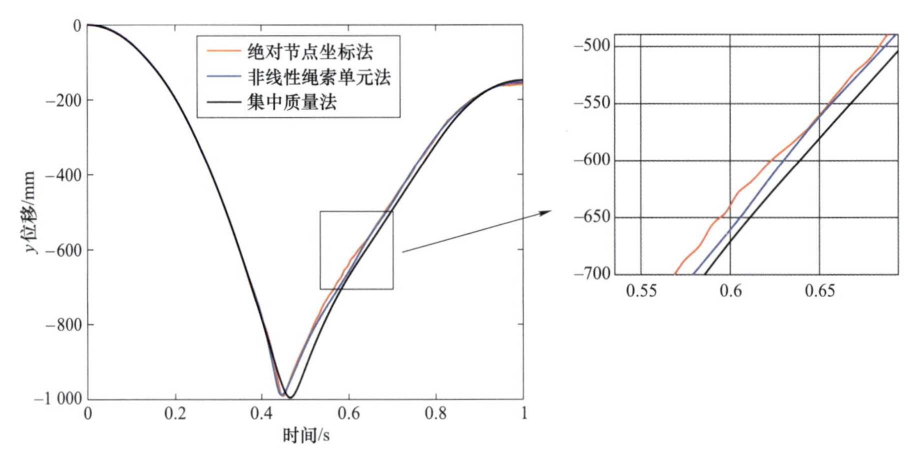

图 2.27　柔性摆末端在 Y 方向的运动

2.7.2　相同自由度数目下的对比分析

在第一种算例下，对比分析了在具有相同单元数时三种建模方法的仿真计算时间与计算精度。考虑到相同自由度下，绝对节点坐标法的自由度是其他两种方法的两倍，因此有必要分析不同模型在具有相同自由度时的时间消耗与计算精度。计算柔性摆在 1 s 动力学响应，在划分为 10 个单元的情况下，绝对节点坐标法建立模型的自由度为 66，在此自由度下两节点非线性绳索单元和集中质量模型的划分单元数目为 21。统一按自由度为 66 再次运行程序，得到不同建模方法的时间消耗如表 2.7 所示。从表中数据来看，在自由度相同的情况下，绝对节点坐标法的耗时大约是非线性绳索单元法的 5 倍、集中质量法的 17 倍。

表 2.7　不同建模方法在自由度相同情况下的计算时间

建模方法	ANCF	NCE	CMM
计算耗时/s	208.504	42.398	12.348

在相同自由度下，所得柔性摆的位形变化如图 2.28 所示。

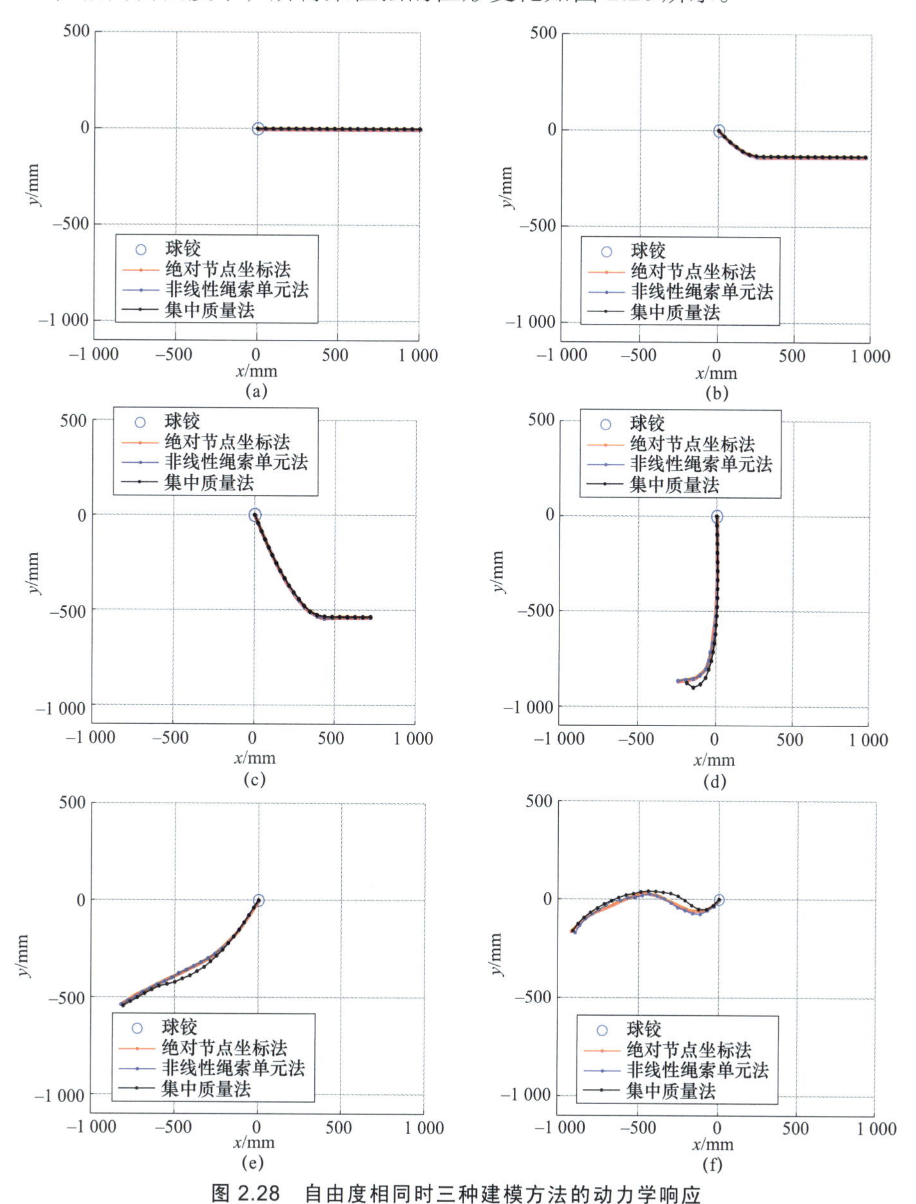

图 2.28　自由度相同时三种建模方法的动力学响应

（a）$t=0$；（b）$t=0.165$ s；（c）$t=0.367$ s；（d）$t=0.497$ s；（e）$t=0.663$ s；（f）$t=1.0$ s

从图 2.28 可见，在自由度相同时，绝对节点坐标法与非线性绳索单元法的动力学响应几乎一致。故在绳索弯曲刚度较小的情况下，采用非线性绳索单元法可以获得和绝对节点坐标法同样的精度，同时还大幅度节省计算时间。

2.7.3 计算时间的增长趋势

下面考察在不同划分单元数目下每种模型计算时间的增长趋势，如表 2.8 所示，其中 N 表示划分单元数目，M 表示建模方法。

表 2.8 不同划分单元数目下的计算时间

M \ N	10	11	12	13	14	15	16	17	18	19	20
ANCF/s	208.5	266.3	293.0	316.2	399.3	450.1	490.1	556.4	634.4	683.4	792.5
NCE/s	12.3	15.8	17.3	18.7	21.2	24.3	26.9	29.2	32.1	34.7	43.5
CMM/s	3.7	5.1	5.8	6.6	6.63	6.98	7.9	9.04	10.4	10.6	11.8

图 2.29 所示为不同单元数目下的计算时间。从图 2.29 可以看出，三种模型的计算时间随着划分单元数的增长都大致呈线性增长趋势。以集中质量法的计算时间为参考，分别计算绝对节点坐标法和非线性绳索单元法相对计算时间，如图 2.30 所示。

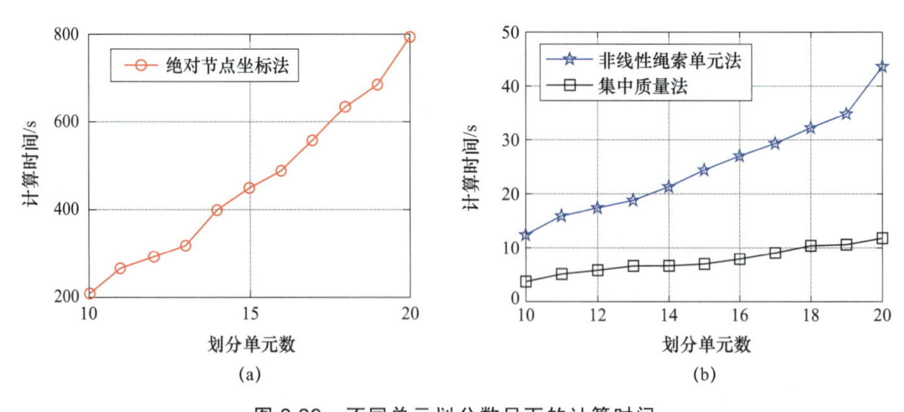

图 2.29 不同单元划分数目下的计算时间

（a）ANCF 计算时间变化图；（b）NCE 和 CMM 计算时间变化图

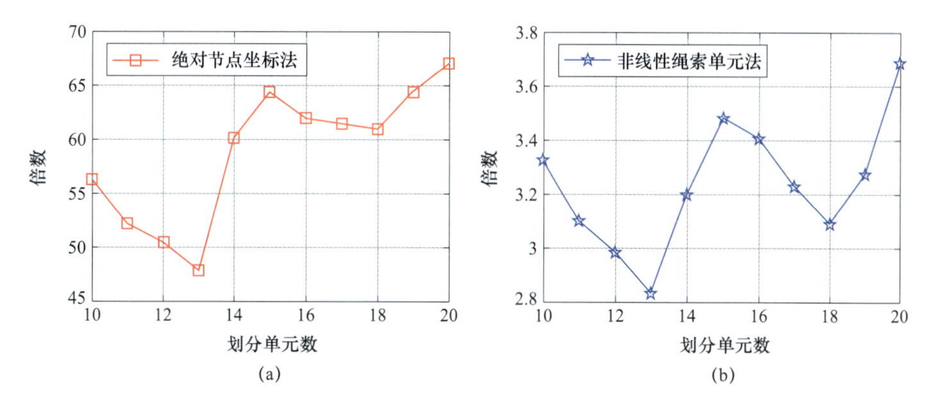

图 2.30　ANCF 与 NCE 相比于 CMM 的计算时间倍数

（a）ANCF 型相对 CMM 计算时间变化图；（b）NCE 相对 CMM 计算时间变化图

由图 2.30 可以看出，绝对节点坐标法与非线性绳索单元法的计算时间消耗相比集中质量法呈现相同的趋势，二者明显的拐点都在划分单元数为 13、15、18 时，并且相对计算时间整体都呈现波动上升的趋势。

2.7.4　仿真分析

经过以上仿真分析，可以得出以下结论。

（1）就计算精度而言，绝对节点坐标法对绳索的力学描述更加全面，精度最高，集中质量法精度最低，非线性绳索单元法介于二者之间；随着时间增长，三者的计算偏差会略有增加，但整体差异并不大。

（2）就计算时间而言，无论是在系统划分单元数目相同的情况下还是在系统自由度相同的情况下，绝对节点坐标法的计算时间都远远超过其他两种方法，集中质量法计算时间最短；随着划分单元数目的增加，三种计算方法的计算时间都大致呈线性增长的趋势，绝对节点坐标法与非线性绳索单元法具有相同的变化趋势，相比集中质量法，计算时间呈波动上升趋势。

（3）综合比较三种模型，非线性绳索单元法兼具计算时间经济性和高精度特性；绝对节点坐标法计算耗时，但精度最高。在进行碰撞仿真时，绝对节点坐标法的绳索单元的外形更加逼近真实情况，适用于碰撞仿真的建模；集中质量法计算速度最快，对于一些精度要求不特别高的应用场合，是一种进行快速仿真的合理选择。

2.8 本章小结

本章从连续介质力学的基本理论出发，首先介绍了大变形柔性部件的应变度量与应力度量，在变形体的参考构形上推导了柔性体的控制方程。结合有限元方法，推导了大变形绳索的两节点非线性绳索单元。其次，介绍了两种较为成熟的柔性绳索动力学建模方法，包括集中质量法和绝对节点坐标法。最后，结合一柔性摆的仿真算例，分析了各种建模方法的数值计算性能。综合以上分析，考虑到计算不同工况下柔性拦截网的滞空时间需要耗费大量的计算时间与资源，在后续研究中，采用弹簧阻尼模型对柔性拦截网在空中的发射过程进行仿真，以便在较大参数设置范围内求得其滞空时间。

第 3 章

柔性拦截网网绳展开动力学研究

3.1 引　　言

经过多年工程研究发现，现有无人机目标捕获任务中所用的柔性拦截网极易打结和缠绕，因此合理的折叠封贮方式对于巨型柔性拦截网的成功拉出展开具有关键性的作用。本章提出一种新型柔性拦截网折叠封贮模式，并建立柔性拦截网拉出展开过程的精细动力学模型，同时采用伪柔性单元对绳索的弯曲变形进行模拟验证。

3.2 柔性拦截网折叠封贮模式

以六边形柔性拦截网为例进行柔性拦截网的折叠封贮，带有质量块的柔性拦截网如图 3.1 所示。经过柔性拦截网工程实践发现，柔性拦截网发射展开过程中，柔性拦截网的边线绳、对角线绳和牵引绳内力较大，因此这些位置的绳索采用加强绳进行加强。

采用一种同心多边形的折叠封贮模式，使得柔性拦截网的拉出展开过程更

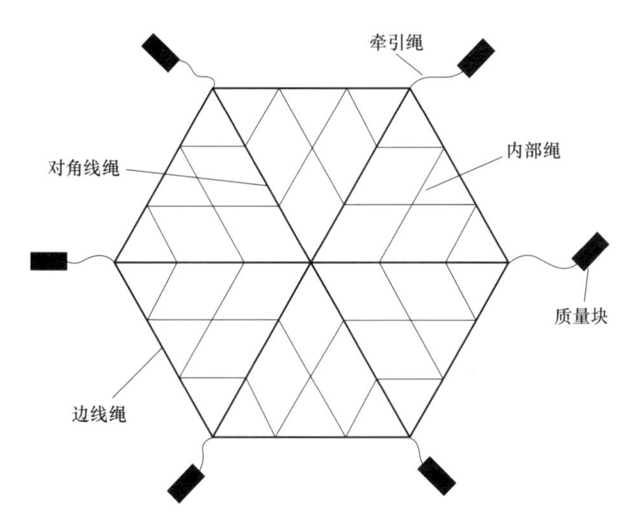

图 3.1　菱形网目六边形柔性拦截网示意图

为有序，有效地避免柔性拦截网的打结和缠绕等现象。柔性拦截网的折叠分为三个步骤。

第一步，借助工装，将网包折叠为图 3.2 所示的同心六边形空心棱柱形状，其中 O^{bag} 为网包底部中心，d^{bag} 为 O^{bag} 与网包底部最外围某一多边形顶角连线的长度，h^{bag} 为网包的高度。

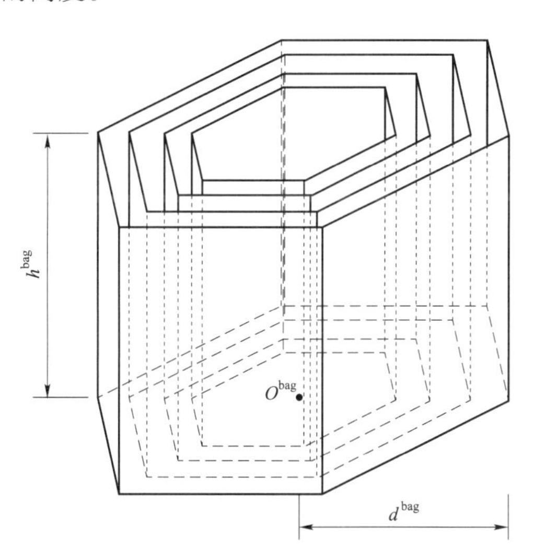

图 3.2　折叠完成的柔性拦截网网包示意图

第二步，借助特定工装，将柔性拦截网逐层折叠进网包隔层内。

第三步，将柔性拦截网边线绳折叠收纳于六片边线绳包内，并将边线绳包固定于空心六面棱柱外围，图 3.3 为其中一片边线绳包的示意图。

折叠完成后的柔性拦截网－网包组合体如图 3.4 所示。

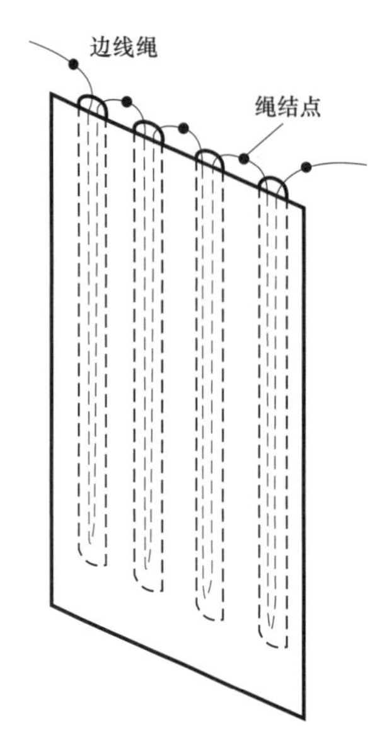

图 3.3 边线绳包示意图

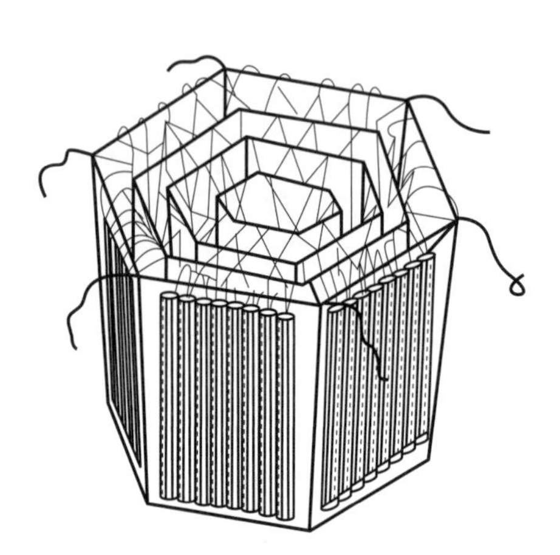

图 3.4 折叠完成的柔性拦截网－网包组合体

柔性拦截网在网包内的状态如图 3.5 所示。

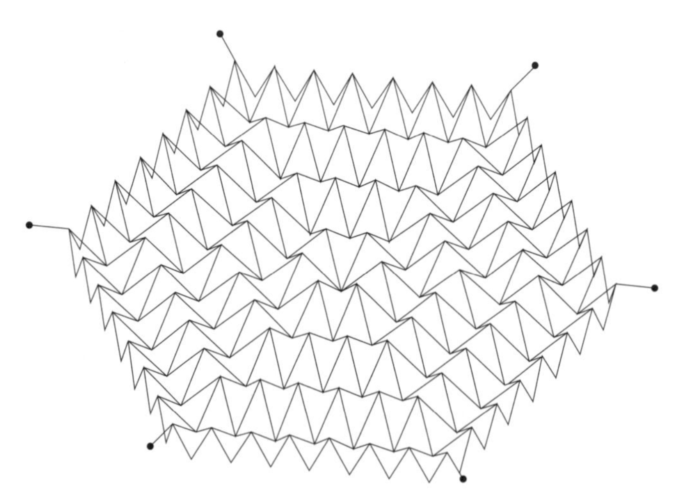

图 3.5 柔性拦截网在网包中的状态

3.3　绳索伪柔性单元

柔性拦截网长期封贮压缩在网包中，加强绳的弯曲部分会具有一定的抗变形能力，如图 3.6 所示。相关学者在研究降落伞充气过程的动力学特征时，为了研究具有一定弯曲刚度的吊带展开行为，提出了简单实用的伪柔性单元模型。伪柔性单元为一种附加单元，通过将其附加于绳索的弯曲位置，来达到模拟绳索弯曲特性的目的。为了分析由于长期封贮可能导致的绳索的弯曲变形，本章采用伪柔性单元对柔性拦截网加强绳进行模拟。

图 3.6　封贮弯曲形态的加强绳

3.3.1　伪柔性单元模型

如图 3.7 所示，伪柔性单元为三节点单元，A 点和 B 点间为一直线，B 点和 C 点间为一直线。

记 A 、B 、C 三点的原始位置分别为

$$\begin{cases} \boldsymbol{r}_A = (x_A \quad y_A \quad z_A) \\ \boldsymbol{r}_B = (x_B \quad y_B \quad z_B) \\ \boldsymbol{r}_C = (x_C \quad y_C \quad z_C) \end{cases} \tag{3.1}$$

上述网绳单元中 A 、B 、C 三点变形后的位置分别为

$$\begin{cases} \boldsymbol{r}'_A = (X_A \quad Y_A \quad Z_A) \\ \boldsymbol{r}'_B = (X_B \quad Y_B \quad Z_B) \\ \boldsymbol{r}'_C = (X_C \quad Y_C \quad Z_C) \end{cases} \tag{3.2}$$

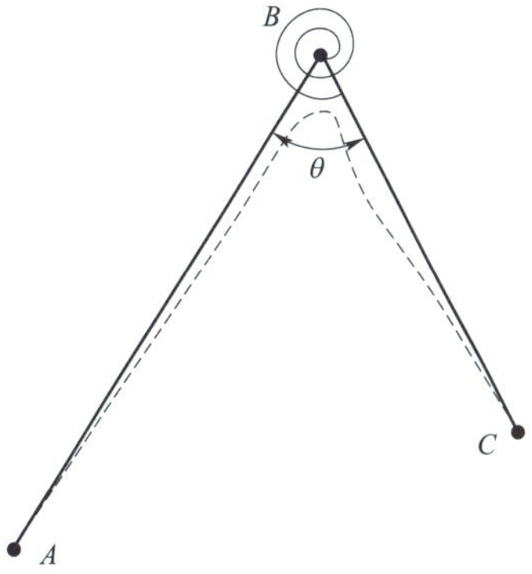

图 3.7　伪柔性单元示意图

其中，

$$\begin{cases} X_A = x_A + u_1^A \\ Y_A = y_A + u_2^A \\ Z_A = z_A + u_3^A \\ X_B = x_B + u_1^B \\ Y_B = y_B + u_2^B \\ Z_B = z_B + u_3^B \\ X_C = x_C + u_1^C \\ Y_C = y_C + u_2^C \\ Z_C = z_C + u_3^C \end{cases} \tag{3.3}$$

式中，u_i^A、u_i^B、u_i^C（$i=1,2,3$）分别为各节点的位移。

记θ为绳段AB与BC的夹角，且θ_0为其在自然状态下的夹角初始值。由三角形余弦定理可以计算出θ的值：

$$\theta = \arccos\frac{L^2 - L_1^2 - L_2^2}{2L_1L_2} \tag{3.4}$$

其中，

$$\begin{cases} L = \sqrt{(X_A - X_C)^2 + (Y_A - Y_C)^2 + (Z_A - Z_C)^2} \\ L_1 = \sqrt{(X_A - X_B)^2 + (Y_A - Y_B)^2 + (Z_A - Z_B)^2} \\ L_2 = \sqrt{(X_C - X_B)^2 + (Y_C - Y_B)^2 + (Z_C - Z_B)^2} \end{cases} \tag{3.5}$$

令弯曲只发生在节点B附近的小范围ξL内，且ξ的值越小，则说明弯曲越集中。考虑到加强绳的实际存储状态，令ξ等于0.1。假设弯曲部分的曲率半径为κ，则存在几何关系

$$\kappa = \frac{\xi L}{\Delta\theta} \tag{3.6}$$

假设在该范围内，弯曲度是均匀的，则绳结单元的弯曲应变能U_B为

$$U_B = \frac{M \cdot \Delta\theta}{2} \tag{3.7}$$

式中，M表示绳段弯曲两端的力矩，其值为

$$M = \frac{E^{\text{bend}} I}{\kappa} \tag{3.8}$$

式中，E^{bend}为网绳单元的弯曲模量；I为惯性矩，对于圆截面形状的网绳有$I = \dfrac{\pi d^4}{64}$；d为网绳单元直径。

由式（3.6）、式（3.7）、式（3.8）得

$$U_B = \frac{E^{\text{bend}} I(\theta - \theta_0)^2}{2\xi L} \tag{3.9}$$

网绳单元的弯曲可以等效为作用于 A 、B 、C 三点的外力 $\boldsymbol{F}_1^{\text{pse}}$ 的作用效果。由虚功原理可以得到

$$\boldsymbol{F}_1^{\text{pse}} = \frac{\partial U_B}{\partial \boldsymbol{q}^{\text{pse}}} \tag{3.10}$$

式中，$\boldsymbol{q}^{\text{pse}} = [\boldsymbol{u}_A \quad \boldsymbol{u}_B \quad \boldsymbol{u}_C]^{\text{T}}$ 为节点位移，且 A 、B 、C 三点的节点位移分别为 $\boldsymbol{u}_A = [u_1^A \quad u_2^A \quad u_3^A]^{\text{T}}$ 、$\boldsymbol{u}_B = [u_1^B \quad u_2^B \quad u_3^B]^{\text{T}}$ 、$\boldsymbol{u}_C = [u_1^C \quad u_2^C \quad u_3^C]^{\text{T}}$ 。

将式（3.9）代入式（3.10）得

$$\boldsymbol{F}_1^{\text{pse}} = [\boldsymbol{\psi}_A^{\text{pse}} \quad \boldsymbol{\psi}_B^{\text{pse}} \quad \boldsymbol{\psi}_C^{\text{pse}}]^{\text{T}} \tag{3.11}$$

式中，

$$\begin{cases} \boldsymbol{\psi}_A^{\text{pse}} = \dfrac{EI(\theta - \theta_0)}{\xi L} \left[\dfrac{\partial \theta}{\partial u_1^A} \quad \dfrac{\partial \theta}{\partial u_2^A} \quad \dfrac{\partial \theta}{\partial u_3^A} \right]^{\text{T}} \\ \boldsymbol{\psi}_B^{\text{pse}} = \dfrac{EI(\theta - \theta_0)}{\xi L} \left[\dfrac{\partial \theta}{\partial u_1^B} \quad \dfrac{\partial \theta}{\partial u_2^B} \quad \dfrac{\partial \theta}{\partial u_3^B} \right]^{\text{T}} \\ \boldsymbol{\psi}_C^{\text{pse}} = \dfrac{EI(\theta - \theta_0)}{\xi L} \left[\dfrac{\partial \theta}{\partial u_1^C} \quad \dfrac{\partial \theta}{\partial u_2^C} \quad \dfrac{\partial \theta}{\partial u_3^C} \right]^{\text{T}} \end{cases} \tag{3.12}$$

此外，绳索伪单元中的夹角 θ 有随时间的改变量，可产生阻尼效应。假设阻尼力矩为 M_D，其值与角速度 $\dot{\theta}$ 成正比，则阻尼力矩所做的虚功 δP_D^{pse} 可由式（3.13）计算得到

$$\delta P_D^{\text{pse}} = M_D^{\text{pse}} \delta\theta = c^{\text{bend}} \dot{\theta} \delta\theta \tag{3.13}$$

式中，c^{bend} 为阻尼系数；$\delta\theta$ 为 θ 的虚位移。

角度 θ 为当前节点位置的函数，可得

$$\begin{cases} \dot{\theta} = \dfrac{\partial \theta}{\partial \boldsymbol{q}^{\text{pse}}} \cdot \dot{\boldsymbol{q}}^{\text{pse}} \\ \delta\theta = \dfrac{\partial \theta}{\partial \boldsymbol{q}^{\text{pse}}} \cdot \delta\dot{\boldsymbol{q}}^{\text{pse}} \end{cases} \tag{3.14}$$

将式（3.14）代入式（3.13）得

$$\delta P_D^{\text{pse}} = \boldsymbol{F}_2^{\text{pse}} \cdot \delta \boldsymbol{q}^{\text{pse}} \tag{3.15}$$

式中，

$$\boldsymbol{F}_2^{\text{pse}} = [\boldsymbol{\varphi}_A^{\text{psc}} \quad \boldsymbol{\varphi}_B^{\text{psc}} \quad \boldsymbol{\varphi}_C^{\text{psc}}]^{\text{T}} \tag{3.16}$$

其中，

$$\begin{cases}\boldsymbol{\varphi}_A^{pse}=c^{\text{bend}}\left[\sum_{i=1}^{3}\sum_{j=A,B,C}\frac{\partial\theta}{\partial u_1^A}\frac{\partial\theta}{\partial u_i^j}\dot{u}_i^j \quad \sum_{i=1}^{3}\sum_{j=A,B,C}\frac{\partial\theta}{\partial u_2^A}\frac{\partial\theta}{\partial u_i^j}\dot{u}_i^j \quad \sum_{i=1}^{3}\sum_{j=A,B,C}\frac{\partial\theta}{\partial u_3^A}\frac{\partial\theta}{\partial u_i^j}\dot{u}_i^j\right]^{\mathrm{T}} \\ \boldsymbol{\varphi}_B^{\text{pse}}=c^{\text{bend}}\left[\sum_{i=1}^{3}\sum_{j=A,B,C}\frac{\partial\theta}{\partial u_1^B}\frac{\partial\theta}{\partial u_i^j}\dot{u}_i^j \quad \sum_{i=1}^{3}\sum_{j=A,B,C}\frac{\partial\theta}{\partial u_2^B}\frac{\partial\theta}{\partial u_i^j}\dot{u}_i^j \quad \sum_{i=1}^{3}\sum_{j=A,B,C}\frac{\partial\theta}{\partial u_3^B}\frac{\partial\theta}{\partial u_i^j}\dot{u}_i^j\right]^{\mathrm{T}} \\ \boldsymbol{\varphi}_C^{\text{pse}}=c^{\text{bend}}\left[\sum_{i=1}^{3}\sum_{j=A,B,C}\frac{\partial\theta}{\partial u_1^C}\frac{\partial\theta}{\partial u_i^j}\dot{u}_i^j \quad \sum_{i=1}^{3}\sum_{j=A,B,C}\frac{\partial\theta}{\partial u_2^C}\frac{\partial\theta}{\partial u_i^j}\dot{u}_i^j \quad \sum_{i=1}^{3}\sum_{j=A,B,C}\frac{\partial\theta}{\partial u_3^C}\frac{\partial\theta}{\partial u_i^j}\dot{u}_i^j\right]^{\mathrm{T}}\end{cases} \tag{3.17}$$

由于伪柔性单元的主要功能是模拟绳索的弯曲特性，因此，令伪柔性单元的 AB 段与 BC 段无拉伸内力。

综上，结合式（3.10）与式（3.16）即得到柔性单元对 A 、B 、C 三点的附加作用力分别为

$$\begin{cases}\boldsymbol{F}_A^{\text{pse}}=\boldsymbol{\psi}_A^{\text{pse}}+\boldsymbol{\varphi}_A^{\text{pse}} \\ \boldsymbol{F}_B^{\text{pse}}=\boldsymbol{\psi}_B^{\text{pse}}+\boldsymbol{\varphi}_B^{\text{pse}} \\ \boldsymbol{F}_C^{\text{pse}}=\boldsymbol{\psi}_C^{\text{pse}}+\boldsymbol{\varphi}_C^{\text{pse}}\end{cases} \tag{3.18}$$

3.3.2 折叠网绳弹射试验

1. 试验网绳及其动力学模型

折叠网绳索弹射试验的试验件如图 3.8 所示，其中的粗绳索为试验对象，直径为约 3 mm，长度为约 1.2 m，而固定于绳索弯折处的细绳为辅助件，在试验前去除。

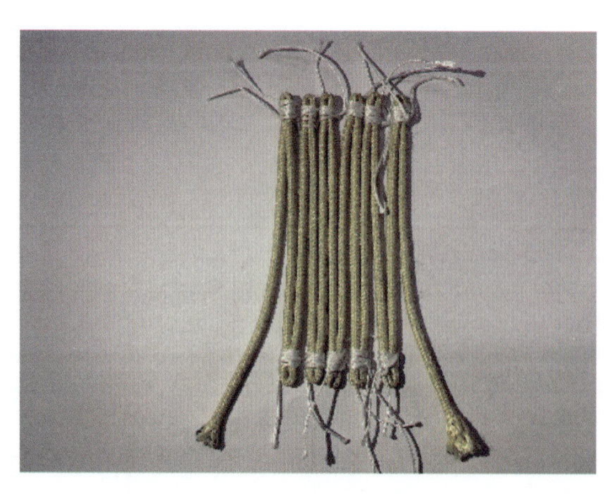

图 3.8 折叠网绳弹射试验的试验件

建立试验件的动力学模型，如图 3.9 所示，以弯折点为界对绳索进行离散化处理，将每一绳段等效为半弹簧–阻尼单元，并在绳索的弯曲位置附加伪柔性单元。

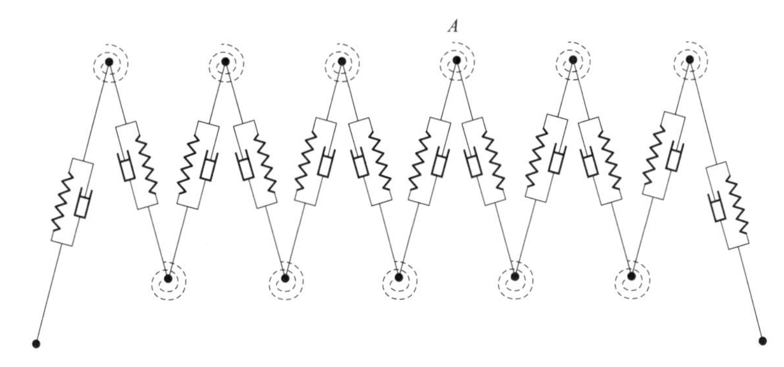

图 3.9　试验件的动力学模型

图 3.9 中任意节点 A 受到的力包括半弹簧–阻尼单元提供的内力 $\boldsymbol{T}_A$、重力 $\boldsymbol{G}_A$、空气升力 $\boldsymbol{F}_A^L$、空气阻力 $\boldsymbol{F}_A^D$ 和伪柔性单元的附加力 $\boldsymbol{F}_A^{\text{pse}}$。其中 $\boldsymbol{T}_A$、$\boldsymbol{G}_A$、$\boldsymbol{F}_A^D$、$\boldsymbol{F}_A^L$ 可以通过式（2.14）、式（2.27）、式（2.25）和式（2.26）求得，受到的伪柔性单元附加力 $\boldsymbol{F}_A^{\text{pse}}$ 可以表示为

$$\boldsymbol{F}_A^{\text{pse}} = \sum_{i=1}^{\tau_A} F_{iA}^{\text{pse}} \tag{3.19}$$

式中，τ_A 为与节点 A 关联的柔性单元的个数；F_{iA}^{pse} 为第 i 个柔性单元作用于节点 A 的附加力。

结合式（2.17），可以得到网绳模型中的任意节点 A 的动力学方程

$$\boldsymbol{M}\ddot{\boldsymbol{r}} - \boldsymbol{T} - \boldsymbol{G} - \boldsymbol{F}_A^D - \boldsymbol{F}_A^L - \boldsymbol{F}_A^{\text{pse}} = 0 \tag{3.20}$$

2. 弹射试验

为了验证伪柔性单元的动力学模型，本节设计并开展了单根折叠网绳的弹射试验。伪柔性单元试验系统如图 3.10 所示，由框架、释放弹射机构和双目图像测量设备组成。框架高 5.2 m、宽 2.0 m；释放弹射机构宽 0.4 m，镶嵌有 3 个舵机，用于同步控制弹射质量块的发射和固定弹簧夹的释放；双目图像测量设备包括两个高速摄像系统、同步触发器、数据收集处理器和其他设备。

当试验开始后，控制舵机同步地释放绳索并弹射质量块，使绳索在质量块牵引和重力的共同作用下逐渐展开并下落。试验中若干时刻绳索形态如图 3.11 ~ 图 3.13 所示，且试验中绳索在到达图 3.13 所示的形态后，基本保持锯齿状向下掉落。

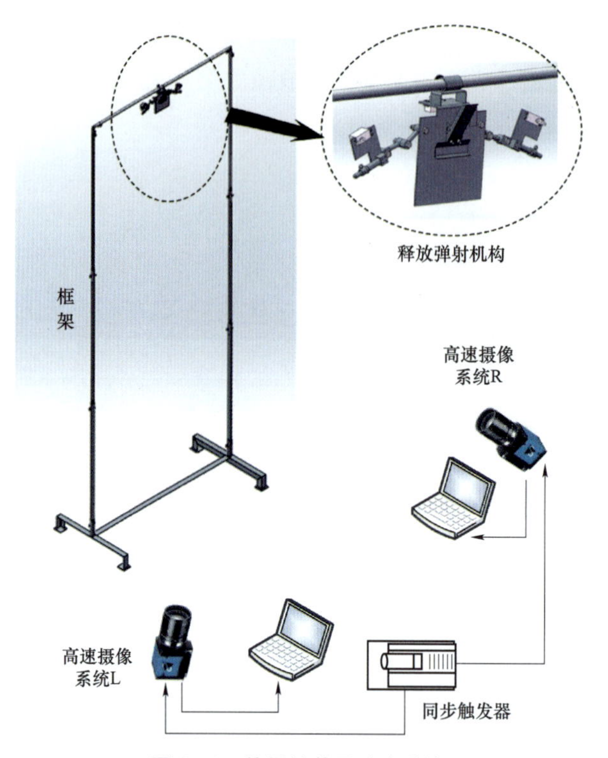

图 3.10 伪柔性单元试验系统

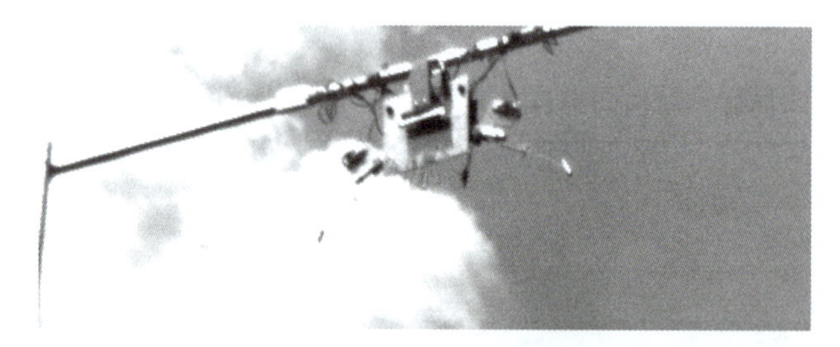

图 3.11 0.15 s 绳索位形图

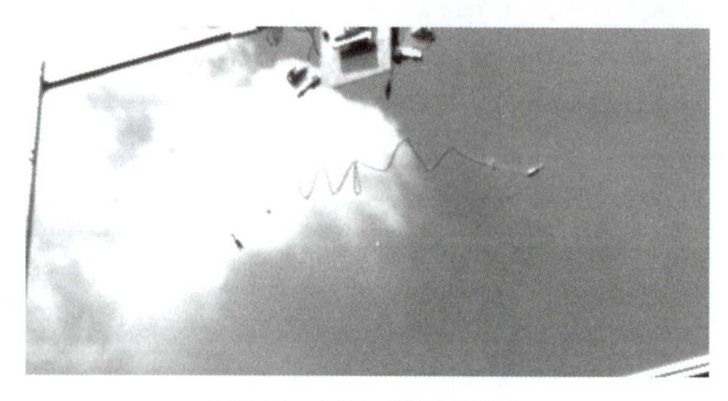

图 3.12 0.20 s 绳索位形图

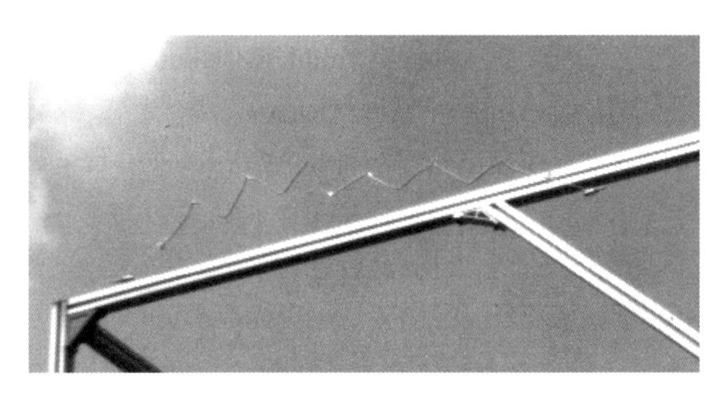

图 3.13　0.35 s 绳索位形图

从图 3.11 ~ 图 3.13 可以看出，长期的折叠导致绳索在运动过程中具有一定的抗变形能力。为了分析伪柔性单元模型的有效性，需要进一步对比分析试验和仿真中质量块与绳索弯曲部分的空间运动特性。

由于试验测量条件限制，仅得到了质量块的空间位移数据。因此在对质量块的空间运动轨迹进行仿真试验对比验证之后，采用定性观测的方法，对伪柔性单元进行验证。图 3.14 对比了试验和仿真得到的质量块的空间运动轨迹。从图 3.14 可以发现，仿真与试验较为符合。

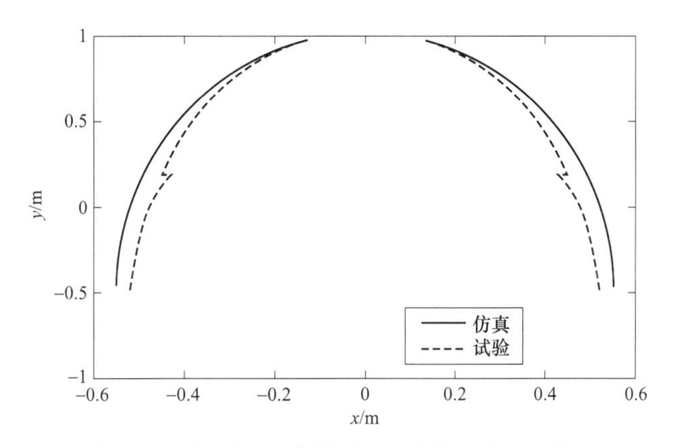

图 3.14　质量块的空间运动轨迹仿真与试验对比图

此外，将附加伪柔性单元（实线）和无伪柔性单元（虚线）仿真得到的绳索位形进行对比，如图 3.15 ~ 图 3.19 所示。从图中可以看到，附加伪柔性单元后，绳索展开速度要快于“半弹簧 – 阻尼”单元。并且下落过程中，附加伪柔性单元后，绳索的锯齿状特性更加明显，而无伪柔性单元时绳索逐渐变为圆弧状下落。将上述结果与图 3.11 ~ 图 3.13 进行定性的对比分析可知，附加伪柔性单元后的绳索动力学模型仿真结果加接近实际物理过程。

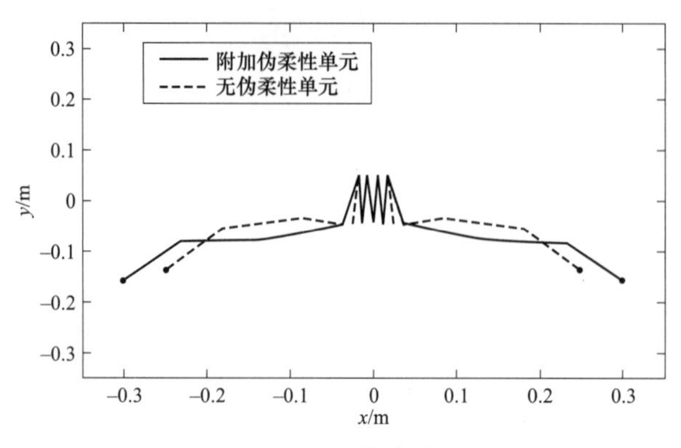

图 3.15　0.1 s 仿真对比图

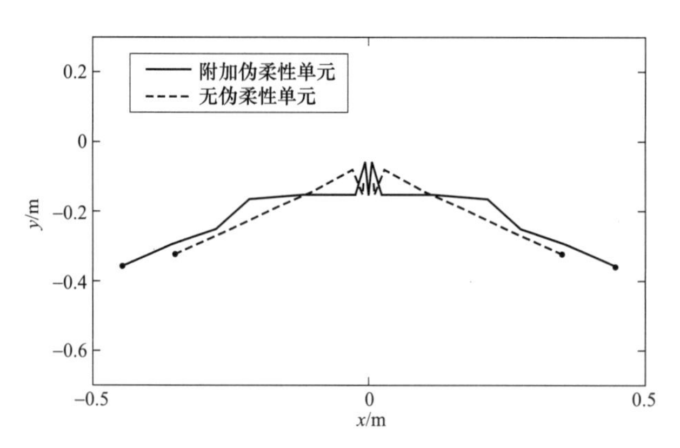

图 3.16　0.2 s 仿真对比图

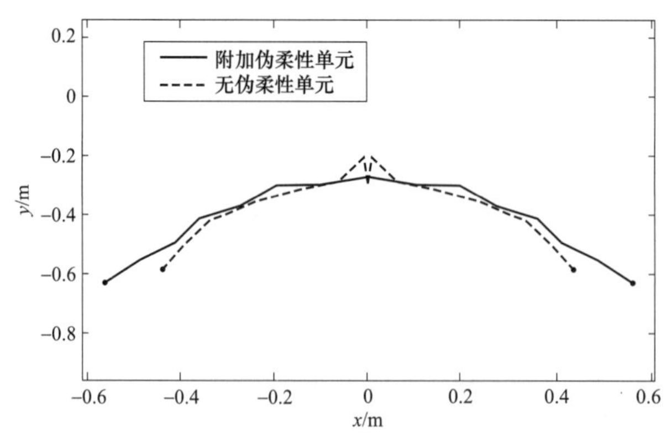

图 3.17　0.3 s 仿真对比图

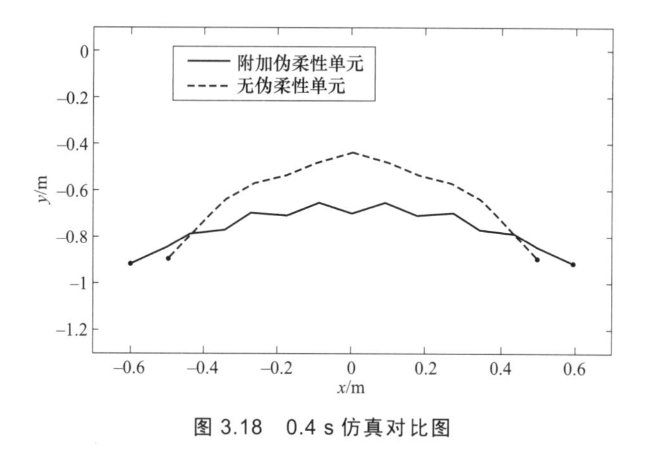

图 3.18　0.4 s 仿真对比图

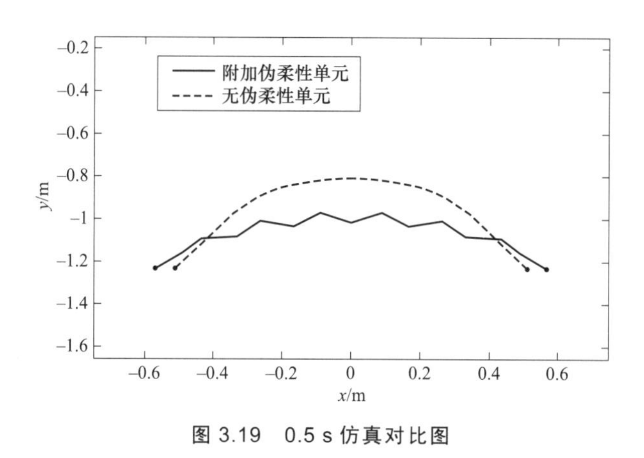

图 3.19　0.5 s 仿真对比图

综合上述分析，伪柔性单元能有效地模拟绳索的弯曲效应，可应用于柔性拦截网的动力学分析。

3.4　网绳展开动力学模型

首先根据网包的折叠状态，对柔性拦截网进行了进一步的离散；其次根据柔性拦截网内绳索位置的不同，分别采用了不同的动力学处理方式；然后根据绳索与网包的相对位置关系，进行了柔性拦截网拉出展开过程的精细动力学建模。

3.4.1 网绳动力学模型预处理

下面结合柔性拦截网应用中实际物理过程，特别是具体的折叠封贮状态，将位于内部网包和边线绳包顶端与底部的绳段，以弯折点再次进行划分，并增加相应节点，如图 3.20 所示。

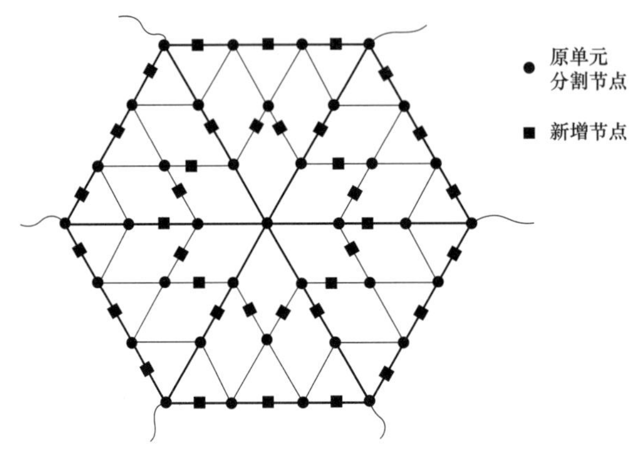

图 3.20 添加绳索节点示意图

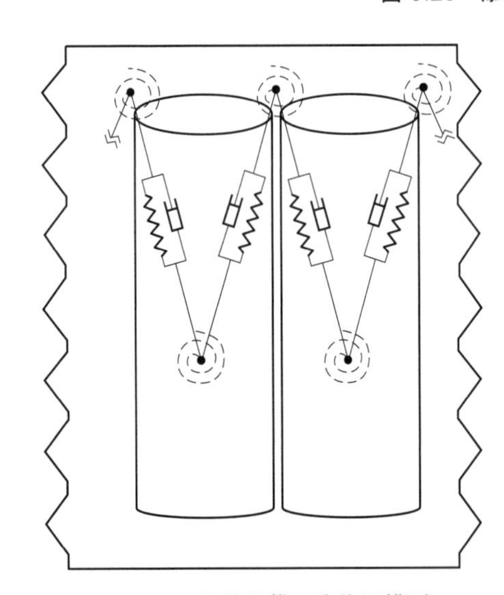

图 3.21 柔性拦截网边线绳模型

为了模拟由于长期折叠封贮导致的柔性拦截网加强绳索的弯曲效应，建立精细的柔性拦截网发射展开动力学模型，本书对柔性拦截网内不同位置的绳索采用不同的动力学处理方式：①柔性拦截网边线绳模型如图 3.21 所示，在“半弹簧-阻尼”模型的基础上，对处于边线绳包顶部和底部的绳节点位置附加伪柔性单元；②柔性拦截网对角线模型如图 3.22 所示，在“半弹簧-阻尼”模型的基础上，在网包顶点和底部节点处附加伪柔性单元；③柔性拦截网除边线绳和对角线绳的其余绳段模型如图 3.23 所示，仅采用“半弹簧-阻尼”单元进行模拟。

网包坐标系如图 3.24 所示。以网包底部中心点 O^{bag} 为坐标原点，$O^{bag}X^{bag}$ 轴指向柔性拦截网的某一角点，$O^{bag}Y^{bag}$ 轴在网包底部平面内且垂直于 $O^{bag}X^{bag}$ 轴，$O^{bag}Z^{bag}$ 轴垂直于网包底部平面，指向网包的出口方向。图中 $\boldsymbol{r}_A(x_A, y_A, z_A)$ 和

$\boldsymbol{r}_B(x_B, y_B, z_B)$ 分别是任意节点 A 和 B 的空间坐标向量。

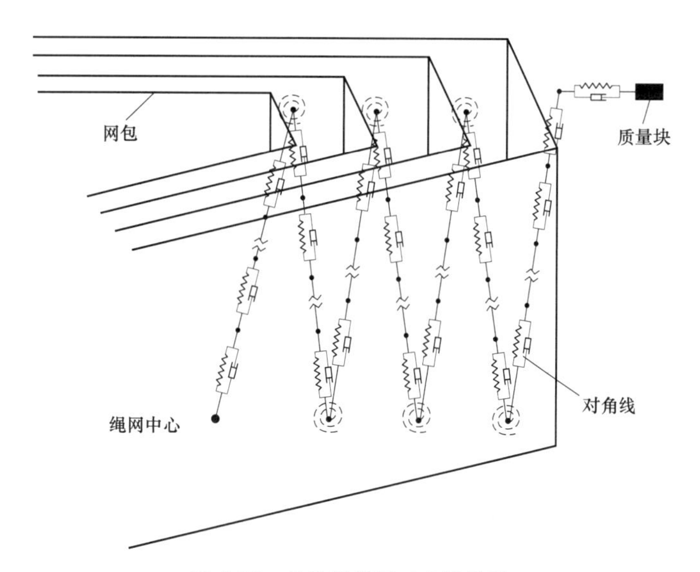

图 3.22　柔性拦截网对角线模型

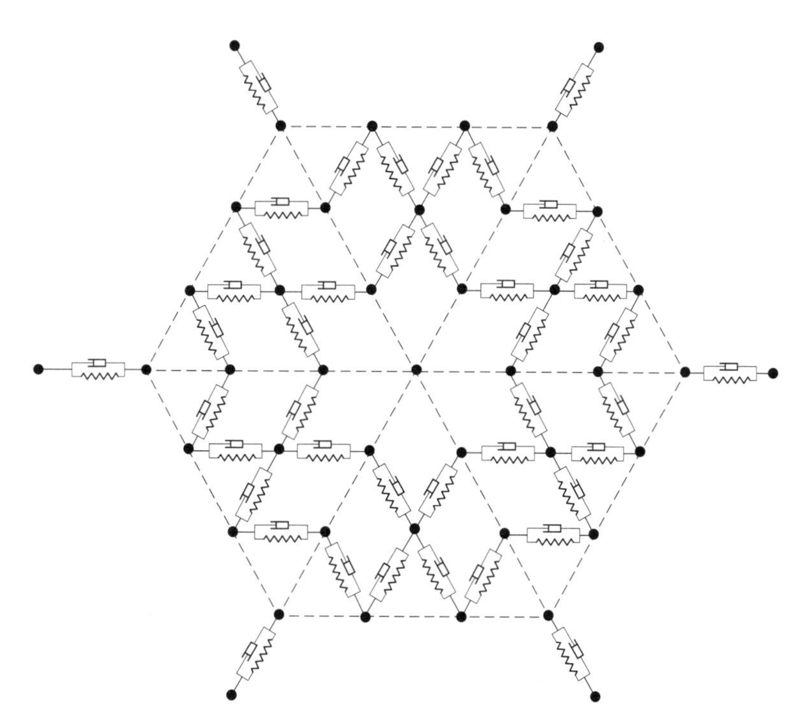

图 3.23　柔性拦截网除边线绳和对角线绳的其余绳段模型

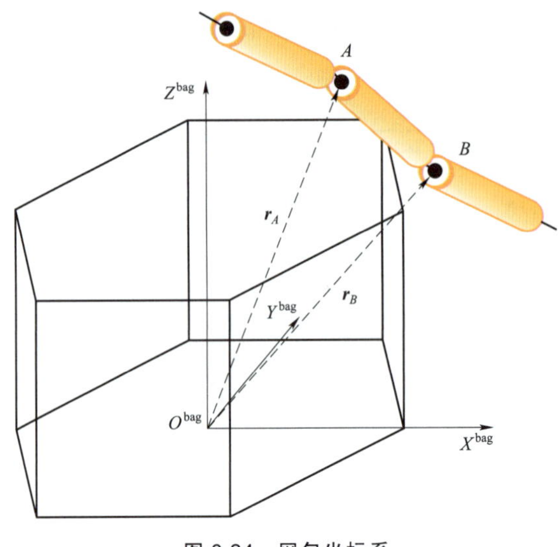

图 3.24 网包坐标系

3.4.2 网绳拉出展开过程动力学建模

根据绳段与网包的相对位置的不同，分别进行动力学分析。绳段与网包的相对位置分为三种情况：①绳段位于网包内部；②绳段正在拉出；③绳段已拉出网包。对于绳段已拉出网包的情况，网包对绳索无作用，绳节点的动力学响应可由弹簧质量模型和附加伪柔性单元求得。下文主要介绍绳段位于网包内部和绳段正在拉出两种情况下的精细动力学模型。

1. 绳段位于网包内部

当绳段 AB 位于网包内部时，其所受外力除了重力、空气升力和空气阻力外，还有网包的摩擦力。令网包的外部压紧力为 N_{bag}，网包与绳索的摩擦力系数为 μ_1，则绳段 AB 在网包内部运动时，其所受摩擦力为

$$\boldsymbol{F}_{AB}^{f} = \boldsymbol{e}_{AB}^{f} \mu_1 N_{\text{bag}} \tag{3.21}$$

式中，$\boldsymbol{e}_{AB}^{f}$ 为摩擦力作用方向。

通过观察折叠封贮模式下的柔性拦截网拉出物理实际过程可知，绳索从开始运动到离开网包的运动时间较短，重力和空气作用效果远小于绳索内力，因此在假定绳段 AB 是由 A 点带动 B 点在网包内运动的前提下，可以近似认为网包摩擦力的作用方向为从 A 点指向 B 点，即

$$\boldsymbol{e}_{AB}^{f} = \frac{(x_B - x_A \quad y_B - y_A \quad z_B - z_A)}{\sqrt{(x_A - x_B)^2 + (y_A - y_B)^2 + (z_A - z_B)^2}} \tag{3.22}$$

将该摩擦力平均作用于绳段的两端点，则 A 点和 B 点受到的摩擦力分别为

$$\begin{cases} \boldsymbol{F}_A^f = \dfrac{1}{2}\boldsymbol{F}_{AB}^f \\ \boldsymbol{F}_B^f = \dfrac{1}{2}\boldsymbol{F}_{AB}^f \end{cases} \tag{3.23}$$

2. 绳段正在拉出

试验发现，无盖空心六面棱柱隔离布对绳段 AB 的拉出过程有一定约束作用，如图 3.25 所示。柔性拦截网任务中，绳索拉出网包时间较短，绳索内力远大于网包摩擦力和重力，则在俯视图中，绳索单元的 A 、B 点间的连线近似为直线。

$$y = \phi(x) \tag{3.24}$$

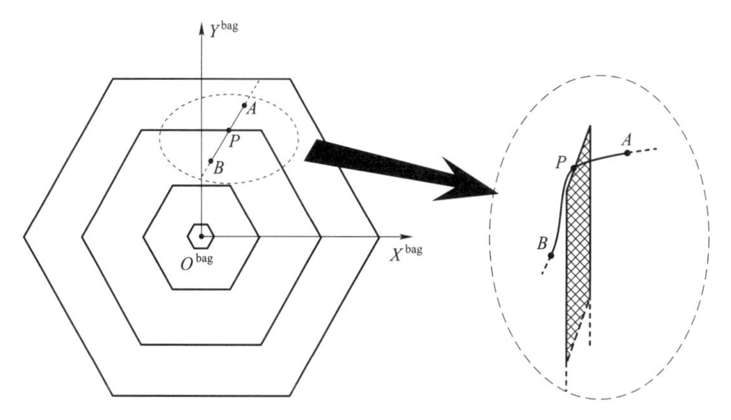

图 3.25　绳段正在拉出示意图

此时节点 A 已经拉出网包，其速度为 v_A，节点 B 仍然在网包内，其速度为 v_B。令绳段跨越的隔离布在 $O^{bag}X^{bag}Y^{bag}$ 平面内的方程为

又因为简化问题中，绳段 AB 在俯视图中为直线，则其在 $O^{bag}X^{bag}Y^{bag}$ 平面内的直线方程为

$$\frac{x - x_A}{x_B - x_A} = \frac{y - y_A}{y_B - y_A} \tag{3.25}$$

记绳段与网包隔离布的接触点为 $P(x_P \quad y_P \quad z_P)$，联立方程（3.24）和式（3.25）即可求得 x_P 和 y_P。又因为网包高度为 h， P 点位于网包上沿，所以有 $z_P \approx h$。求得 P 点的坐标后，绳段的长度 L 此时为

$$L=\sqrt{(x_A-x_P)^2+(y_A-y_P)^2+(z_A-z_P)^2}+\sqrt{(x_B-x_P)^2+(y_B-y_P)^2+(z_B-z_P)^2} \tag{3.26}$$

绳段长度 L 对时间的一阶导可近似为

$$\dot{L}=\sqrt{v_{xA}^2+v_{yA}^2+v_{zA}^2}-\sqrt{v_{xB}^2+v_{yB}^2+v_{zB}^2} \tag{3.27}$$

式中，v_{xA}、v_{yA}、v_{zA}、v_{xB}、v_{yB} 和 v_{zB} 分别为 A 点和 B 点的速度分量。

在已知绳段 AB 现有长度 L、原长 l、A 点速度 v_A 和 B 点速度 v_B 的情况下，绳段 AB 的内力值 T_{AB} 可由式（2.16）求得。且通过观察，可得绳结点 B 受到的作用力方向为由 B 点指向 P 点，绳结点 A 受到的作用力方向为由 A 指向 P 点，即绳节点 A 和 B 受到的内力分别为

$$\begin{cases}\boldsymbol{T}_A=T_{AB}\boldsymbol{e}_A\\ \boldsymbol{T}_B=T_{AB}\boldsymbol{e}_B\end{cases} \tag{3.28}$$

式中，$\boldsymbol{e}_A$ 和 $\boldsymbol{e}_B$ 分别为节点受到绳索内力的单位方向向量。

$$\begin{cases}\boldsymbol{e}_A=\dfrac{(x_P-x_A\quad y_P-y_A\quad z_P-z_A)}{\sqrt{(x_P-x_A)^2+(y_P-y_A)^2+(z_P-z_A)^2}}\\ \boldsymbol{e}_B=\dfrac{(x_P-x_B\quad y_P-y_B\quad z_P-z_B)}{\sqrt{(x_P-x_B)^2+(y_P-y_B)^2+(z_P-z_B)^2}}\end{cases} \tag{3.29}$$

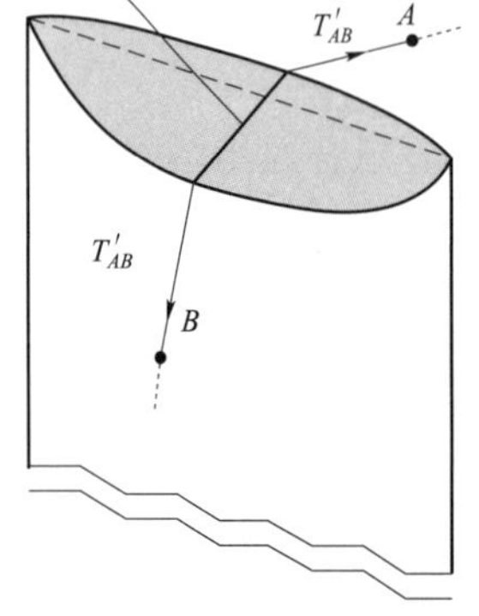

图 3.26　处于隔离布上沿的变形

试验表明，绳段 AB 除受到两侧隔离布的摩擦力 $\boldsymbol{F}_{1AB}^f$ 外，还受到由于隔离布上沿的变形而产生的摩擦力 $\boldsymbol{F}_{2AB}^f$。处于变形隔离布上沿的变形如图 3.26 所示。

网包上沿隔离布对绳段 AB 的作用力值约为

$$N=\frac{(\boldsymbol{T}_A+\boldsymbol{T}_B)\cdot\boldsymbol{T}_A}{\|\boldsymbol{T}_A+\boldsymbol{T}_B\|} \tag{3.30}$$

式中，$\boldsymbol{T}_A$ 和 $\boldsymbol{T}_B$ 为绳段作用于节点 A 和节点 B 的内力，可由式（3.28）求得。

因此，作用在节点 A 和节点 B 上的摩擦力分别为

$$\begin{cases}\boldsymbol{F}_{2A}^f=\dfrac{1}{2}\boldsymbol{e}_A^f\mu_2\dfrac{(\boldsymbol{T}_A+\boldsymbol{T}_B)\cdot\boldsymbol{T}_A}{\|\boldsymbol{T}_A+\boldsymbol{T}_B\|}\\ \boldsymbol{F}_{2B}^f=\dfrac{1}{2}\boldsymbol{e}_B^f\mu_2\dfrac{(\boldsymbol{T}_A+\boldsymbol{T}_B)\cdot\boldsymbol{T}_A}{\|\boldsymbol{T}_A+\boldsymbol{T}_B\|}\end{cases} \tag{3.31}$$

式中，$\boldsymbol{e}_A^f$ 和 $\boldsymbol{e}_B^f$ 分别为 $\boldsymbol{T}_A$、$\boldsymbol{T}_B$ 的单位方向向量。

绳段位于网包内部的 BP 段还受到两侧隔离布的摩擦力 $\boldsymbol{F}_{1AB}^f$，其值由式（3.21）求得。将 $\boldsymbol{F}_{1AB}^f$ 平均作用于节点 A 和节点 B，得到

$$\begin{cases} \boldsymbol{F}_{1A}^{f} = \dfrac{1}{2}\boldsymbol{e}_{A}^{f}\mu_{1}N_{\text{bag}} \\ \boldsymbol{F}_{1B}^{f} = \dfrac{1}{2}\boldsymbol{e}_{B}^{f}\mu_{1}N_{\text{bag}} \end{cases} \tag{3.32}$$

结合式（3.31）和式（3.32），得到网包作用于绳段的节点 A 和节点 B 的摩擦力分别为

$$\begin{cases} \boldsymbol{F}_{A}^{f} = \boldsymbol{F}_{1A}^{f} + \boldsymbol{F}_{2A}^{f} \\ \boldsymbol{F}_{B}^{f} = \boldsymbol{F}_{1B}^{f} + \boldsymbol{F}_{2B}^{f} \end{cases} \tag{3.33}$$

此外，绳索受到的重力仍然平分于节点 A 和节点 B，而绳索节点 A 和节点 B 受到的空气作用力，可以结合式（2.25）和式（2.26）分别对绳段 AP 和 BP 进行求解，这里不再赘述。

3. 网绳动力学模型

为简化问题，令伪柔性单元的附加作用力不因绳段与网包的位置而改变。综合上述分析，结合式（2.25）、式（2.26）、式（2.27）、式（2.29）、式（3.19）、式（3.23）、式（3.28）和式（3.33）可得柔性拦截网拉出展开过程中，柔性拦截网任意节点 A 的动力学方程为

$$m_{A}\ddot{\boldsymbol{r}}_{A} = \boldsymbol{T}_{A} + \boldsymbol{G}_{A} + \boldsymbol{F}_{A}^{D} + \boldsymbol{F}_{A}^{L} + \boldsymbol{F}_{A}^{\text{pse}} + \boldsymbol{F}_{A}^{f} \tag{3.34}$$

式中，$\boldsymbol{F}_{A}^{\text{pse}}$ 为与节点 A 关联的伪柔性单元作用力的合力；$\boldsymbol{F}_{A}^{f}$ 为节点 A 受到的网包摩擦力的合力。

3.5　摩擦力系数测量试验

柔性拦截网拉出展开过程中的摩擦力分为绳索与网包隔离布的摩擦力以及绳索之间的摩擦力。为了简化问题，本书只讨论绳索与网包的摩擦力。而绳索与网包的摩擦力又分为两部分，一部分是绳索单元位于网包内部时，由于折叠封储的初始压力而导致的摩擦力；另一部分是绳索，拉出网包时，与隔离布上沿的摩擦力。为简化问题，本书令上述摩擦力系数相等。本节基于物理学中摩擦力欧拉公式测量绳索与网包隔离布的动摩擦系数。在水平面内，令绳索微元 $\mathrm{d}L$ 完全覆盖在圆柱表面，如图 3.27 所示，其中 T 和 $T+\mathrm{d}T$ 为微元两侧内力，N 为圆柱作用力。

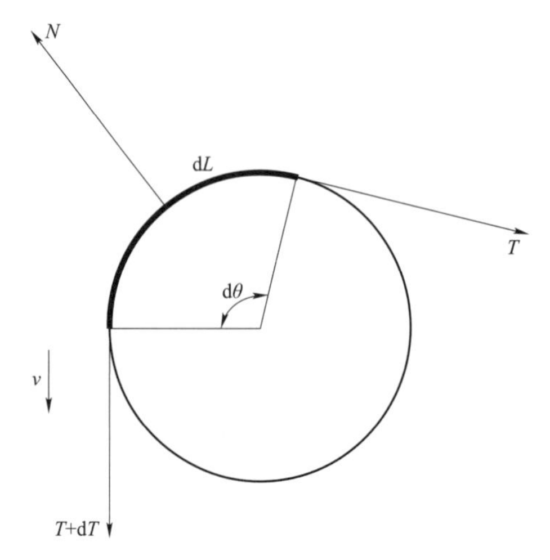

图 3.27　跨圆柱的绳段微元受力示意图

圆柱对绳索微元的作用力 N 的值约为

$$N = 2T\sin\frac{d\theta}{2} \tag{3.35}$$

图 3.27 中，当运动平衡后有

$$\frac{dT}{T} = 2\mu\tan\frac{d\theta}{2} \tag{3.36}$$

又因为 $d\theta$ 是小量，则有近似式

$$\tan\frac{d\theta}{2} \approx \frac{d\theta}{2} \tag{3.37}$$

将式（3.37）代入式（3.36），得到

$$\frac{dT}{T} = 2\mu\frac{d\theta}{2} \tag{3.38}$$

若 $\theta = 0$ 时绳索内部张力为 T_0，则式（3.38）的解为

$$T = e^{(\mu\theta + T_0)} \tag{3.39}$$

综上，已知 T 、T_0 和 θ 就可以求得动摩擦系数 μ 为

$$\mu = \frac{1}{\theta}\ln\frac{T}{T_0} \tag{3.40}$$

摩擦力系数测量试验系统如图 3.28 所示。图中，将绳索的一端与质量块相连，另一端在包裹有网布的固定圆柱上缠绕 n 圈后，水平穿过限位标定通道（要求绳索与圆孔无接触），与张力传感器按预定方法连接，最后与电机相连。

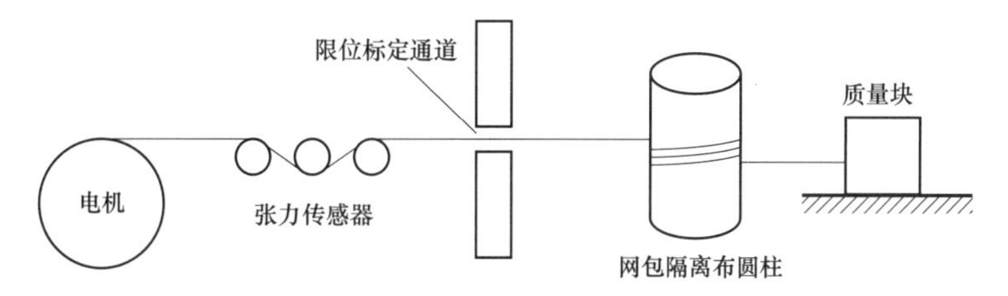

图 3.28　摩擦力系数测量试验系统

通过试验测量得到 T 和 T_0 值后，绳索与网包布之间的动摩擦力系数 μ 为

$$\mu = \frac{1}{2n\pi}\ln\frac{T}{T_0} \tag{3.41}$$

通过多次测量求平均值，得到绳索与网包布之间的动摩擦力系数为约 0.001 4。

3.6　网绳开网效果评估指标

开网效果评估指标是评价柔性拦截网捕获目标过程的指标量，便于对柔性拦截网开网效果进行定量和定性的分析，柔性拦截网开网效果评估指标主要包括滞空时间、最大开网面积、有效拦截面积等。

3.6.1　滞空时间

滞空时间定义为从发射至柔性拦截网面积为 0 的时间，但考虑到实际仿真过程中到达这一点需要的仿真时间较长，并且当柔性拦截网面积收缩到设计有效面积（四边形 27.04 m^2，六边形 57.4 m^2）的 1%（四边形剩余面积 0.270 4 m^2，六边形剩余面积 0.573 9 m^2）时，柔性拦截网已基本丧失捕获能力，故将滞空时间定义为柔性拦截网从发射至面积收缩为设计展开面积 1%的时间。

3.6.2　最大开网面积

最大开网面积指的是柔性拦截网在开网过程中多边形连接点能够达到的最大展开面积，如图 3.29 所示。在目标飞来方向未知的情况下，柔性拦截网最大开网面积是衡量柔性拦截网捕获性能的一项重要指标。在工程项目研究过程中得知，在不考虑弹道倾角和弹体速度的情况下最大开网面积主要影响因素是提供给柔性拦截网在展开方向能量的相对大小。

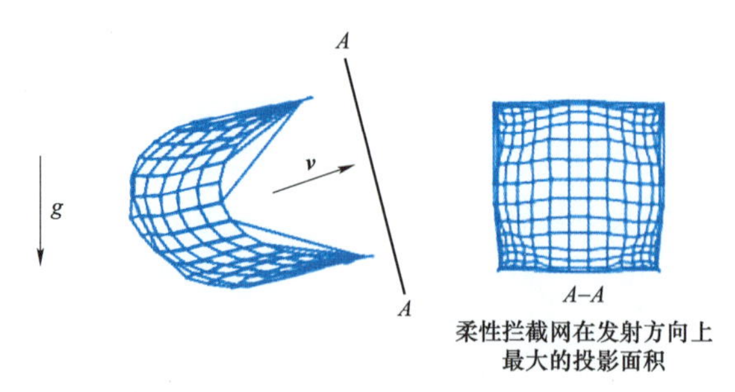

图 3.29 柔性拦截网最大开网面积

3.6.3 有效拦截面积

典型工况下，拦截目标主要沿水平方向飞行，如图 3.30 所示，针对这一特定的拦截状态，定义柔性拦截网的有效拦截面积为网面在垂直于目标运动方向的铅垂面的投影，如图 3.31 所示。

图 3.30 柔性拦截网捕获无人机概念图

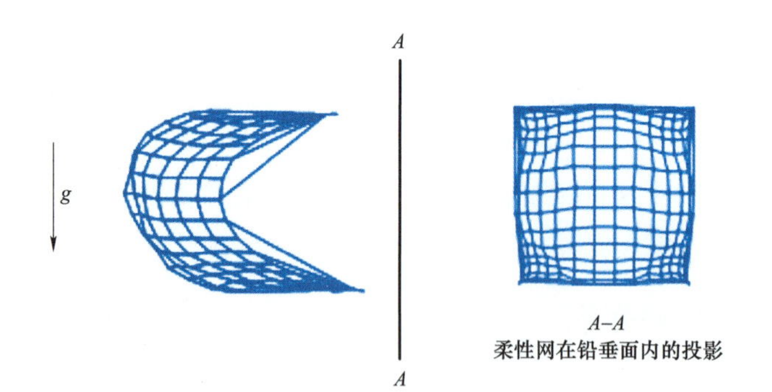

图 3.31 柔性拦截网有效拦截面积

| 3.7　本章小结 |

本章提出了一种全新的柔性拦截网折叠模式，并对其工艺进行了简要介绍，然后根据绳段在柔性拦截网内部位置和与网包的相对位置的不同，建立了柔性拦截网拉出展开过程的精细动力学模型，同时采用伪柔性单元对由于长期折叠导致的绳索弯曲变形进行了模拟。采用仿真的手段对比分析了考虑初始折叠与否情况下的空间柔性拦截网运动特性。仿真结果表明，有无考虑柔性拦截网初始折叠和加强绳的弯曲变形，柔性拦截网运动过程中的质量块空间位置特性和柔性拦截网内部最大内力变化不大，但是考虑了柔性拦截网拉出展开过程中的网型变化更加复杂。本章首次开展了封贮柔性拦截网的拉出精细动力学研究，为柔性拦截网工程封装设计提供了参考。

第4章

柔性拦截网长滞空网型保持仿真研究

4.1 引　　言

柔性拦截网性能仿真研究分析过程中需综合考虑工程实际与计算资源限制。用于捕获无人机目标的柔性拦截网网型包括四边形和六边形两种。经过试验和设计论证，初步确定了四边形柔性拦截网和六边形柔性拦截网的构形（图 4.1、图 4.2）及发射参数。其中四边形柔性拦截网边长为 5.2 m，总质量为 170 g；六边形柔性拦截网的边长为 4.7 m，总质量为 495 g。

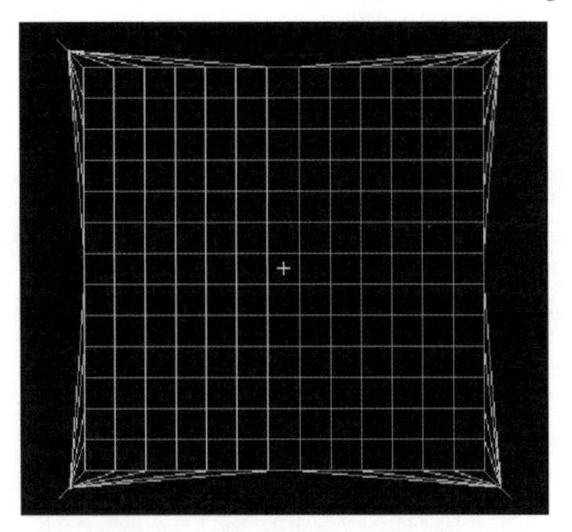

图 4.1　四边形柔性拦截网构形

图 4.2 六边形柔性拦截网构形

在标准工况下,四边形柔性拦截网和六边形柔性拦截网的发射参数如表 4.1 所示。

表 4.1 柔性拦截网设计发射参数

柔性拦截网构形	弹射角度/(°)	弹射速度/($m \cdot s^{-1}$)	质量块质量/g
六边形	60	75	58
四边形	45	70	45

注:弹射角度:θ_r;弹射速度:v_r;质量块质量:m。

结合计算资源与工程实际,柔性拦截网仿真工况的初始参数设置分别如表 4.2 和表 4.3 所示。将每个质量块质量视为不变量,得到在不同弹射速度和弹射角度下的滞空时间,见表 A.1～表 A.15。针对四边形柔性拦截网的仿真共设置 648 个工况,针对六边形柔性拦截网共设置 448 个工况。

表 4.2 四边形柔性拦截网发射参数变化范围

弹射角度/(°)	弹射速度/($m \cdot s^{-1}$)	质量块质量/g
25	40	20
30	50	30
35	60	40

续表

弹射角度/（°）	弹射速度/（m·s⁻¹）	质量块质量/g
40	65	45
45	70	50
50	75	60
60	80	70
70	90	80
80	100	

表 4.3　六边形柔性拦截网发射参数变化范围

弹射角度/（°）	弹射速度/（m·s⁻¹）	质量块质量/g
25	40	30
35	50	40
45	60	50
55	70	58
60	75	65
65	80	75
75	90	85
85	100	

4.2　气动系数校核

为了获取柔性拦截网长滞空网型保持仿真所需的气动系数，基于试验数据通过改变柔性拦截网受到的气动系数反复逼近试验值得到了较为合理的柔性拦截网气动系数估计值。不同于数值仿真，试验过程中由于各种扰动的存在，柔性拦截网运动过程相对于初始发射点会出现中心偏移、网面旋转等现象，因此数值拟合逼近过程中选取的逼近值应该是长度或面积值而非节点坐标。考虑到这一点，选取柔性拦截网边线长度作为数值逼近的目标。

通过五组试验数据，得到了气动系数的逼近值，如表 4.4 所示。综合表 4.4 中数据计算气动系数为 2.19e−4，利用该气动系数对第一个试验项目进行数值仿真得到了质量块速度数值解和试验解的对比，如图 4.3 所示，处理得到质量块速度的平均偏差为 4.3 m/s，考虑柔性拦截网出舱过程中还受到摩擦阻力、风场扰动的影响，数值仿真的数值会略大于试验数值。在后续的联合组网发射参数优化设计、柔性拦截网空中开网效果评估中，我们也将选用这一拟合气动系数。

表 4.4　气动系数估计

试验项目	测量边线长度	拟合长度	拟合气动系数
发射角度 50° 弹道倾角 46° 弹体速度 51.3m/s	3.396	3.392	2.22e－2
发射角度 50° 弹道倾角 46.8° 弹体速度 48.7m/s	3.764	3.761	1.1e－4
发射角度 25° 弹道倾角 23.3° 弹体速度 44.2m/s	3.300 2	3.314 9	3.3e－4
发射角度 30° 弹道倾角 20.6° 弹体速度 49.6	3.427 7	3.423 9	2.15e－4
发射角度 30° 弹道倾角 23.8° 弹体速度 50.8m/s	3.496 7	3.423 9	2.2e－4

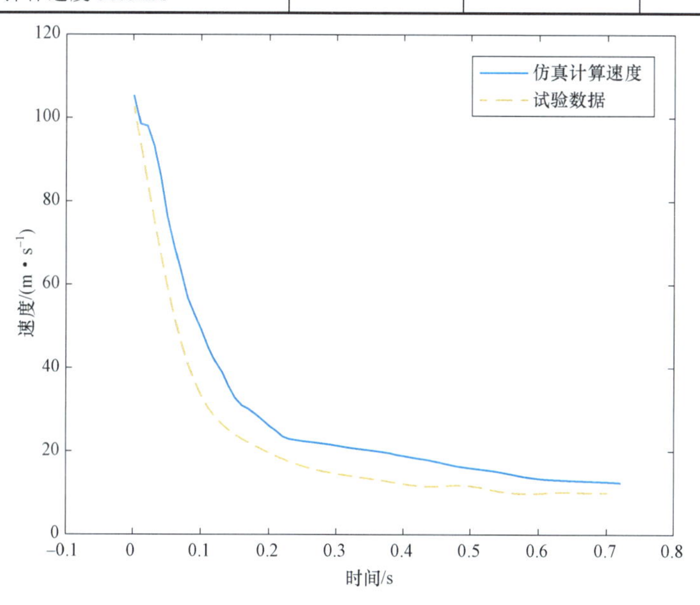

图 4.3　质量块测量速度与校核后仿真结果对比

4.3 四边形柔性拦截网滞空时间

为了直观地观察初始发射参数对于四边形柔性拦截网发射后滞空时间的影响趋势，在质量块质量一定（将其分别设定为 20 g、30 g、40 g、45 g、50 g、60 g、70 g、80 g）的情况下，计算滞空时间随弹射角度和弹射速度变化的走势，并对各个因素对滞空时间的影响进行分析。

1. 质量块质量 20 g

由图 4.4 可见，当质量块质量为 20 g 时，柔性拦截网滞空时间与弹射角度和弹射速度均呈现一定的负相关关系，但在弹射角度小于 40° 时，随着弹射速度的减小，滞空时间会出现一定的缩短，这是因为提供给柔性拦截网展开的能量太小而导致展开面积加速衰减。可以看出，弹射角度是影响滞空时间的主要因素。从图 4.4 得出的结论并不能说明应该尽量减小弹射速度和弹射角度以提高柔性拦截网捕获性能，因为柔性拦截网的捕获性能不仅包括滞空时间，还包括最大开网面积，在弹射角度和弹射速度较小的情况下，柔性拦截网获得的展开能量也较小，因此柔性拦截网的最大开网面积也会缩减，如图 4.5 所示，弹射速度、弹射角度对滞空时间和最大开网面积的影响规律刚好相反。

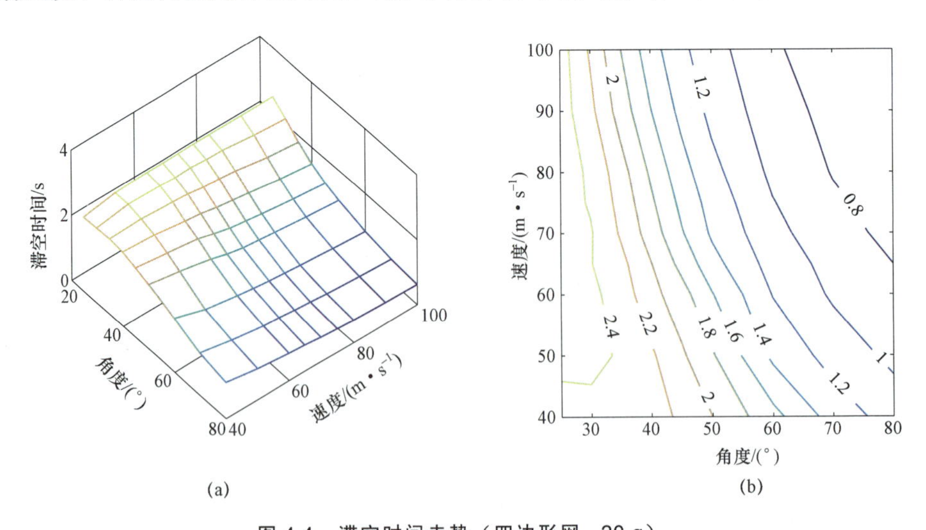

图 4.4 滞空时间走势（四边形网 – 20 g）

（a）滞空时间走势三维图；（b）滞空时间走势等值线图

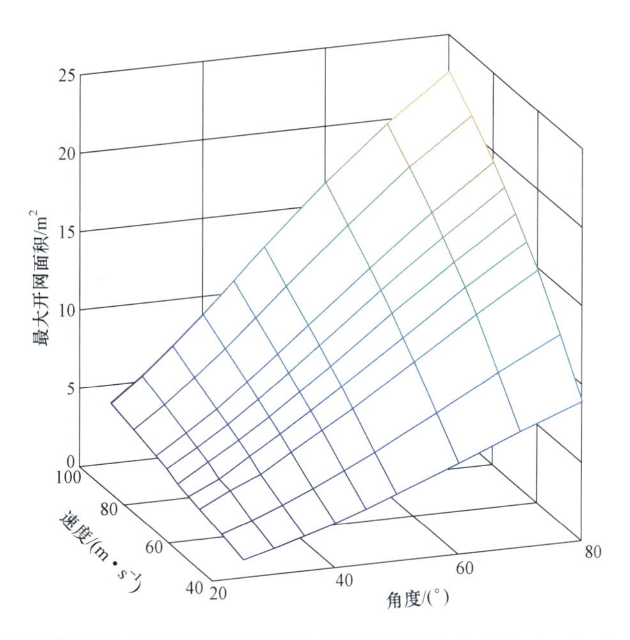

图 4.5　柔性拦截网最大开网面积随弹射角度和弹射速度的变化（四边形网 – 20 g）

2. 质量块质量 30 g

由图 4.6 可见，当质量块质量为 30 g 时，减小弹射角度或减小弹射速度均能使滞空时间延长，最长滞空时间 2.07 s 在弹射角度为 25° 和弹射速度为 40 m/s 时达到。柔性拦截网最大开网面积随弹射角度和弹射速度的变化如图 4.7 所示。

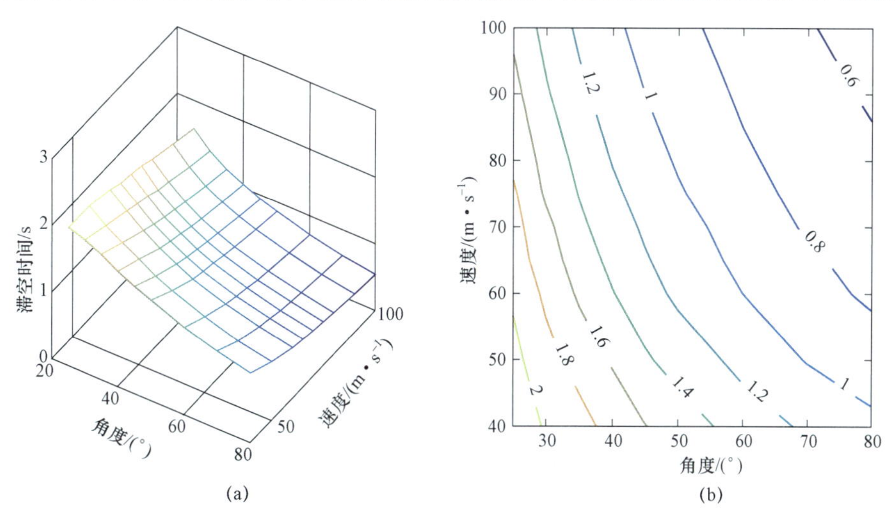

图 4.6　滞空时间走势（四边形网 – 30 g）

（a）滞空时间走势三维图；（b）滞空时间走势等值线图

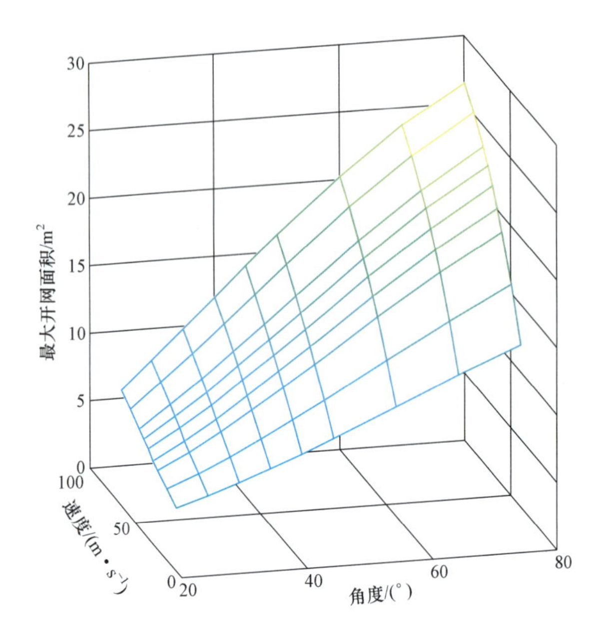

图 4.7 柔性拦截网最大开网面积随弹射角度和弹射速度的变化（四边形网－30 g）

3. 质量块质量 40 g

由于质量块质量进一步增加，柔性拦截网的展开能量进一步加大，因此在图 4.8 中，随着弹射速度或弹射角度的减小，滞空时间不再出现缩短或不变的情况。同质量块质量为 20 g 或 30 g 时一样，减小弹射角度或减小弹射速度均能使滞空时间延长，最长滞空时间 1.84 s 在弹射角度为 25° 和弹射速度为 40 m/s 时达到。柔性拦截网最大开网面积随弹射角度和弹射速度的变化如图 4.9 所示。

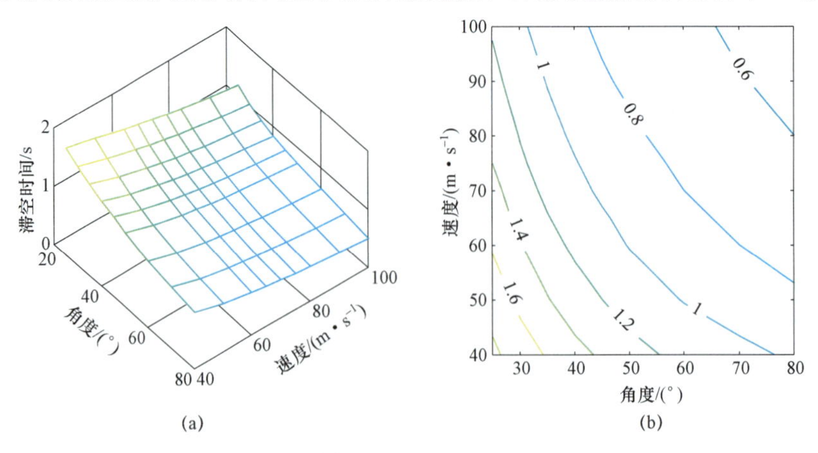

图 4.8 滞空时间走势（四边形网－40 g）

（a）滞空时间走势三维图；（b）滞空时间走势等值线图

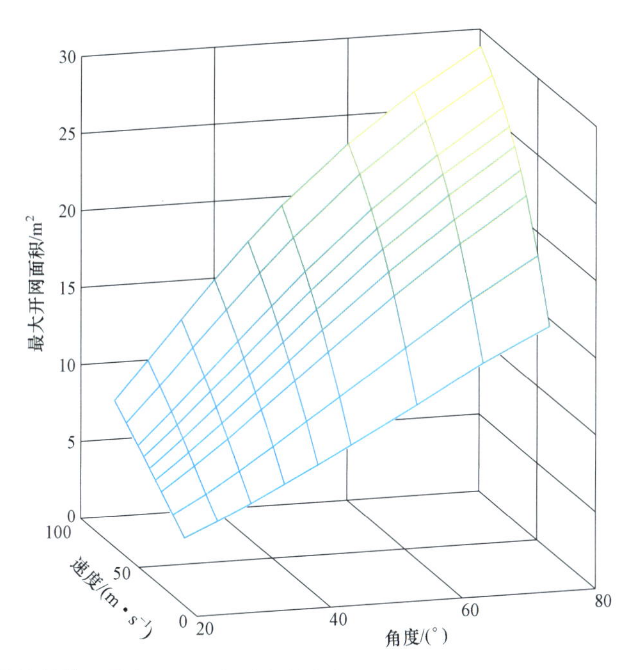

图 4.9　柔性拦截网最大开网面积随弹射角度和弹射速度的变化（四边形网－40 g）

4. 质量块质量 45 g（标准工况）

当质量块质量为 45 g 时，滞空时间走势如图 4.10 所示，滞空时间与弹射角度和弹射速度间存在良好的负相关单调性关系。柔性拦截网最大开网面积随弹射角度和弹射速度的变化如图 4.11 所示。

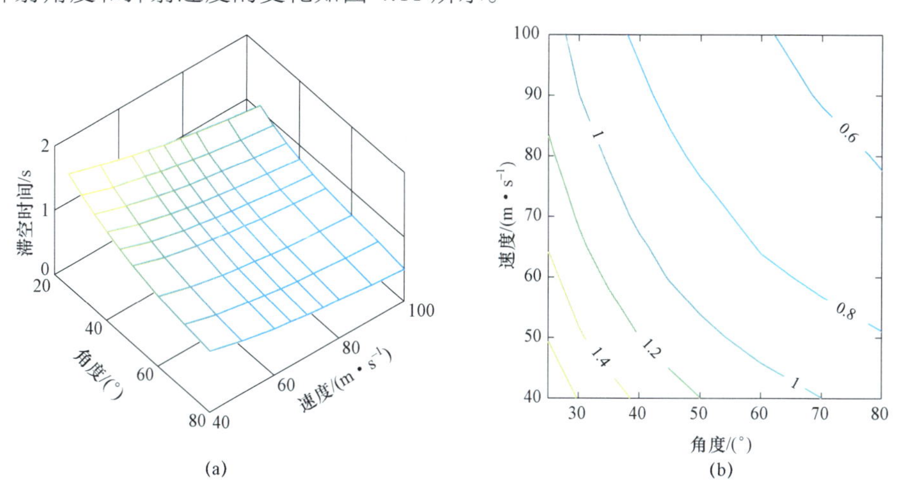

图 4.10　滞空时间走势（四边形网－45 g）

（a）滞空时间走势三维图；（b）滞空时间走势等值线图

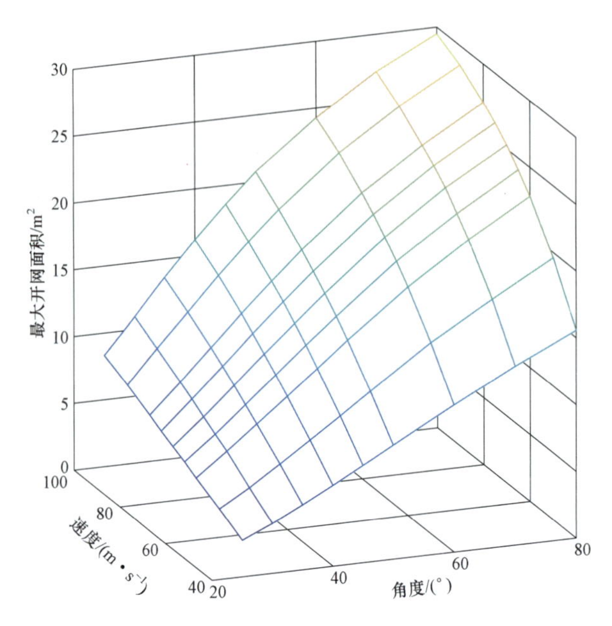

图 4.11 柔性拦截网最大开网面积随弹射角度和弹射速度的变化（四边形网－45 g）

5. 质量块质量 50 g

如图 4.12 所示，质量块质量的增加为柔性拦截网展开提供了更大的能量，柔性拦截网展开面积进一步增大，同时滞空时间出现了一定程度的缩短。滞空时间与弹射角度和弹射速度间仍存在负相关关系。柔性拦截网最大开网面积随弹射角度和弹射速度的变化如图 4.13 所示。

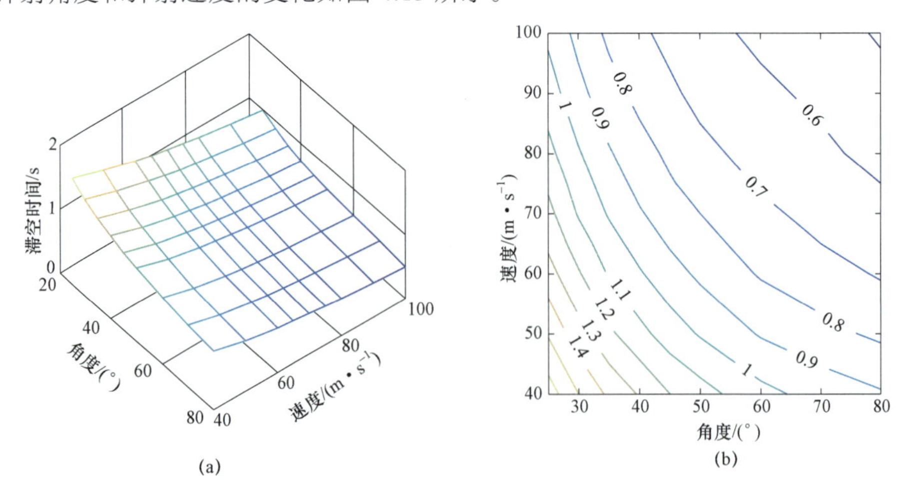

图 4.12 滞空时间走势（四边形网－50 g）

（a）滞空时间走势三维图；（b）滞空时间走势等值线图

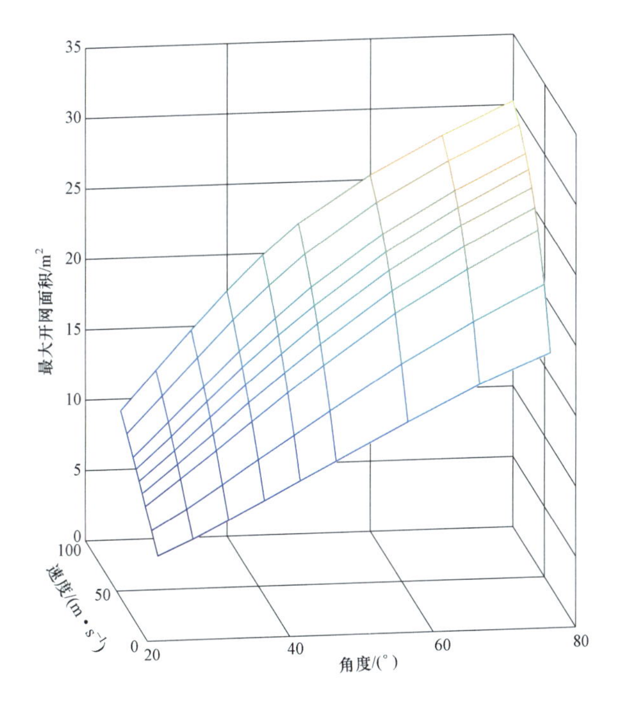

图 4.13　柔性拦截网最大开网面积随弹射角度和弹射速度的变化（四边形网－50 g）

6. 质量块质量 60 g

如图 4.14 所示，随着质量块质量的增大，柔性网滞空时间呈缩短趋势。滞空时间与弹射角度和弹射速度呈负相关关系。柔性拦截网最大开网面积随弹射角度和弹射速度的变化如图 4.15 所示。

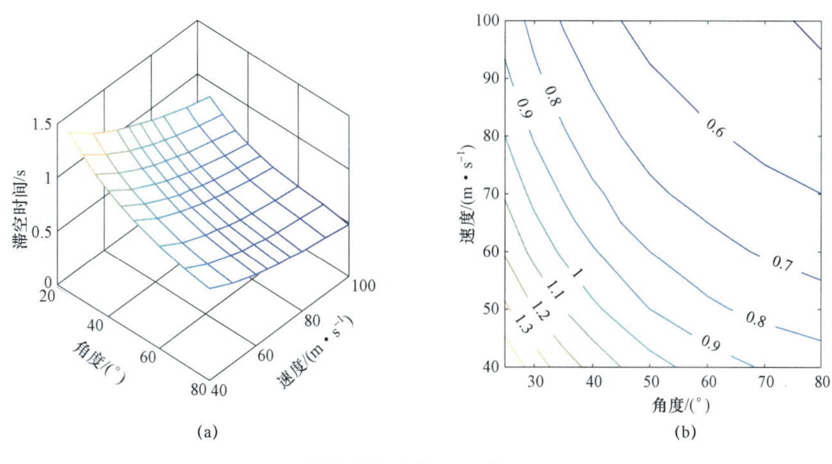

图 4.14　滞空时间走势（四边形网－60 g）

（a）滞空时间走势三维图；（b）滞空时间走势等值线图

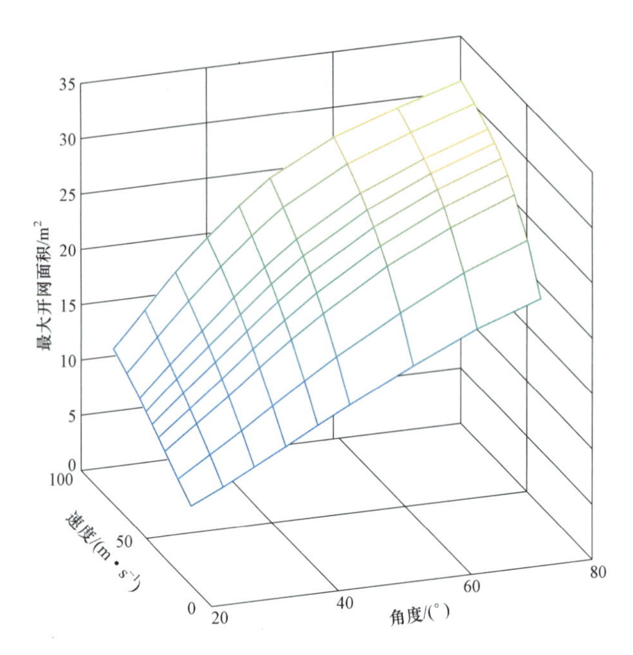

图 4.15 柔性拦截网最大开网面积随弹射角度和弹射速度的变化（四边形网－60 g）

7. 质量块质量 70 g

如图 4.16 所示，质量块质量为 70 g 时，滞空时间与弹射角度和弹射速度呈负相关关系，由于柔性拦截网展开能量的进一步增大，最大开网面积出现了一定程度的增加。柔性拦截网最大开网面积随弹射角度和弹射速度的变化如图 4.17 所示。

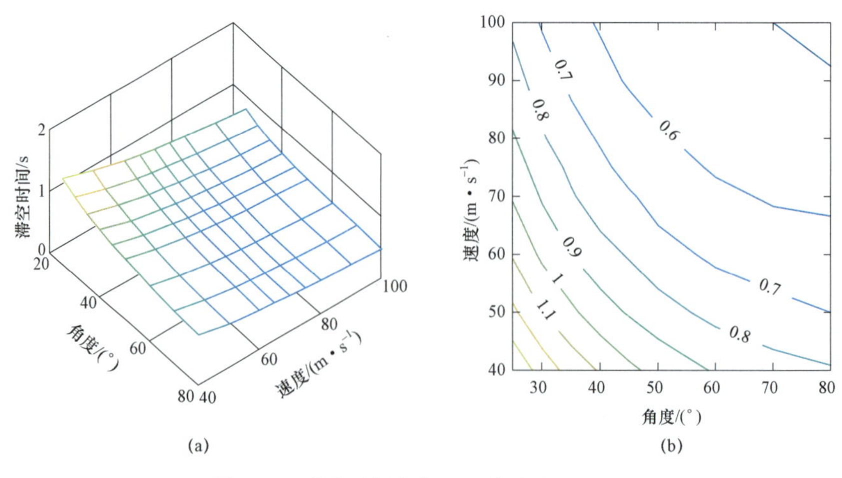

图 4.16 滞空时间走势（四边形网－70 g）

（a）滞空时间走势三维图；（b）滞空时间走势等值线图

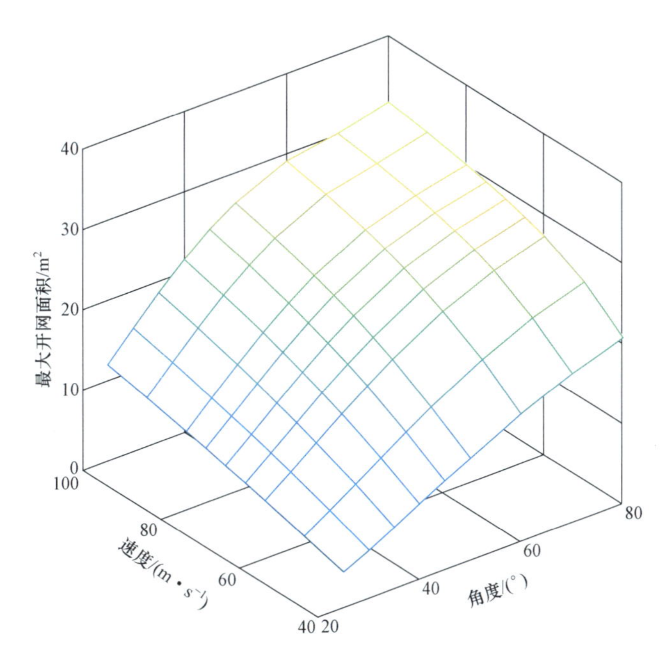

图 4.17　柔性拦截网最大开网面积随弹射角度和弹射速度的变化（四边形网－70 g）

8. 质量块质量 80 g

如图 4.18 所示，当质量块质量为 80 g 时，滞空时间与弹射角度和弹射速度间依然保持较好的单调性关系。由于柔性拦截网展开能量的进一步增大，柔性拦截网最大开网面积略有增大，如图 4.19 所示。

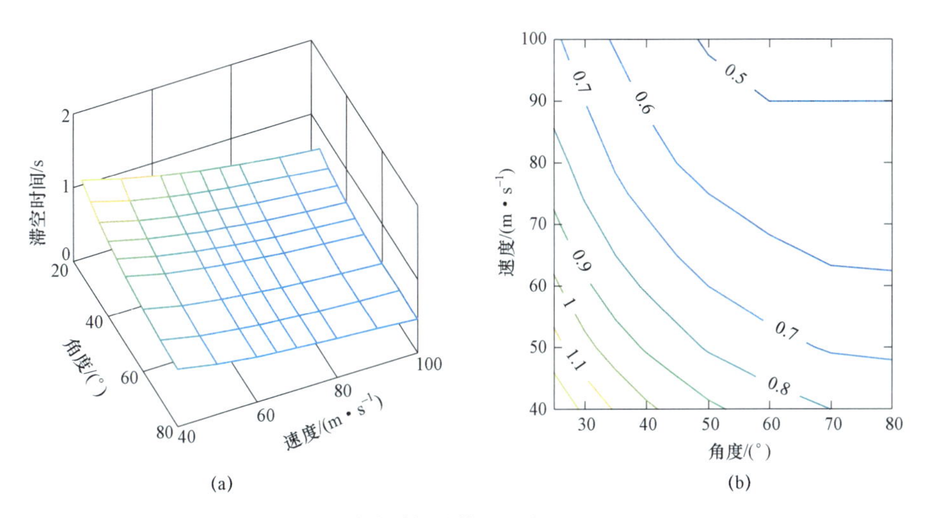

图 4.18　滞空时间走势（四边形网－80 g）

（a）滞空时间走势三维图；（b）滞空时间走势等值线图

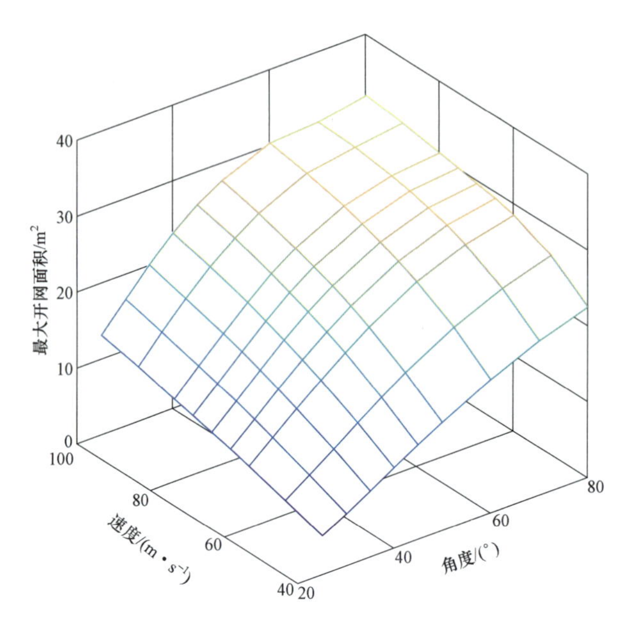

图 4.19 柔性拦截网最大开网面积随弹射角度和弹射速度的变化（四边形网 – 80 g）

通过对四边形柔性拦截网仿真数据的分析可以得出结论：

（1）柔性拦截网滞空时间与质量块质量、弹射角度及弹射速度呈现负相关关系，减小质量块质量、减小弹射速度或减小弹射角度都会使柔性拦截网滞空时间延长。

（2）弹射角度和弹射速度对柔性拦截网滞空时间的影响规律和对最大开网面积的影响规律相反，想要获得较长的滞空时间就必然会使最大开网面积减小，在工程设计中需要对两项指标做出折中。

（3）从物理过程来看，影响柔性拦截网滞空时间的主要因素是质量块在展开方向的动能大小。无论是减小质量块质量、减小弹射速度还是减小弹射角度都使质量块在展开方向的动能减小，质量块在展开方向的动能减小又会使展开过程中柔性拦截网中的内力减小，从而缓解了绳索被拉伸后的回弹过程，进而延长了滞空时间。

4.4 六边形柔性拦截网滞空时间

下面在质量块质量一定（分别设定为 30 g、40 g、50 g、58 g、65 g、75 g、

85 g）的情况下，考察初始发射参数对于六边形柔性拦截网发射后滞空时间的影响。计算滞空时间随弹射角度和弹射速度变化的走势，并对各个因素对滞空时间的影响进行分析。

1. 质量块质量 30 g

相比四边形柔性拦截网，六边形柔性拦截网的滞空时间表现出明显的非线性，如图 4.20 所示。当弹射速度较大时，滞空时间随弹射角度的减小而延长；当弹射速度较小时，滞空时间随弹射角度的减小呈现先延长后缩短的趋势；随着弹射速度的增大，同四边形柔性拦截网一样，最大开网面积与弹射角度和弹射速度均呈负相关关系，如图 4.21 所示。

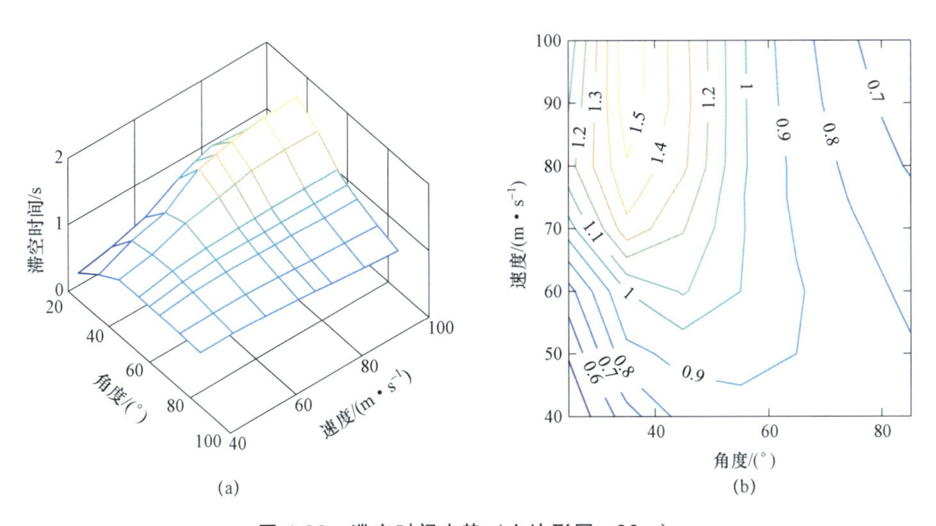

图 4.20　滞空时间走势（六边形网 – 30 g）

（a）滞空时间走势三维图；（b）滞空时间走势等值线图

2. 质量块质量 40 g

随着质量块质量的增大，柔性拦截网发射能量也增大，滞空时间的非单调区域相对变小，如图 4.22 所示。在弹射速度较小时，随弹射角度的减小，滞空时间会出现先延长后缩短的趋势；在弹射速度较大时，随弹射角度的减小，滞空时间呈延长趋势；当弹射角度较大时，随着弹射速度的增大，滞空时间呈缩短趋势。最大开网面积与弹射角度和弹射速度呈正相关趋势，如图 4.23 所示。

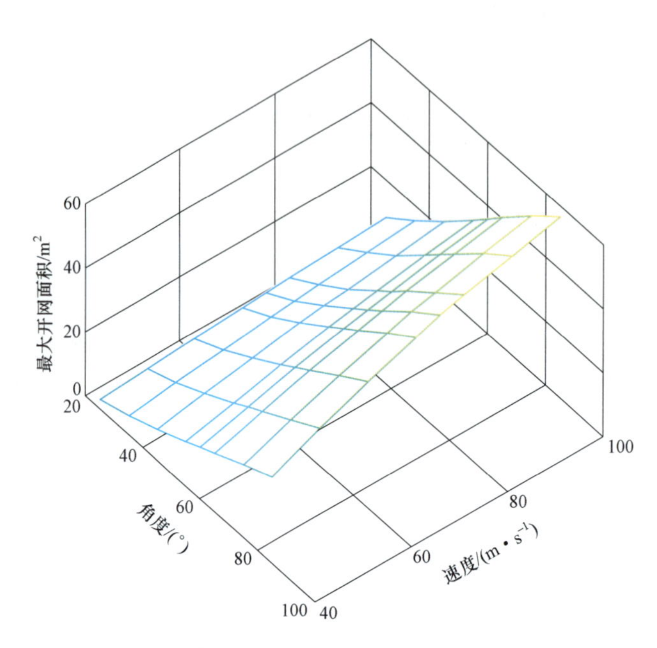

图 4.21 最大开网面积走势（六边形网－30 g）

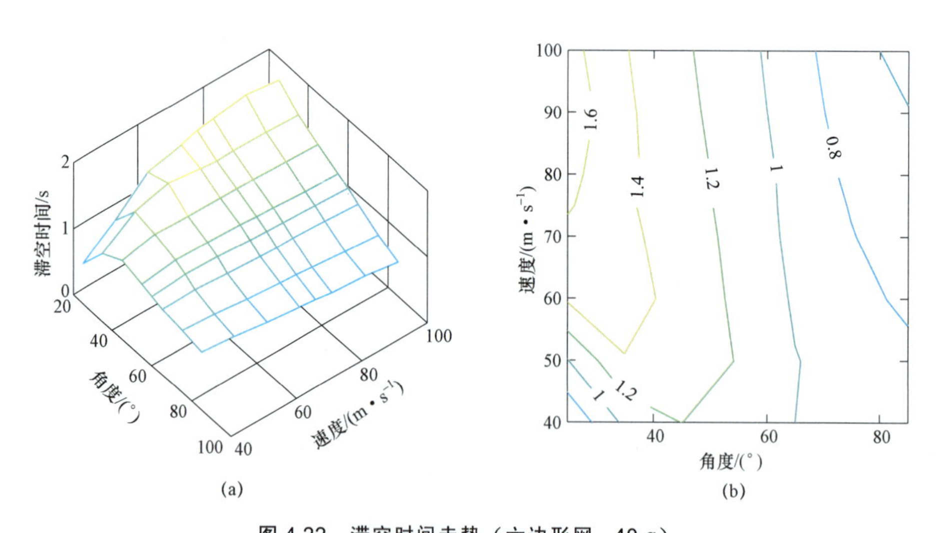

图 4.22 滞空时间走势（六边形网－40 g）

（a）滞空时间走势三维图；（b）滞空时间走势等值线图

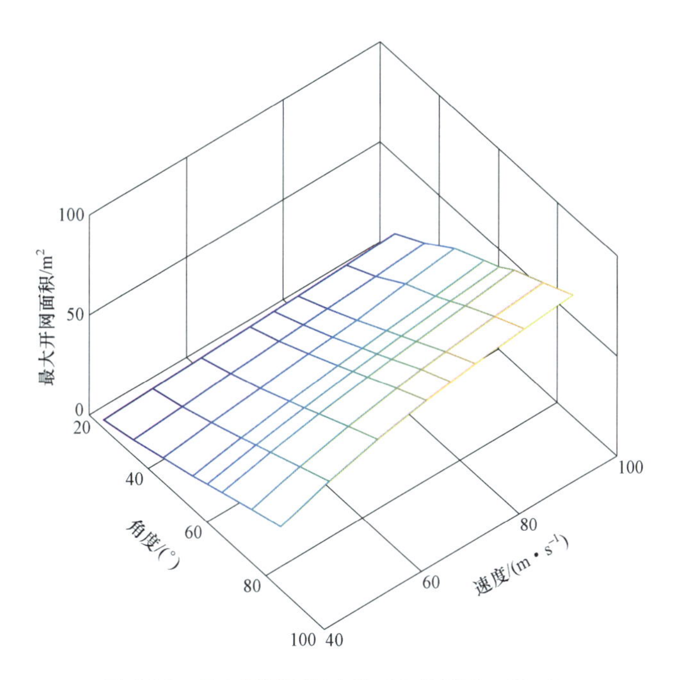

图 4.23　最大开网面积走势（六边形网 – 40 g）

3. 质量块质量 50 g

当质量块质量为 50 g 时，滞空时间的非单调区域进一步缩小，如图 4.24 所示。滞空时间表现出与弹射角度和弹射速度负相关的特性。柔性拦截网最大开网面积随弹射角度和弹射速度的变化如图 4.25 所示。

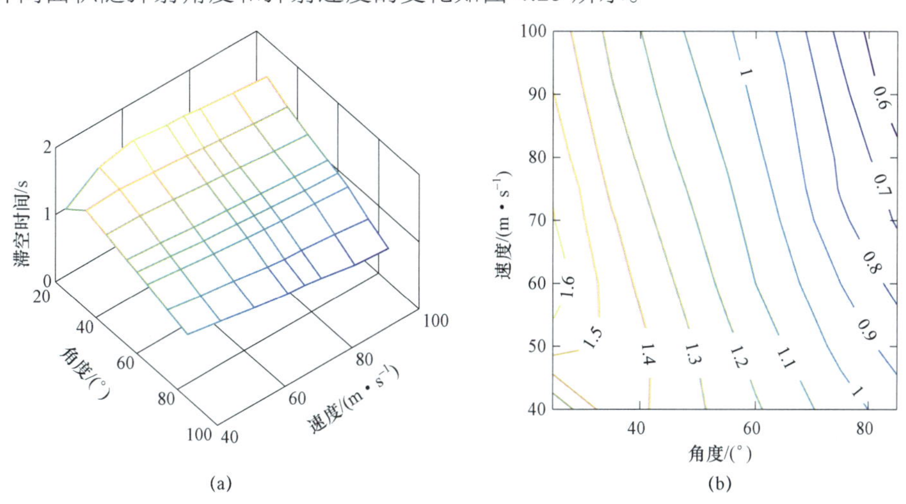

图 4.24　滞空时间走势（六边形网 – 50 g）

（a）滞空时间走势三维图；（b）滞空时间走势等值线图

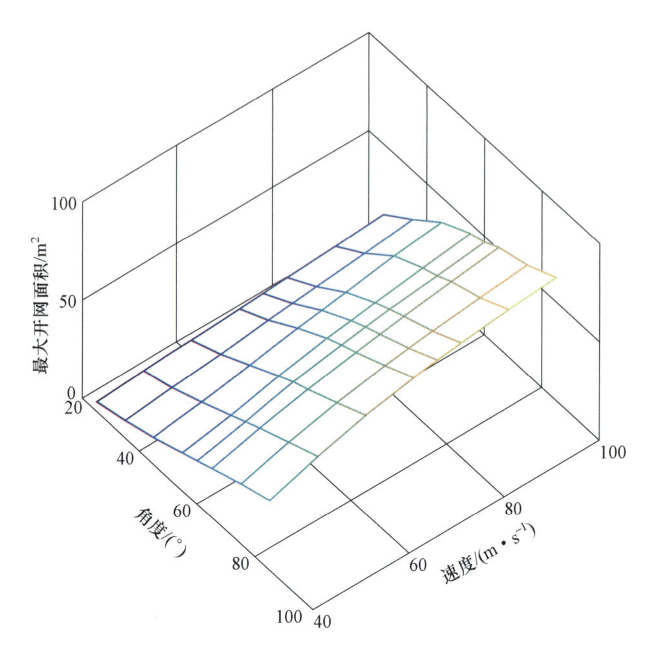

图 4.25 最大开网面积走势（六边形网 – 50 g）

4. 质量块质量 58 g（标准工况）

随着发射能量的增大，滞空时间与弹射角度和弹射速度的单调关系表现得更加明显，如图 4.26 所示。柔性拦截网展开面积随弹射角度和弹射速度的变化如图 4.27 所示。

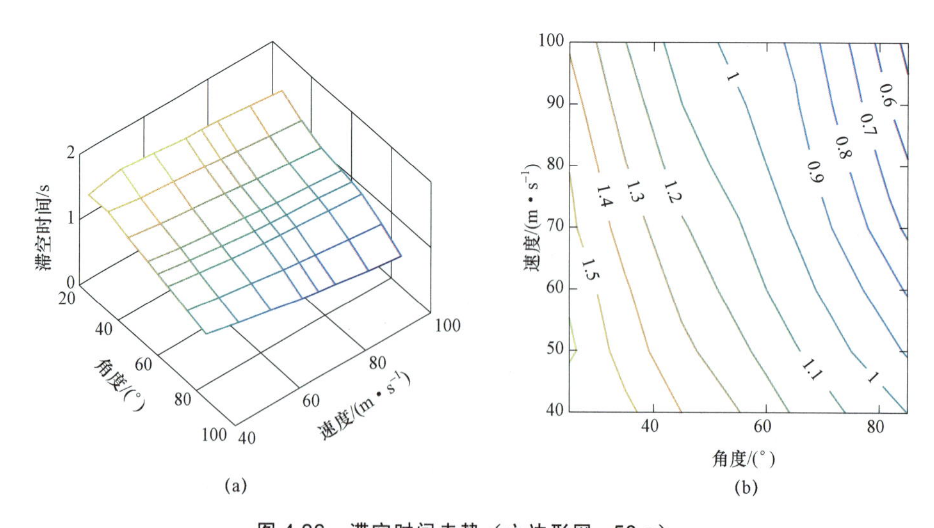

图 4.26 滞空时间走势（六边形网 – 58 g）

（a）滞空时间走势三维图；（b）滞空时间走势等值线图

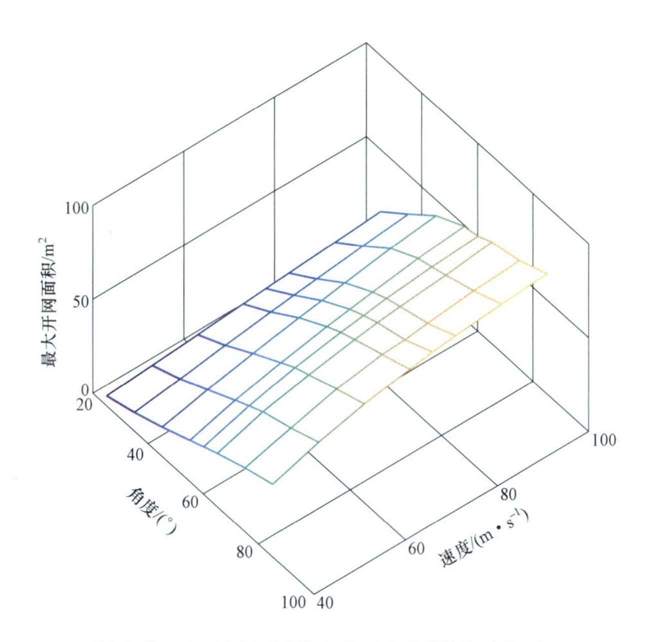

图 4.27　最大开网面积走势（六边形网－58 g）

5. 质量块质量 65 g

如图 4.28 所示，质量块质量为 65 g 时，柔性网发射能量进一步增大，滞空时间与弹射角度和弹射速度间的单调性关系更加明显，函数关系更加趋于线性化，同时滞空时间在数值上也整体减小。柔性拦截网最大开网面积随弹射角度和弹射速度的变化如图 4.29 所示。

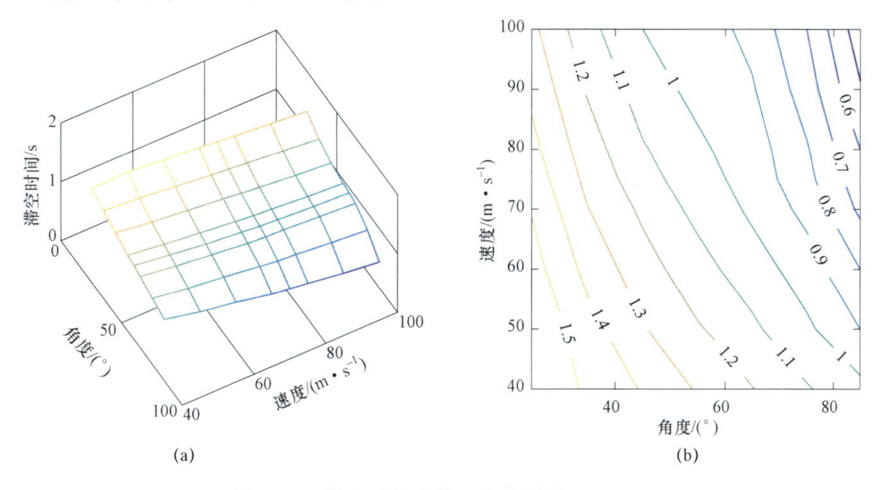

图 4.28　滞空时间走势（六边形网－65 g）

（a）滞空时间走势三维图；（b）滞空时间走势等值线图

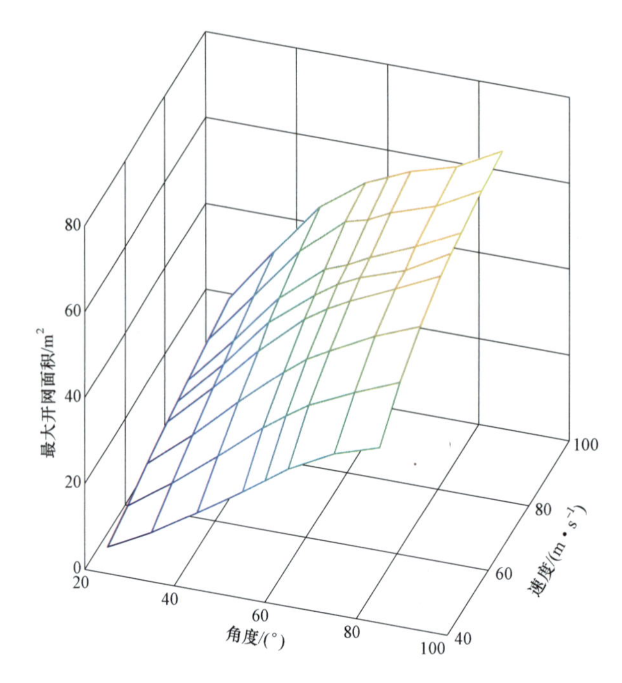

图 4.29 最大开网面积走势（六边形网－65 g）

6. 质量块质量 75 g

随着质量块质量的增加，柔性拦截网展开能量进一步加大，滞空时间进一步缩短，同时滞空时间与弹射角度和弹射速度间的单调性关系更加明显，如图 4.30 所示。柔性拦截网最大开网面积随弹射角度和弹射速度的变化如图 4.31 所示。

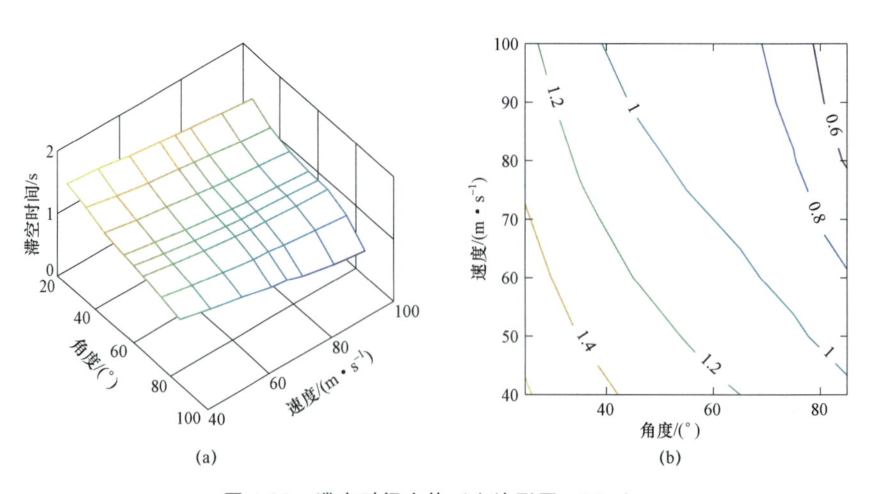

图 4.30 滞空时间走势（六边形网－75 g）

（a）滞空时间走势三维图；（b）滞空时间走势等值线图

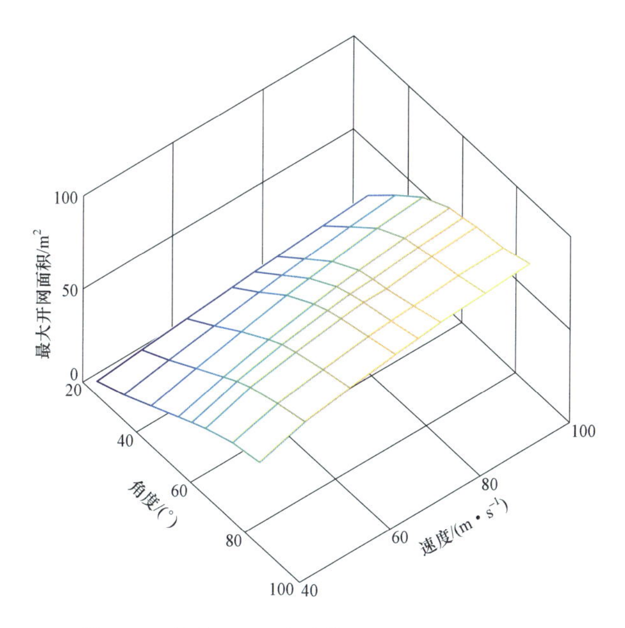

图 4.31　最大开网面积走势（六边形网－75 g）

7. 质量块质量 85 g

如图 4.32 所示，质量块质量继续增加到 85 g，此时滞空时间的缩短趋势已经不是特别明显，当弹射角度和弹射速度较大时，滞空时间的变化又重新呈现一定的非线性。柔性拦截网最大开网面积随弹射角度和弹射速度的变化如图 4.33 所示。

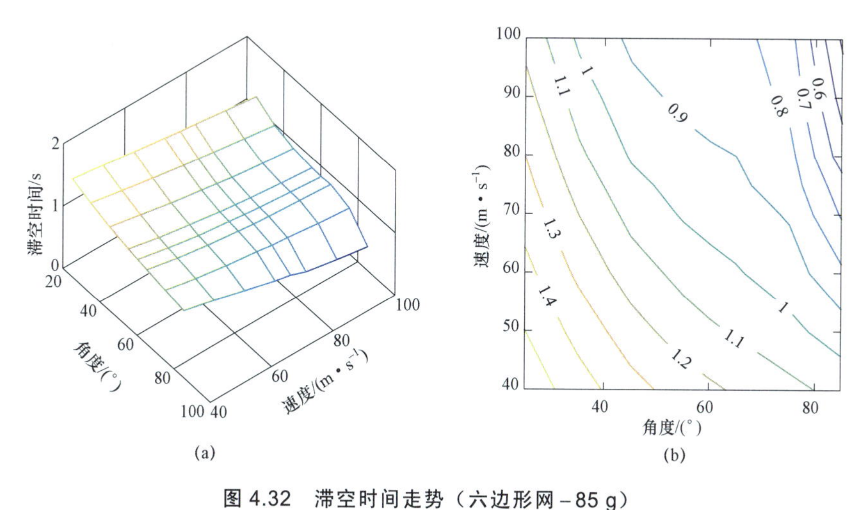

图 4.32　滞空时间走势（六边形网－85 g）

（a）滞空时间走势三维图；（b）滞空时间走势等值线图

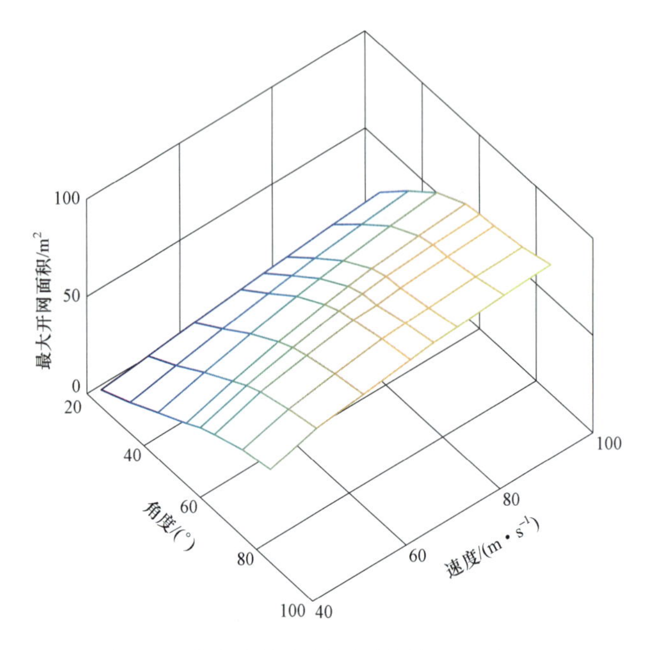

图 4.33 最大开网面积走势（六边形网－85 g）

不同于四边形柔性拦截网，六边形柔性拦截网滞空时间与弹射角度和弹射速度间出现明显的非线性现象，这一现象随着质量块质量的增大逐渐消失。在滞空时间与弹射角度和弹射速度间呈现近似线性化关系时，弹射角度和弹射速度对六边形柔性拦截网和四边形柔性拦截网滞空时间的影响规律相同，即弹射速度越大、弹射角度越大，滞空时间越短。

4.5 四边形柔性拦截网长滞空参数拟合

数据拟合又称为曲线拟合，是一种把现有数据通过数学方法代入一条数式的表示方式。科学和工程问题可以通过诸如采样、仿真等方法获得若干离散数据。根据这些数据，科研人员往往希望获得一个连续函数与已知数据吻合，该连续函数也称为工程经验公式。为方便工程使用、避免计算耗费大量的时间，本节通过多项式拟合生成柔性拦截网滞空时间经验公式。多项式拟合的基本思想是利用最小二乘法，即提前规定好多项式阶次，通过改变多项式函数的系数，以使多项式函数值与样本数据的最小二乘值最小。本节首先对表 A.1～表 A.15 的仿真数据进行二维的数据拟合。

考虑到滞空时间的影响因素为三维，采用的拟合思路是：先固定质量块质量不变，进行数据的二维拟合，在得到二维拟合公式后，再以质量块质量为自变量、二维拟合公式系数为因变量进行一维拟合。拟合采用多项式进行，弹射角度和弹射速度的阶次均为两次。

1. 质量块质量 20 g

四边形柔性拦截网质量块质量为 20 g 时，滞空时间随弹射速度与弹射角度变化如图 4.34 所示。

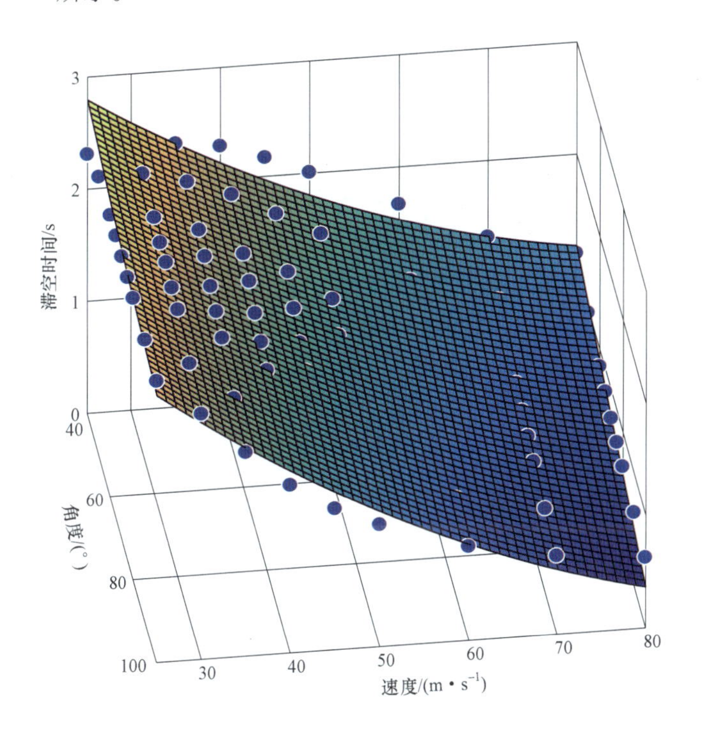

图 4.34　拟合曲面与仿真数据点对比图（四边形网－20 g）

数据拟合多项式为

$$T_{20}=4.46-0.007\,493v-0.060\,2\alpha+0.000\,026\,44v^2-0.000\,123\,1v\alpha+0.000\,342\alpha^2 \tag{4.1}$$

注：在本章中，为了表示方便，弹射速度 v_r 写作 v，弹射角度 θ_r 写作 α。

拟合过程的相关参数如表 4.5 所示。

表 4.5 拟合过程的相关参数（四边形网 – 20 g）

参数	误差的平方和	多重测定系数	误差的自由度	均方根误差
值	1.163 4	0.963 1	75	0.124 5

2. 质量块质量 30 g

当质量块质量为 30 g 时，四边形柔性拦截网滞空时间随弹射速度与弹射角度变化如图 4.35 所示。

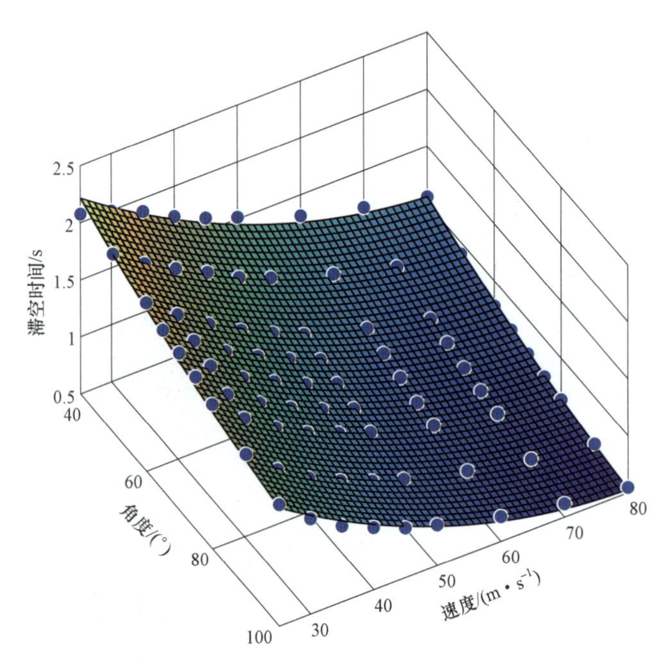

图 4.35 拟合曲面与仿真数据点对比图（四边形网 – 30 g）

数据拟合多项式为

$$T_{30} = 4.201 - 0.024\,06v - 0.055\,93\alpha + 0.000\,083v^2 + 0.000\,045\,86\mathrm{e}v\alpha + 0.000\,314\,7\alpha^2 \tag{4.2}$$

拟合过程的相关参数如表 4.6 所示。

表 4.6 拟合过程的相关参数（四边形网 – 30 g）

参数	误差的平方和	多重测定系数	误差的自由度	均方根误差
值	0.087 5	0.993 4	75	0.034 2

3. 质量块质量 40 g

四边形柔性拦截网质量块质量为 40 g 时，滞空时间随弹射速度与弹射角度变化如图 4.36 所示。

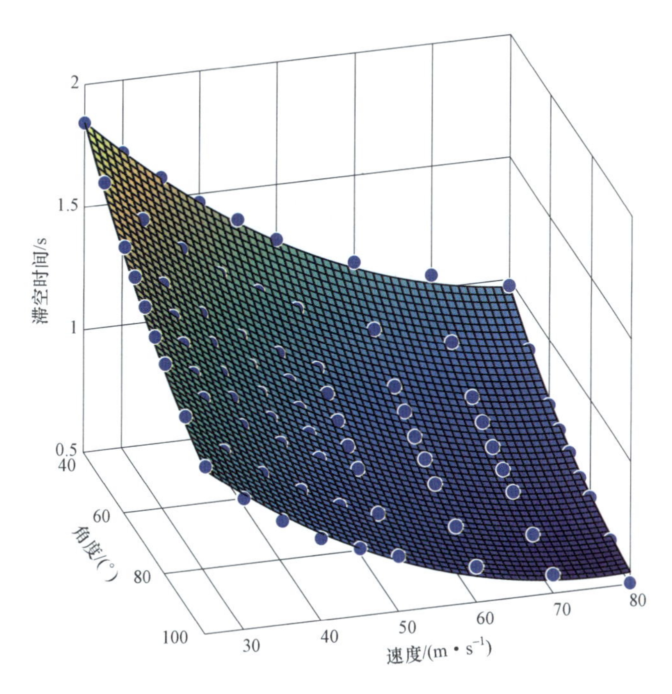

图 4.36　拟合曲面与仿真数据点对比图（四边形网 – 40 g）

数据拟合多项式为

$$T_{40} = 3.634 - 0.026\,52v - 0.044\,26\alpha + 0.000\,094\,83v^2 + 0.000\,077\,96v\alpha + 0.000\,239\,9\alpha^2 \tag{4.3}$$

拟合过程的相关参数如表 4.7 所示。

表 4.7　拟合过程的相关参数（四边形网 – 40 g）

参数	误差的平方和	多重测定系数	误差的自由度	均方根误差
值	0.033 6	0.995 5	75	0.021 2

4. 质量块质量 45 g（标准工况）

四边形柔性拦截网质量块质量为 45 g 时，滞空时间随弹射速度与弹射角度变化如图 4.37 所示。

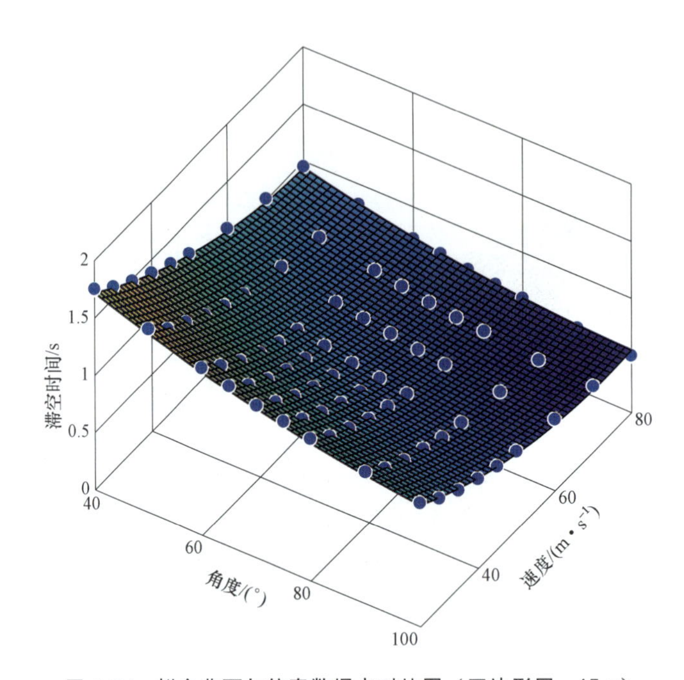

图 4.37 拟合曲面与仿真数据点对比图（四边形网－45 g）

由于数据变化更加复杂，2 阶拟合得到误差的标准差为 0.052，为此，采用 3 阶拟合。数据拟合多项式为

$$T_{45}=3.418-0.026\,55v-0.040\,6\alpha+0.000\,097\,21v^2+0.000\,08v\alpha+0.000\,221\,6\alpha^2 \tag{4.4}$$

拟合过程的相关参数如表 4.8 所示。

表 4.8 拟合过程的相关参数（四边形网－45 g）

参数	误差的平方和	多重测定系数	误差的自由度	均方根误差
值	0.030 9	0.994 9	75	0.020 3

5. 质量块质量 50 g

四边形柔性拦截网质量块质量为 50 g 时，滞空时间随弹射速度与弹射角度

变化如图 4.38 所示。

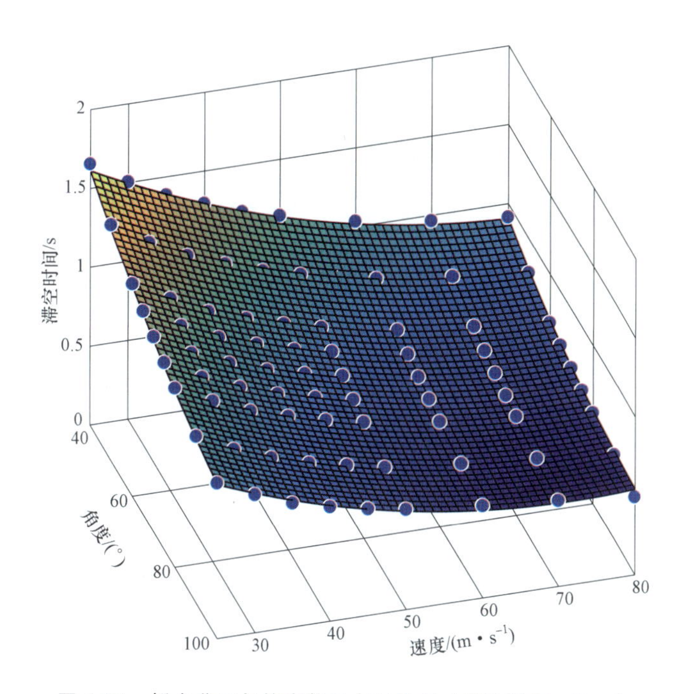

图 4.38　拟合曲面与仿真数据点对比图（四边形网－50 g）

数据拟合多项式为

$$T_{50}=3.23-0.026\,01v-0.037\,76\alpha+0.000\,095\,1v^2+0.000\,083\,43v\alpha+0.000\,205\,7\alpha^2 \tag{4.5}$$

拟合过程的相关参数如表 4.9 所示。

表 4.9　拟合过程的相关参数（四边形网－50 g）

参数	误差的平方和	多重测定系数	误差的自由度	均方根误差
值	0.025 1	0.995 0	75	0.018 3

6. 质量块质量 60 g

四边形柔性拦截网质量块质量为 60 g 时，滞空时间随弹射速度与弹射角度变化如图 4.39 所示。

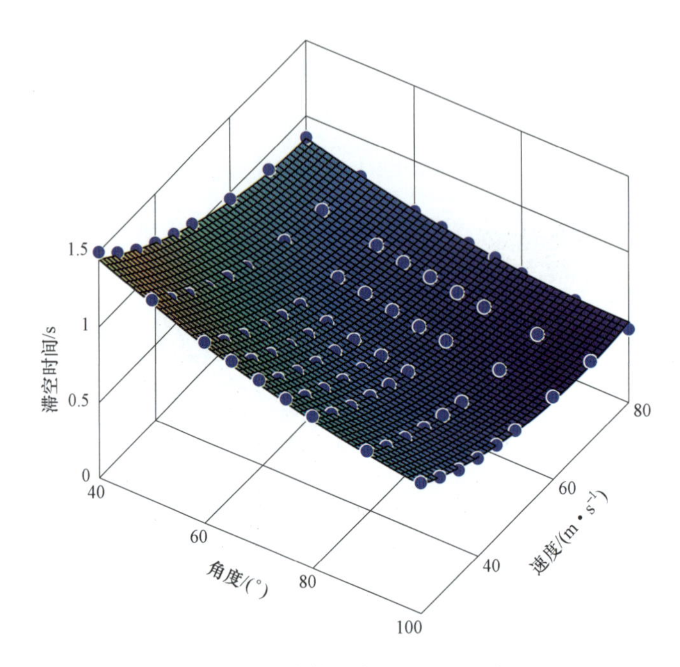

图 4.39 拟合曲面与仿真数据点对比图（四边形网－60 g）

数据拟合多项式为

$$T_{60} = 2.941 - 0.024\,89v - 0.033\,74\alpha + 0.000\,091\,76v^2 + 0.000\,084\,26v\alpha + 0.000\,185\,6\alpha^2 \tag{4.6}$$

拟合过程的相关参数如表 4.10 所示。

表 4.10 拟合过程的相关参数（四边形网－60 g）

参数	误差的平方和	多重测定系数	误差的自由度	均方根误差
值	0.018 7	0.995 0	75	0.015 8

7. 质量块质量 70 g

四边形柔性拦截网质量块质量为 70 g 时，滞空时间随弹射速度与弹射角度变化如图 4.40 所示。

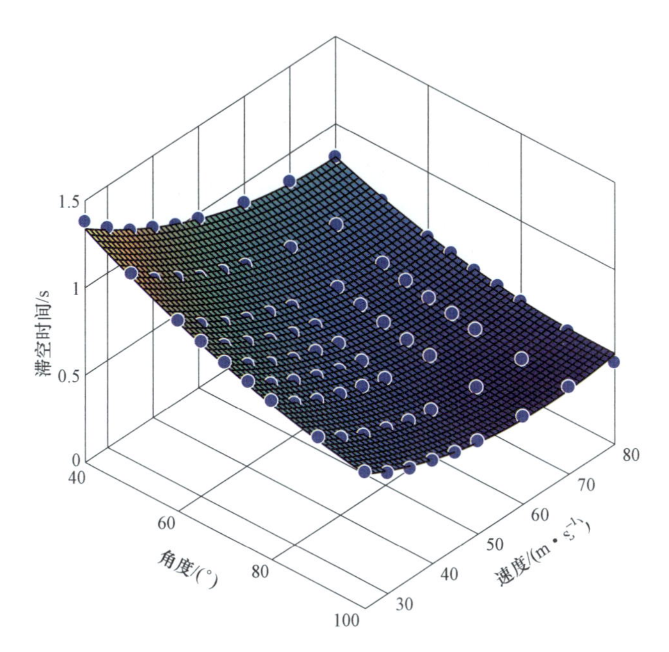

图 4.40　拟合曲面与仿真数据点对比图（四边形网 – 70 g）

数据拟合多项式为

$$T_{70} = 2.752 - 0.023\,99v - 0.031\,52\alpha + 0.000\,088\,55v^2 + 0.000\,084\,6\,v\alpha + 0.000\,176\,2\alpha^2 \tag{4.7}$$

拟合过程的相关参数如表 4.11 所示。

表 4.11　拟合过程的相关参数（四边形网 – 70 g）

参数	误差的平方和	多重测定系数	误差的自由度	均方根误差
值	0.015 6	0.994 9	75	0.014 4

8. 质量块质量 80 g

四边形柔性拦截网质量块质量为 80 g 时，滞空时间随弹射速度与弹射角度变化如图 4.41 所示。

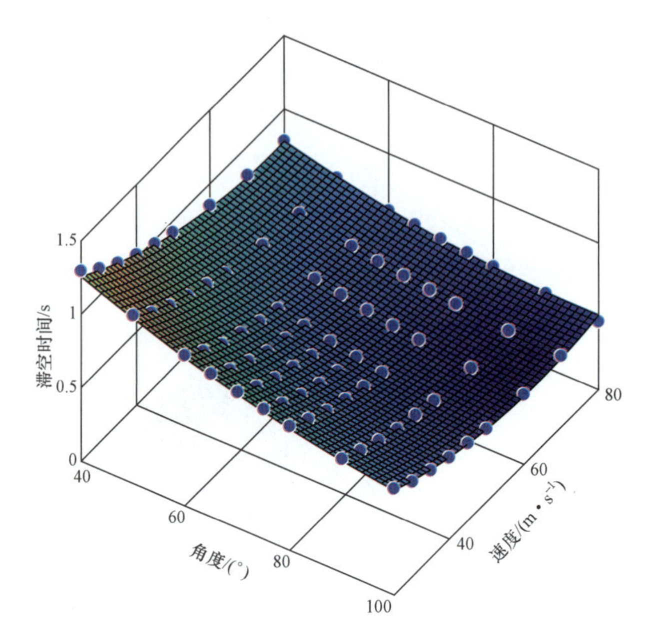

图 4.41　拟合曲面与仿真数据点对比图（四边形网 – 80 g）

数据拟合多项式为

$$T_{80}=2.589-0.022\,85v-0.029\,64\alpha+0.000\,084\,04v^2+0.000\,081\,61v\alpha+0.000\,169\alpha^2 \tag{4.8}$$

拟合过程的相关参数如表 4.12 所示。

表 4.12　拟合过程的相关参数（四边形网 – 80 g）

参数	误差的平方和	多重测定系数	误差的自由度	均方根误差
值	0.012 1	0.995 3	75	0.012 7

9. 全局拟合

经过以上操作，得到了在质量块质量不变情况下的二次拟合，拟合公式的各项系数如表 4.13 所示。

表 4.13　四边形网多项式拟合系数

质量块质量/g	常数项	v	α	v^2	αv	α^2
20	4.46	– 0.007 49	– 0.060 2	2.64e – 05	– 0.000 12	0.000 342
30	4.201	– 0.024 06	– 0.055 93	8.30e – 05	4.59e – 05	0.000 315
40	3.634	– 0.026 52	– 0.044 26	9.48e – 05	7.80e – 05	0.000 24

续表

质量块质量/g	常数项	v	α	v^2	αv	α^2
45	3.418	−0.026 55	−0.040 6	9.72e−05	8.02e−05	0.000 222
50	3.23	−0.026 01	−0.037 76	9.51e−05	8.34e−05	0.000 206
60	2.941	−0.024 89	−0.033 74	9.18e−05	8.43e−05	0.000 186
70	2.752	−0.023 99	−0.031 52	8.86e−05	8.46e−05	0.000 176
80	2.589	−0.022 85	−0.029 64	8.40e−05	8.16e−05	0.000 169

以质量块质量为自变量，多项式系数为因变量，通过两项的三角函数对多项式系数进行拟合，结果如图 4.42 所示。

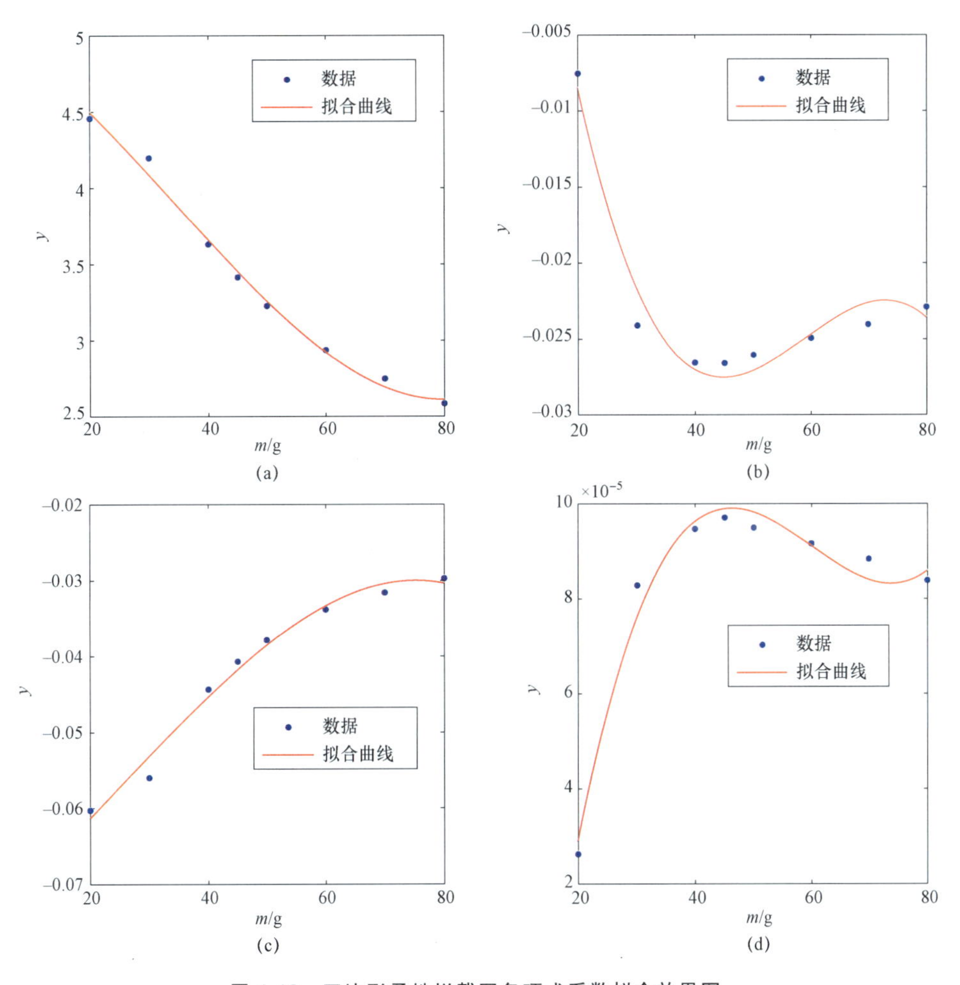

图 4.42　四边形柔性拦截网多项式系数拟合效果图

（a）常数项拟合；（b）速度一次项拟合；（c）角度一次项拟合；（d）速度二次项拟合

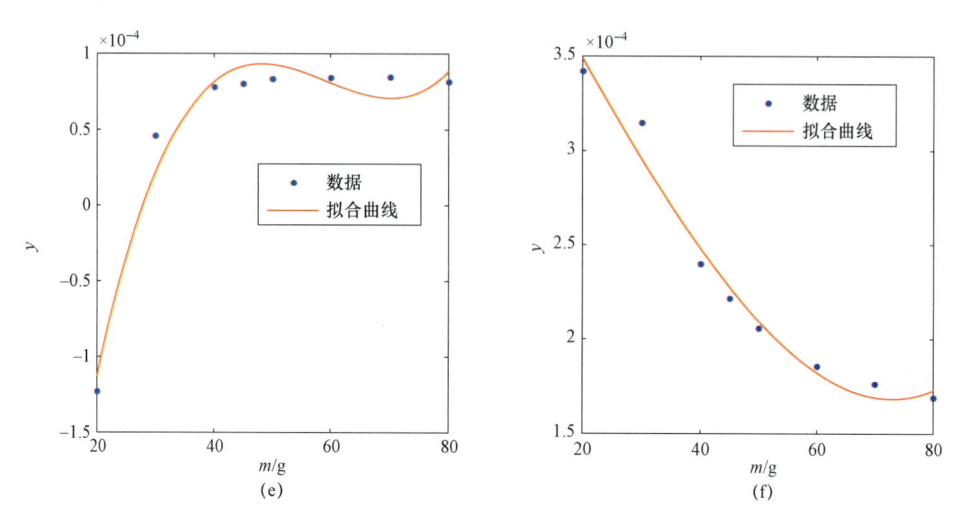

图 4.42 四边形柔性拦截网多项式系数拟合效果图（续）

（e）速度－角度乘积项拟合；（f）角度二次项拟合

以质量块质量为自变量，多项式系数为因变量，通过三次多项式函数对表 4.13 中的多项式系数进行拟合，线性三次拟合的形式为

$$y = p_1 m^3 + p_2 m^2 + p_3 m + p_4 \tag{4.9}$$

式中，p_1、p_2、p_3、p_4是拟合需要生成的系数；y是表 4.13 中系数的拟合值；m是自变量质量。

拟合生成的各项系数的具体值如表 4.14 所示。

表 4.14 四边形多项式系数拟合结果

系数项	p_1	p_2	p_3	p_4
常数项	6.882e－06	－0.000 704 3	－0.018 8	5.104
v	－4.593e－07	8.117e－05	－0.004 51	0.052 97
α	－1.042e－07	7.506e－06	0.000 641 5	－0.076 27
v^2	1.502e－09	－2.706e－07	1.539e－05	－0.000 182 5
αv	4.253e－09	－7.551e－07	4.315e－05	－0.000 708 4
α^2	4.544e－10	－1.117e－08	－5.634e－06	0.000 462 5

综合以上分析结果，可得四边形柔性拦截网在任意发射参数下的滞空时间拟合公式为

$$
\begin{aligned}
T(\alpha, v, m) = {} & 6.882e-06m^3 - 0.000\,704\,3m^2 - 0.018\,8m + 5.104 \\
& + (4.593e-07m^3 + 8.117e-05m^2 - 0.004\,51m + 0.052\,97)v \\
& + (-1.042e-07m^3 + 7.506e-06m^2 + 0.000\,641\,5e-05m - 0.076\,27)\alpha \\
& + (1.502e-09m^3 - 2.706e-07m^2 + 1.539e-05m - 0.000\,182\,5)v^2 \\
& + (4.253e-09m^3 - 7.551e-07m^2 + 4.315e-05m - 0.000\,708\,4)v\alpha \\
& + (4.544e-10m^3 - 1.117e-08m^2 - 5.634e-06m + 0.000\,462\,5)\alpha^2
\end{aligned} \tag{4.10}
$$

四边形柔性拦截网滞空时间的变化规律性较强，因此相对估计误差较小，平均相对误差为 2.77%，如图 4.43 所示；平均绝对误差为 0.029 1 s，如图 4.44 所示。当质量块质量为 20 g 时，估计误差会出现几个明显的峰值，因此当质量块质量较小时需要谨慎使用经验公式。

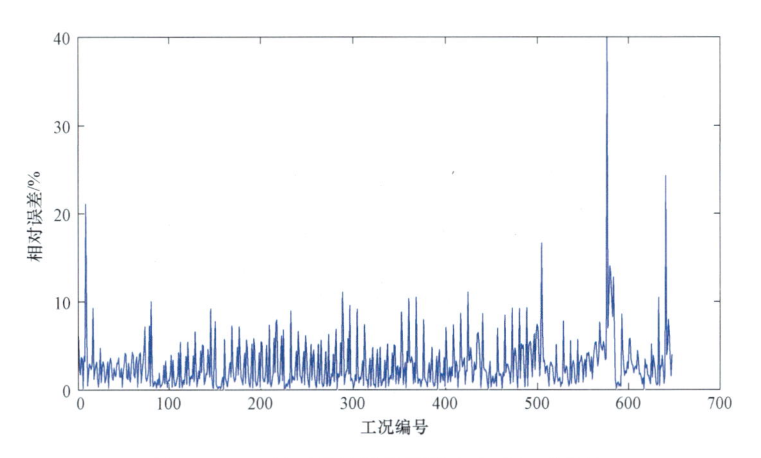

图 4.43　四边形柔性拦截网拟合公式相对误差

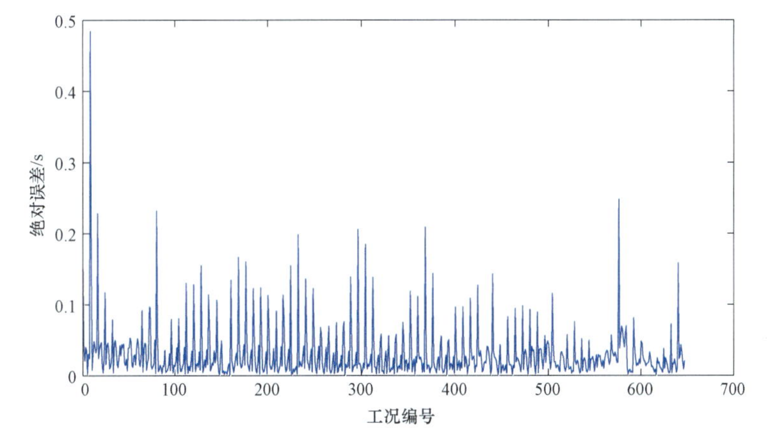

图 4.44　四边形柔性拦截网拟合公式绝对误差

4.6 六边形柔性拦截网长滞空参数拟合

1. 质量块质量 30 g

六边形柔性拦截网质量块质量为 30 g 时，滞空时间随弹射速度与弹射角度变化如图 4.45 所示。

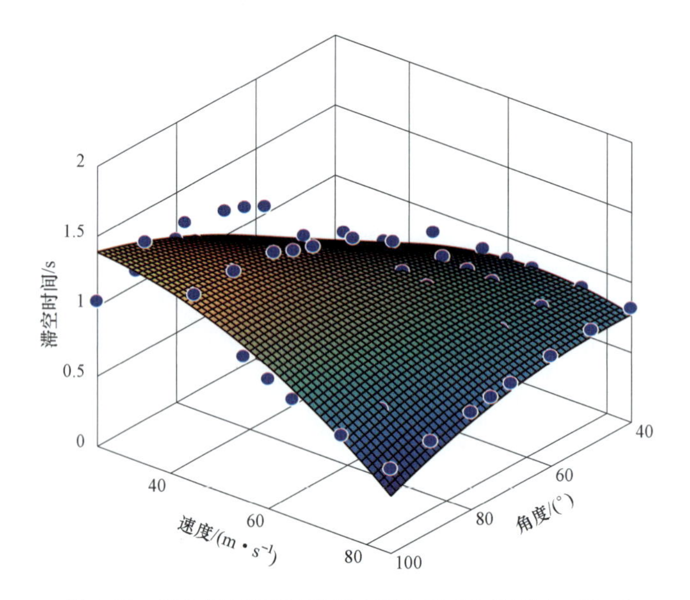

图 4.45 拟合曲面与仿真数据点对比图（六边形网－30 g）

数据拟合多项式为

$$T_{30}=-1.565+0.040\,73v+0.043\,72\alpha-0.000\,119\,5v^2-0.000\,352\,8v\alpha-0.000\,224\,3\alpha^2 \tag{4.11}$$

拟合过程的相关参数如表 4.15 所示。

表 4.15 拟合过程的相关参数（六边形网－30 g）

参数	误差的平方和	多重测定系数	误差的自由度	均方根误差
值	0.960 5	0.736 1	58	0.128 7

2. 质量块质量 40 g

六边形柔性拦截网质量块质量为 40 g 时，滞空时间随弹射速度与弹射角度变化如图 4.46 所示。

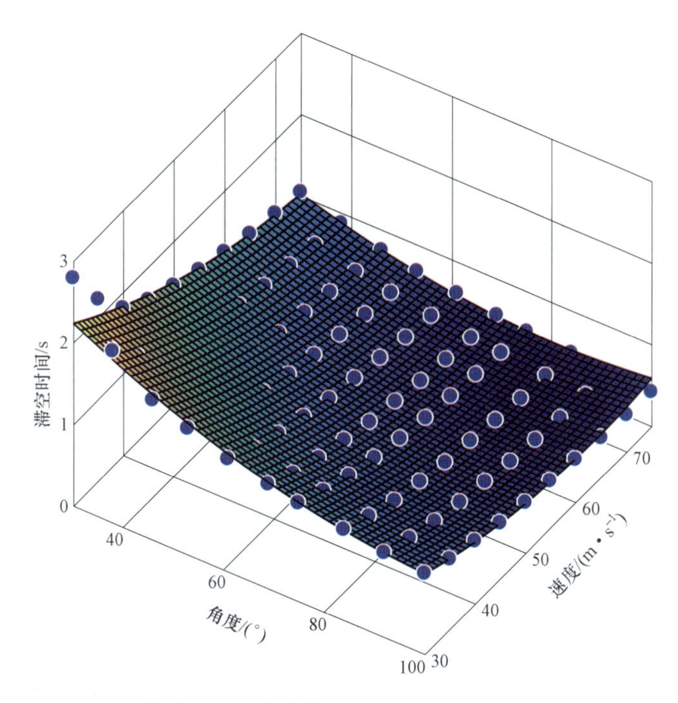

图 4.46　拟合曲面与仿真数据点对比图（六边形网 – 40 g）

数据拟合多项式为

$$T_{40} = -0.214 + 0.034\,9v + 0.017\,09\alpha - 0.000\,115\,5v^2 - 0.000\,326\,2v\alpha - 6.278\text{e}-05\alpha^2 \quad (4.12)$$

拟合过程的相关参数如表 4.16 所示。

表 4.16　拟合过程的相关参数（六边形网 – 40 g）

参数	误差的平方和	多重测定系数	误差的自由度	均方根误差
值	0.570 2	0.891 7	58	0.099 2

3. 质量块质量 50 g

六边形柔性拦截网质量块质量为 50 g 时，滞空时间随弹射速度与弹射角度变化如图 4.47 所示。

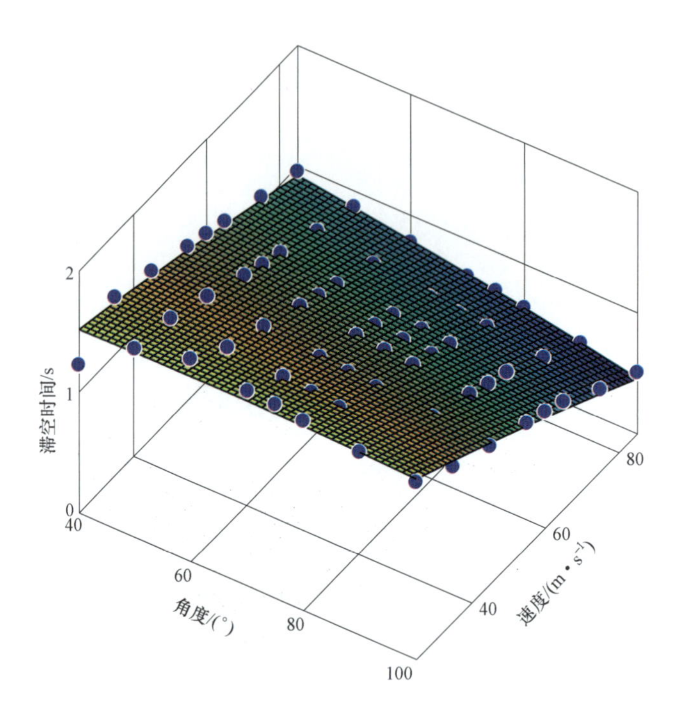

图 4.47 拟合曲面与仿真数据点对比图（六边形网－50 g）

数据拟合多项式为

$$T_{50}=1.477+0.006\,836v-0.002\,111\alpha-2.991\text{e}-05v^2-0.000\,122\,2v\alpha-2.598\text{e}-05\alpha^2 \tag{4.13}$$

拟合过程的相关参数如表 4.17 所示。

表 4.17 拟合过程的相关参数（六边形网－50 g）

参数	误差的平方和	多重测定系数	误差的自由度	均方根误差
值	0.162 3	0.966 5	58	0.052 9

4. 质量块质量 58 g

六边形柔性拦截网质量块质量为 58 g 时，滞空时间随弹射速度与弹射角度变化如图 4.48 所示。

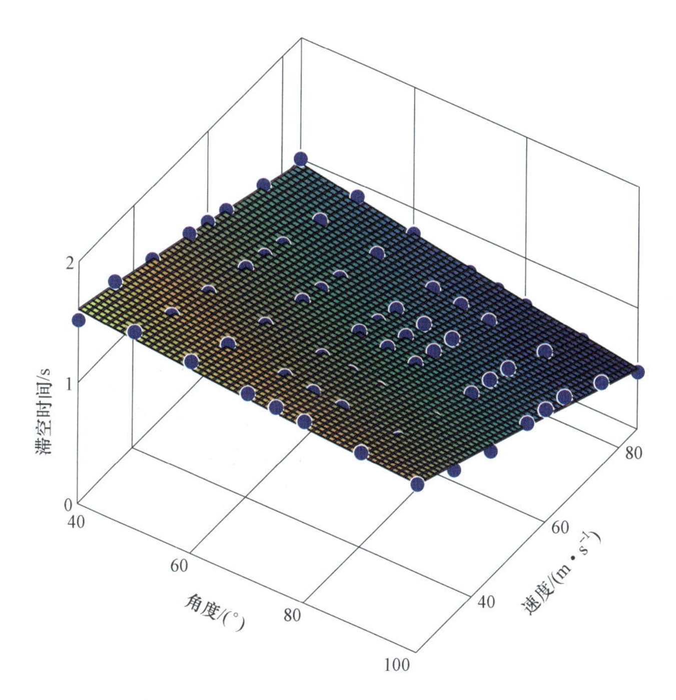

图 4.48　拟合曲面与仿真数据点对比图（六边形网－58 g）

数据拟合多项式为

$$T_{58}=2.013-0.004\,67v-0.006\,856\alpha+0.000\,020\,66v^2-7.011\text{e}-05v\alpha-9.87\text{e}-06\alpha^2 \quad (4.14)$$

拟合过程的相关参数如表 4.18 所示。

表 4.18　拟合过程的相关参数（六边形网－58 g）

参数	误差的平方和	多重测定系数	误差的自由度	均方根误差
值	0.058 4	0.987 2	58	0.031 7

5. 质量块质量 65 g

六边形柔性拦截网质量块质量为 65 g 时，滞空时间随弹射速度与弹射角度变化如图 4.49 所示。

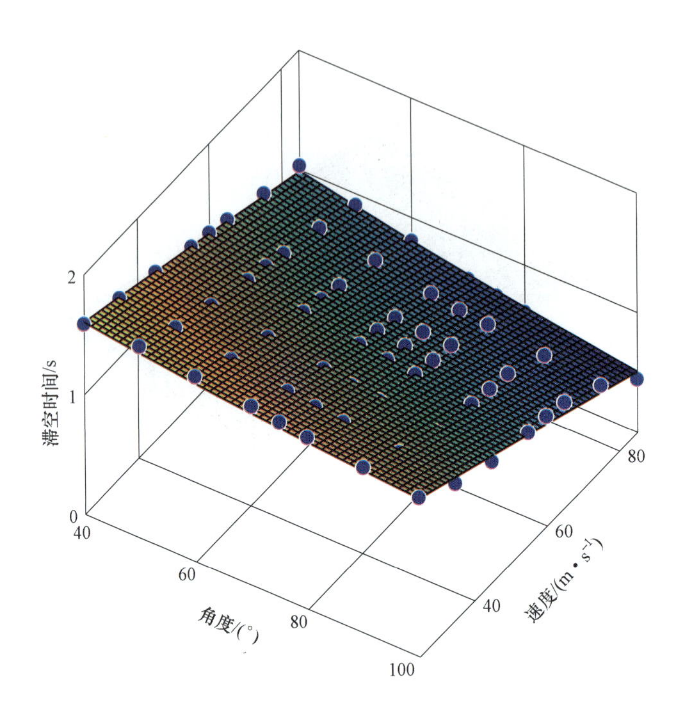

图 4.49 拟合曲面与仿真数据点对比图（六边形网－65 g）

数据拟合多项式为

$$T_{65}=2.095-0.007\,358v-0.007\,28\alpha+0.000\,029\,04v^2-0.000\,055\,66v\alpha-0.000\,006\,611\alpha^2 \tag{4.15}$$

拟合过程的相关参数如表 4.19 所示。

表 4.19 拟合过程的相关参数（六边形网－65 g）

参数	误差的平方和	多重测定系数	误差的自由度	均方根误差
值	0.076 1	0.982 1	58	0.036 2

6. 质量块质量 75 g

六边形柔性拦截网质量块质量为 75 g 时，滞空时间随弹射速度与弹射角度变化如图 4.50 所示。

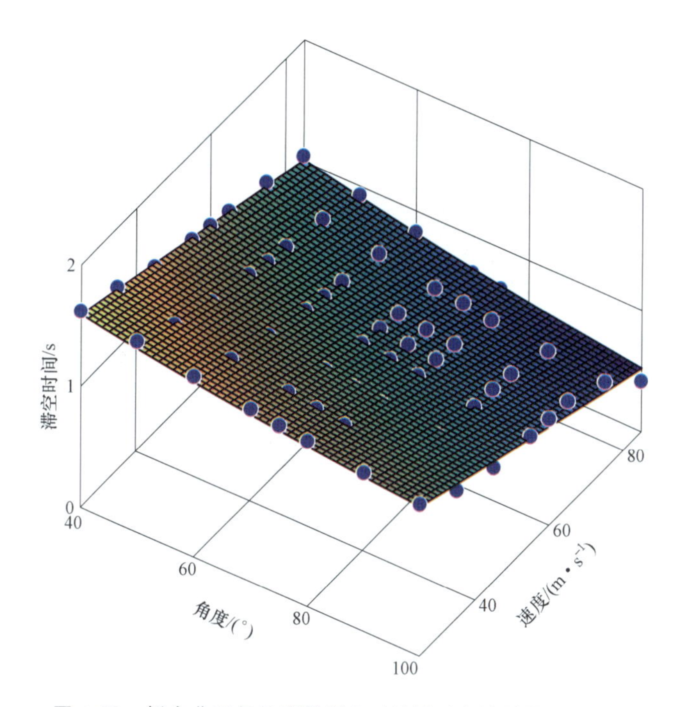

图 4.50　拟合曲面与仿真数据点对比图（六边形网 – 75 g）

数据拟合多项式为

$$T_{75}=2.211-0.010\,9v-0.008\,619\alpha+0.000\,041\,83v^2-0.000\,036\,93v\alpha+0.000\,004\,07\alpha^2 \tag{4.16}$$

拟合过程的相关参数如表 4.20 所示。

表 4.20　拟合过程的相关参数（六边形网 – 75 g）

参数	误差的平方和	多重测定系数	误差的自由度	均方根误差
值	0.111 3	0.971 5	58	0.043 8

7. 质量块质量 85 g

六边形柔性拦截网质量块质量为 85 g 时，滞空时间随弹射速度与弹射角度变化如图 4.51 所示。

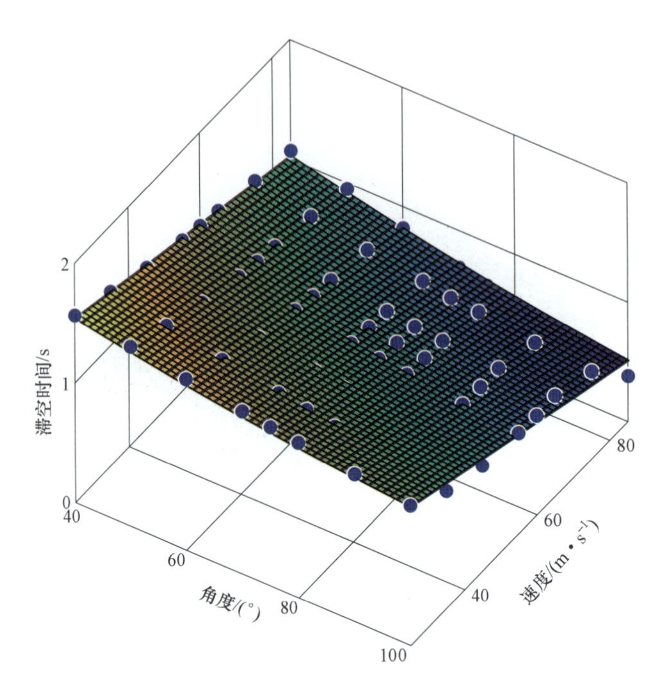

图 4.51 拟合曲面与仿真数据点对比图（六边形网－85 g）

数据拟合多项式为

$$T_{85}=2.373-0.023\,53v-0.026\,68\alpha+0.000\,096\,19v^2+0.000\,078\,69v\alpha+0.000\,146\,4\alpha^2 \tag{4.17}$$

拟合过程的相关参数如表 4.21 所示。

表 4.21 拟合过程的相关参数（六边形网－85 g）

参数	误差的平方和	多重测定系数	误差的自由度	均方根误差
值	0.020 5	0.994 1	94	0.014 8

8. 全局拟合

经过以上操作得到了在质量块质量不变情况下的二次拟合，拟合公式的各项系数如表 4.22 所示。

表 4.22 六边形柔性拦截网多项式系数拟合结果

质量块质量/g	常数项	v/（m/s）	α	v^2	αv	α^2
30	−1.565	0.040 73	0.043 72	−0.000 119 5	−0.000 352 8	−0.000 224 3
40	−0.214	0.034 9	0.017 09	−0.000 115 5	−0.000 326 2	−6.278e−05
50	1.477	0.006 836	−0.002 111	−2.991e−05	−0.000 122 2	−2.598e−05
58	2.013	−0.004 67	−0.006 856	2.066e−05	−7.011e−05	−9.87e−06
65	2.095	−0.007 358	−0.007 28	2.904e−05	−5.566e−05	−6.611e−06
75	2.211	−0.010 9	−0.008 619	4.183e−05	−3.693e−05	4.07e−06
85	2.171	−0.011 73	−0.007 909	4.54e−05	−3.742e−05	7.948e−06

以质量块质量为自变量，多项式系数为因变量，通过三次多项式函数对表 4.22 中的多项式系数进行拟合，线性三次拟合的形式为

$$y = p_1 m^3 + p_2 m^2 + p_3 m + p_4 \tag{4.18}$$

式中，p_1、p_2、p_3、p_4是拟合需要生成的系数；y是表 4.22 中系数的拟合值；m是自变量质量。

拟合生成的各项系数的具体值如表 4.23 所示。

表 4.23 六边形柔性拦截网多项式系数拟合结果

系数项	p_1	p_2	p_3	p_4
常数项	1.095e−05	−0.004 036	0.416	−10.8
v	5.207e−07	−6.772e−05	0.001 261	0.052 28
α	−5.899e−07	0.000 134 1	−0.010 07	0.241 4
v^2	−2.678e−09	4.026e−07	−1.468e−05	2.236e−05
αv	−3.081e−09	3.79e−07	−4.816e−06	−0.000 485 3
α^2	4.826e−09	−9.639e−07	6.354e−05	−0.001 387

离散数据点与拟合曲线对比结果如图 4.52 所示。

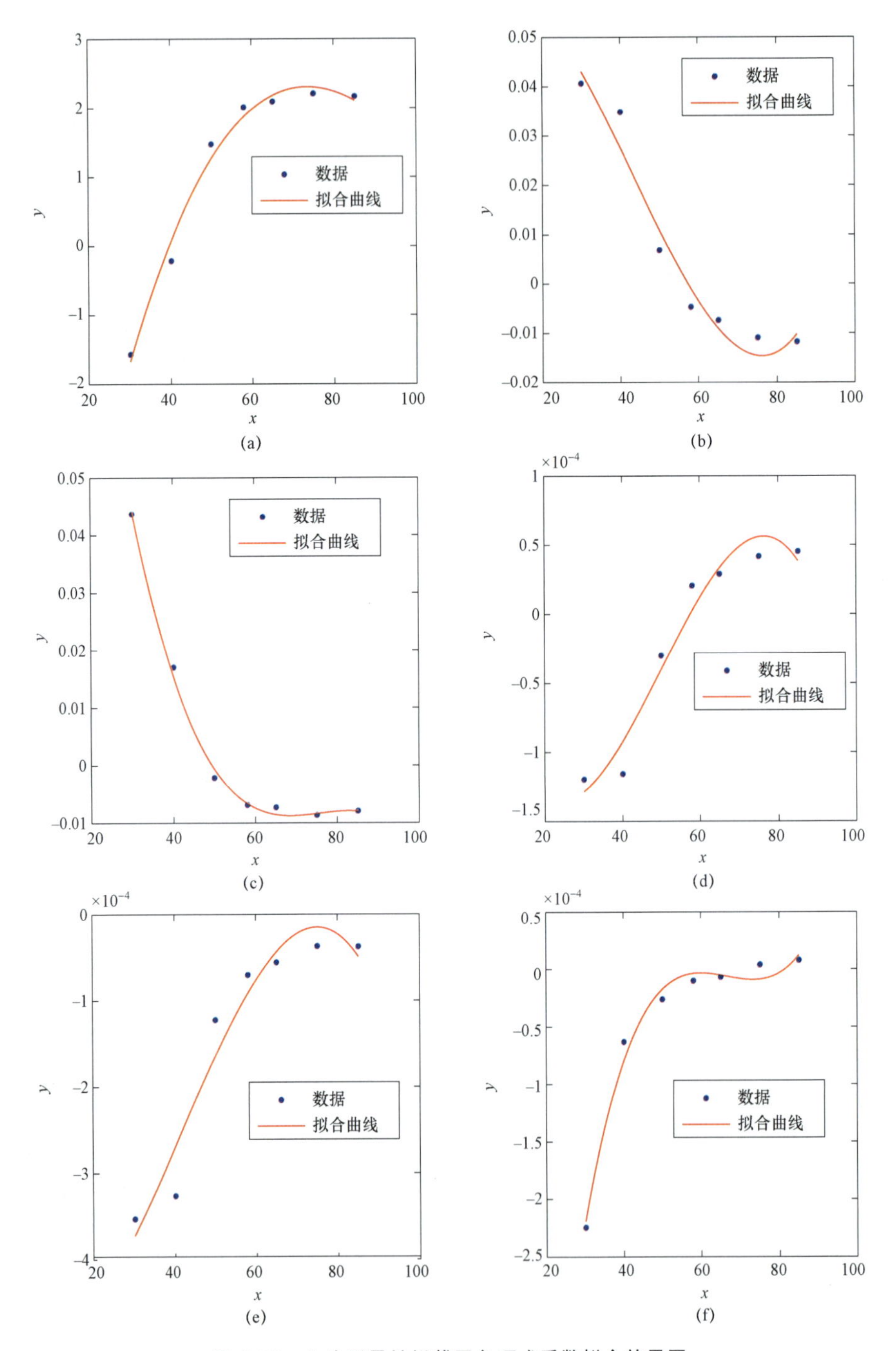

图 4.52　六边形柔性拦截网多项式系数拟合效果图

（a）常数项拟合；（b）速度一次项拟合；（c）角度一次项拟合；
（d）速度二次项拟合；（e）速度－角度乘积项拟合；（f）角度二次项拟合

综合以上分析结果，可得六边形网在任意发射参数下的滞空时间拟合公式为

$$\begin{aligned}T(\alpha, v, m) = {} & 1.095e-05m^3 - 0.004\,036m^2 + 0.416m - 10.8 \\ & + (5.207e-07m^3 - 6.772e-05m^2 + 0.001\,261m + 0.052\,28)v \\ & + (-5.899e-07m^3 + 0.000\,134\,1m^2 - 0.010\,07m + 0.241\,4)\alpha \\ & + (-2.678e-09m^3 + 4.026e-07m^2 - 1.468e-05m + 2.236e-05)v^2 \\ & + (-3.081e-09m^3 + 3.79e-07m^2 - 4.816e-06m - 0.000\,485\,3)v\alpha \\ & + (4.826e-09m^3 - 9.639e-07m^2 + 6.354e-05e-6m - 0.001\,387)\alpha^2\end{aligned} \tag{4.19}$$

拟合式（4.19）与设计节点间计算值的相对误差和绝对误差分别如图 4.53 和图 4.54 所示。拟合结果的平均相对误差为 4.87%，平均绝对误差为 0.046 s。

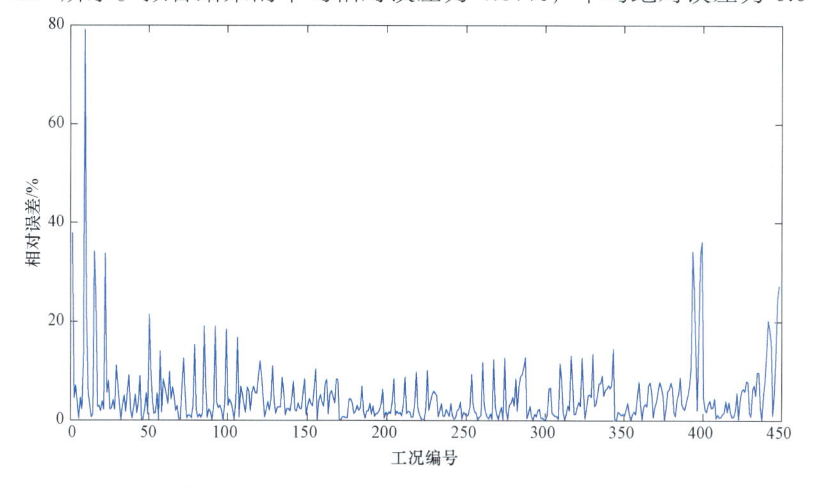

图 4.53　六边形柔性拦截网拟合公式相对误差

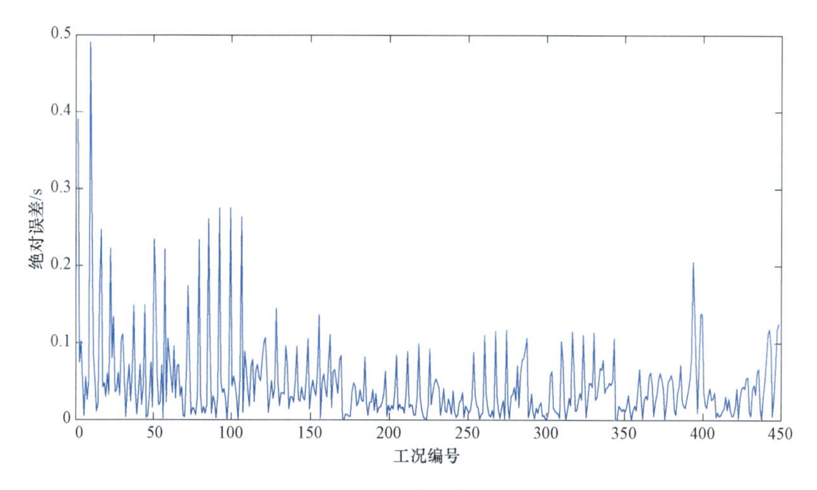

图 4.54　六边形柔性拦截网拟合公式绝对误差

当质量块质量较小时，滞空时间与弹射速度和弹射角度间存在较强的非线性关系，拟合公式的误差较大，应该谨慎使用经验公式。

4.7 本章小结

本章研究了柔性拦截网在不同弹射角度、不同弹射速度及不同质量块质量配置下滞空时间的变化规律。累计耗时 26.9 天，完成 1 096 个工况的计算，分别形成了四边形柔性拦截网和六边形柔性拦截网滞空时间的图表和经验公式，对比仿真数据与经验公式计算结果得到，四边形网经验公式平均相对误差为 2.77%、平均绝对误差 0.029 1 s；六边形网经验公式平均相对误差为 4.87%，平均绝对误差为 0.046 s。除过少数几个边界点外，经验公式能够得到基本可靠的滞空时间估计，可为柔性拦截网工程设计提供一定的借鉴。

第5章
柔性拦截网空中联合组网仿真研究

柔性拦截网空中联合组网仿真研究

5.1 引　言

柔性拦截网捕获无人机联合组网技术是一项针对“低慢小”目标的新型目标防御技术，其优点在于通过多柔性拦截网在时间和空间上的优化组合使柔性拦截网捕获目标的成功率得到最大限度的提高。在前期数值仿真和工程试验的基础上，项目得到了大量不同工况下的柔性网发射数据，本章通过对数据的处理，分析发射参数对单网发射有效拦截面积的影响规律；然后基于单网发射展开特性，开展针对水平飞行目标的单网拦截、两网拦截、三网拦截、四网拦截的发射参数优化，得到四边形柔性拦截网和六边形柔性拦截网的多网发射参数配置策略。

5.2 柔性拦截网性能指标及其影响因素

柔性拦截网性能指标是衡量网捕性能的参考数值，同时也是多柔性拦截网联合组网的优化目标。针对柔性拦截网捕获无人机目标的主要特点，采用有效拦截面积和拦截响应时间两项指标来衡量柔性网的捕获性能。

考虑到联合组网时柔性拦截网的基本结构参数已经确定，采用柔性拦截网发射时的弹道倾角和质量块弹射速度作为仿真变量，柔性拦截网发射时的弹道倾角和弹射角度如图 5.1 所示，其中，θ 为导弹（柔性拦截网弹）的弹道倾角，θ_r 为质量块弹射角度，V 为质量块相对弹体的弹射速度。

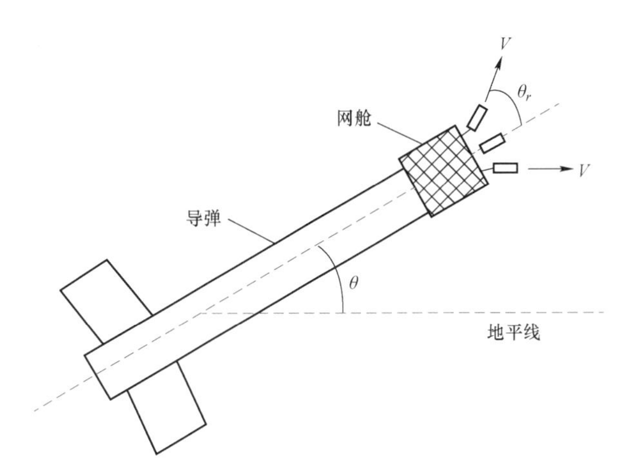

图 5.1　柔性拦截网发射时的弹道倾角和弹射角度

四边形网和六边形网的仿真工况设置如表 5.1 所示。

表 5.1　柔性拦截网发射参数变化范围

四边形柔性拦截网弹射速度/（m·s^{-1}）	六边形柔性拦截网弹射速度/（m·s^{-1}）	弹道倾角/（°）
60	65	−15
65	70	−10
70	75	−5
75	80	0
80	85	5
—	—	10
—	—	15
—	—	20

5.2.1　单网有效拦截面积影响因素

以弹道倾角和质量块弹射速度为变量，通过仿真获取一些离散点上的运动学数据，在对数据进行处理后得到不同发射参数下的有效拦截面积及达到最大有效拦截面积的时间。经过对数据进行图像化处理，直观获得在单网情况下最大有效拦截面积随发射参数的变化规律，这样不难在单网情况下获得最大开网面积的发射参数。

1. 四边形单网有效拦截面积变化趋势

四边形柔性拦截网的标准工作工况为：弹体速度 108 m/s，开网前弹道倾角 5°，质量块弹射角度 45°，质量块弹射速度 70 m/s，工作网边长为 5.2 m，总质量为 170 g。在此标准工况的基础上，以弹道倾角和质量块发射速度为变量，参考表 5.1 中的参数变化范围，研究不同弹道倾角和质量块弹射速度对柔性网有效拦截面积的影响规律。

如图 5.2 所示，四边形柔性拦截网的有效拦截面积随质量块弹射速度呈线性增长的趋势；固定质量块弹射速度，有效拦截面积随弹道倾角呈减小的趋势。对比两种因素的影响效果可见，质量块弹射速度是影响柔性拦截网有效拦截面积的主导因素。

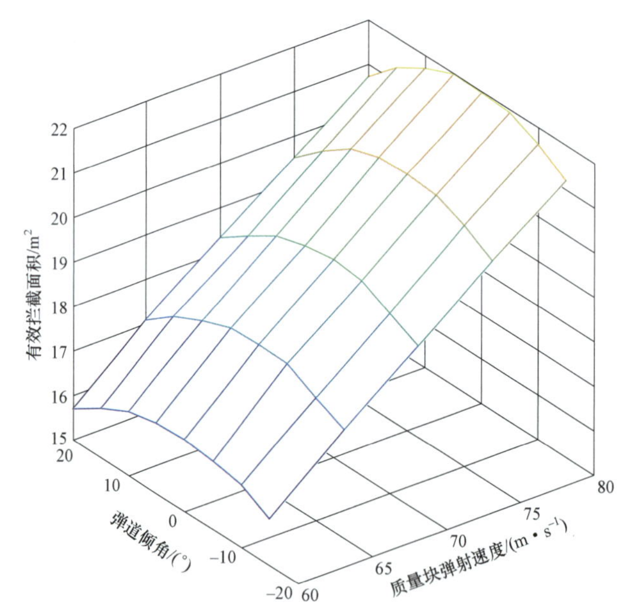

图 5.2　不同质量块弹射速度和弹道倾角下四边形柔性拦截网有效拦截面积

如图 5.3 所示，在不同弹射速度下，有效拦截面积随弹道倾角变化大致呈现线性减小的趋势，该现象的出现是因为弹道倾角增加会加大重力及空气阻力对于网型的耦合影响，而弹道倾角为负值时会在一定程度上缓解这一耦合效应带来的不利影响。

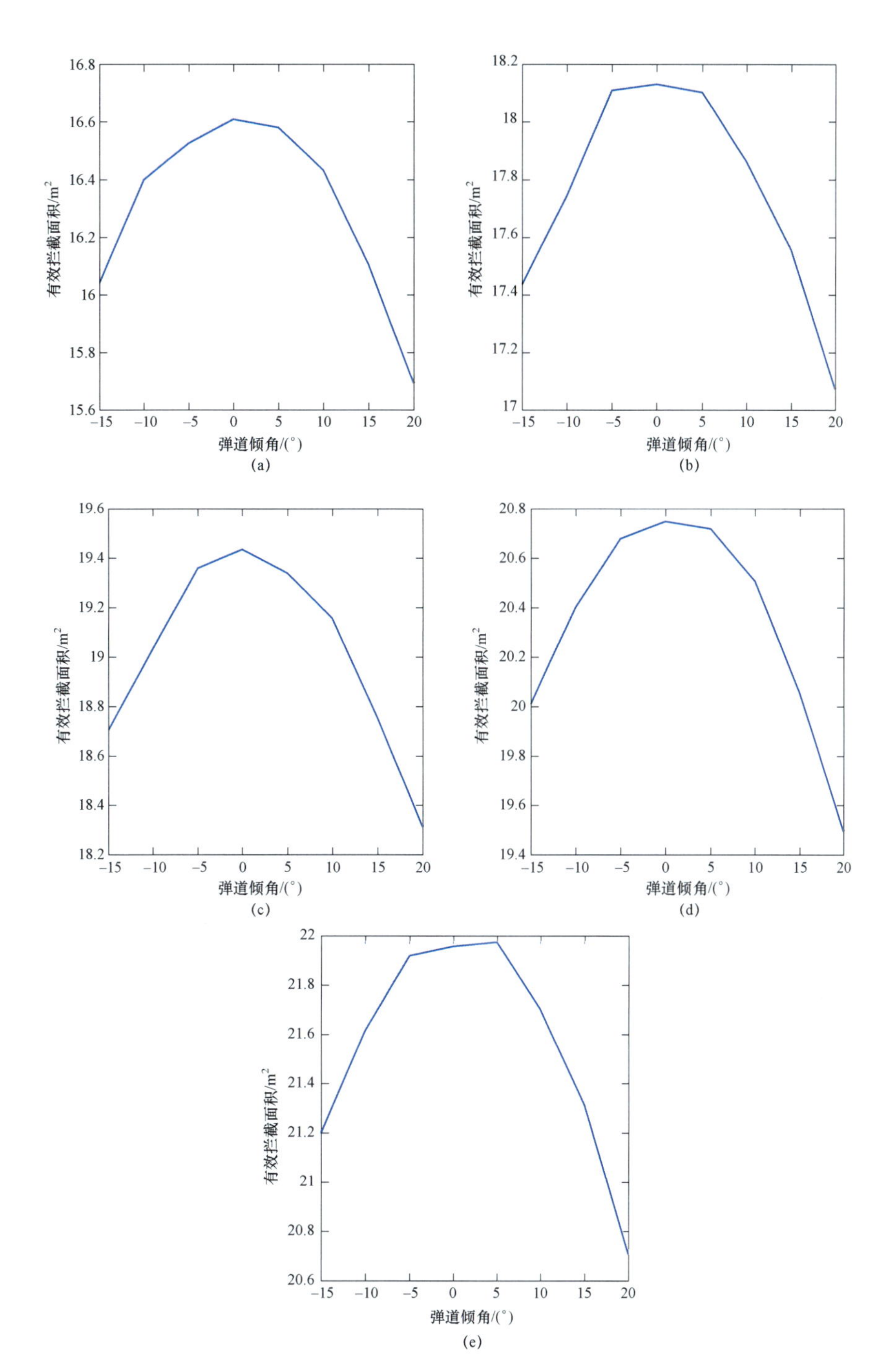

图 5.3　有效拦截面积随弹道倾角变化

（a）弹射速度 60 m/s；（b）弹射速度 65 m/s；（c）弹射速度 70 m/s；（d）弹射速度 75 m/s；（e）弹射速度 80 m/s

综合以上结果，在单网情况下，影响四边形柔性拦截网有效拦截面积的主导因素是质量块弹射速度，且随着质量块弹射速度的增大，四边形柔性拦截网有效拦截面积呈现线性增长的趋势；弹道倾角是影响四边形柔性拦截网有效拦截的次要因素，且随着弹道倾角的增大，四边形柔性拦截网有效拦截面积呈现减小的趋势，在弹道倾角为负值时，弹道倾角的变化对有效拦截面积的影响相对较小。基于以上对弹道倾角和质量块弹射速度的影响规律分析，要使四边形柔性拦截网达到最大有效拦截面积，合理的发射参数布置应尽量使弹道倾角为负值，合理增大质量块弹射速度。

2. 六边形单网有效拦截面积变化趋势

六边形柔性拦截网的标准工作工况为：弹体速度 108 m/s，开网前弹道倾角 5°，质量块弹射角度 60°，质量块弹射速度 70 m/s，工作网边长为 4.7 m，网体质量为 495 g，质量块质量为 58 g。仅改变弹道倾角和质量块弹射速度，得到六边形柔性拦截网有效拦截面积与质量块弹射速度和弹道倾角的关系如图 5.4 所示。从图中可见，弹道倾角和质量块弹射速度对有效拦截面积均存在显著的影响，并且二者具有明显的线性关系，随着质量块弹射速度的增加，有效拦截面积呈线性化增长。图 5.5 为给定质量块弹射速度的情况下，弹道倾角对六边形柔性拦截网有效拦截面积的影响。

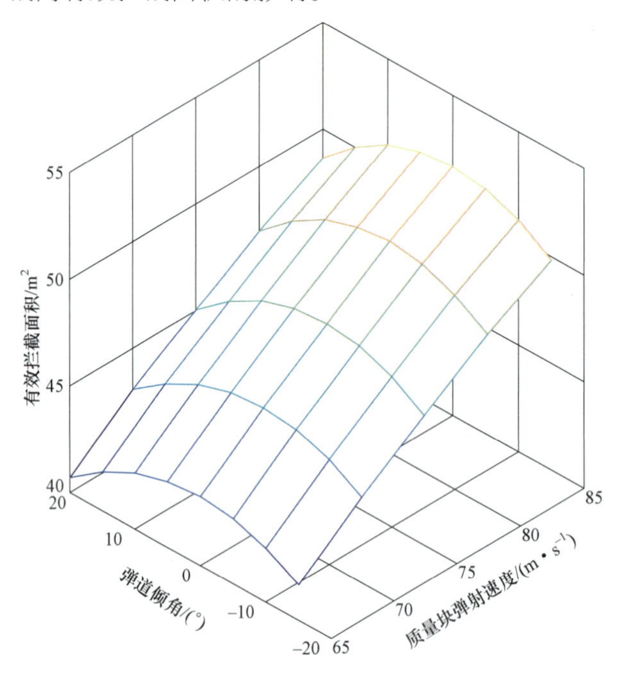

图 5.4　六边形柔性拦截网有效拦截面积随弹道倾角和质量块弹射速度变化图

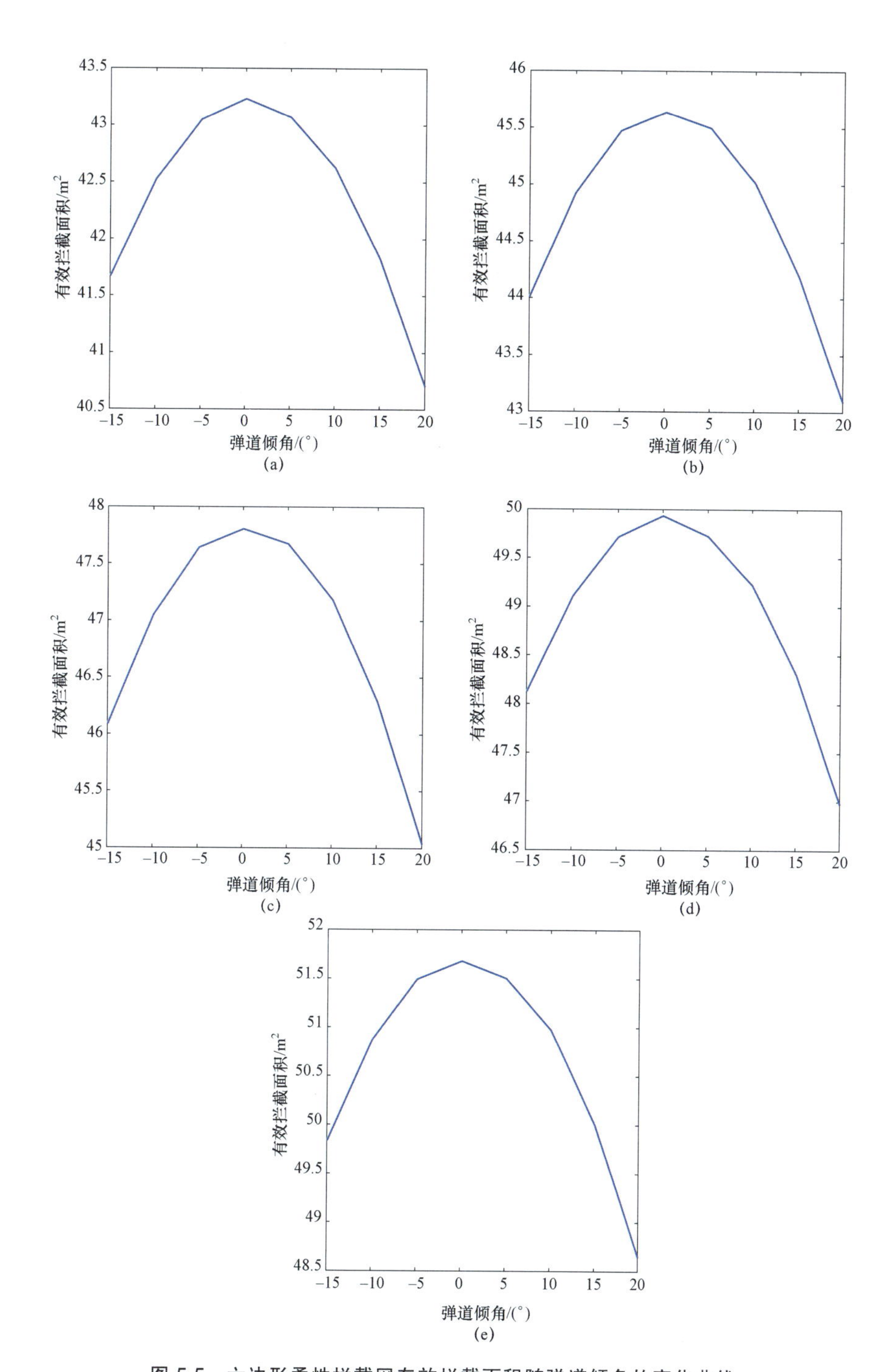

图 5.5　六边形柔性拦截网有效拦截面积随弹道倾角的变化曲线

(a) 弹射速度 65 m/s；(b) 弹射速度 70 m/s；(c) 弹射速度 75 m/s；(d) 弹射速度 80 m/s；(e) 弹射速度 85 m/s

从图 5.5 可见，弹道倾角与六边形柔性拦截网有效拦截面积存在近似负线性关系。综合以上两部分的分析结论，可以得出六边形柔性拦截网单网展开规律：质量块弹射速度与弹体弹道倾角均可以显著影响六边形柔性拦截网最大开网面积；六边形柔性拦截网有效拦截面积与质量块弹射速度均呈现近似正相关关系；载体弹道倾角与有效拦截面积存在负相关关系，随着弹道倾角的增加，六边形柔性拦截网的有效拦截面积会略有减小，这主要是因为重力影响了网的外形，而发射法向偏向重力方向会在一定程度上降低气动力对网型的干扰。

综合以上讨论结果，得出单网情况下提高六边形柔性拦截网有效拦截面积的策略：在考虑到柔性拦截网滞空时间等约束的情况下，尽量减小弹道倾角并且尽可能提高柔性拦截网发射时的弹射速度有利于提高柔性拦截网捕获目标的有效拦截面积。

5.2.2 单网拦截响应快速性影响因素

柔性拦截网从发射到达到最大有效拦截面积的时间是衡量柔性拦截网响应快速性一项重要指标。

如图 5.6 所示，设一无人机目标水平飞行速度为 v，其偏航和俯仰运动能够达到的最大加速度为 a；柔性拦截网达到最大有效拦截面积时的网面高度为 d，柔性拦截网达到最大有效拦截面积所需的时间为 Δt，柔性拦截网在水平方向运动的平均速度为 v_{Net}，则在柔性拦截网达到最大有效拦截面积时，无人机能够飞出网面捕获区域需满足

$$\frac{1}{2}a\Delta t^2 > \frac{d}{2} \tag{5.1}$$

即

$$a > \frac{d}{\Delta t^2} \tag{5.2}$$

故柔性拦截网达到最大有效拦截面积的时间越短，对无人机机动能力的要求越高。类似地，若满足柔性拦截网能够捕捉到无人机，则柔性拦截网初始发射时与无人机的水平距离 s 应满足

$$s < (v + v_{\text{Net}})\sqrt{\frac{d}{a}} \tag{5.3}$$

从式（5.3）可知，无人机目标的机动性能越好，则柔性拦截网发射时与目标间的距离就应越近；柔性拦截网的飞行速度越大、无人机的飞行速度越大、

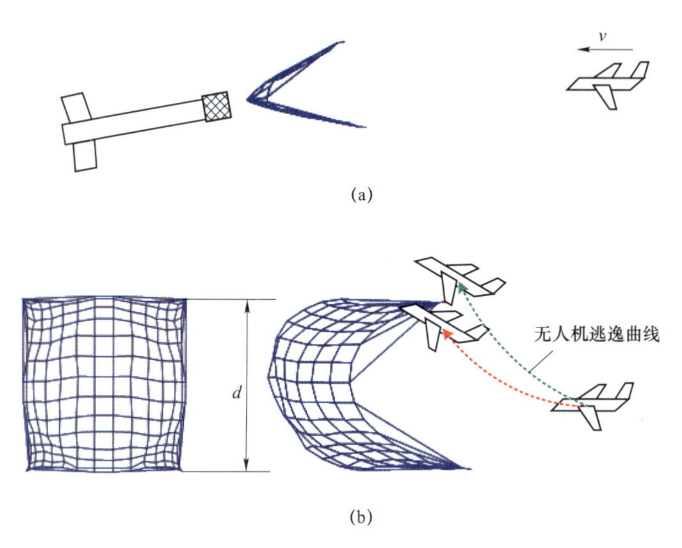

图 5.6　柔性拦截网捕获机动无人机示意图

（a）初始状态；（b）绳网到达最大有效拦截面积状态

柔性拦截网有效拦截面积越大，则柔性拦截网捕获无人机初始发射距离就可以变得越大。

1. 四边形单网拦截响应快速性影响因素

选取柔性拦截网从发射至到达最大有效拦截面积的时间作为衡量拦截响应快速性的指标。采用与 5.2.1 小节相同的仿真工况设置，得到了柔性拦截网从发射至展开到最大有效拦截面积的时间（下文中简称为“展开时间”）。弹道倾角和质量块弹射速度对应的柔性拦截网展开时间，如图 5.7 所示。从图中可见，质量块弹射速度对于展开时间的影响相对较大，从全局来看，质量块弹射速度与展开时间呈现负相关趋势；弹道倾角对于展开时间的影响相对较小，当弹道倾角由负变为正时，会使柔性拦截网的展开时间延长，如图 5.8 所示；总体来看，在仿真参数变化范围内，质量块弹射速度和弹道倾角对于展开时间的影响较小，总体变化在 0.04 s 以内。

2. 六边形单网拦截响应快速性影响因素

以 5.2.1 小节介绍的六边形柔性拦截网单网标准工况为基础，以质量块弹射速度和弹道倾角作为仿真变量，参考表 5.1 中的发射参数设定，得到了不同

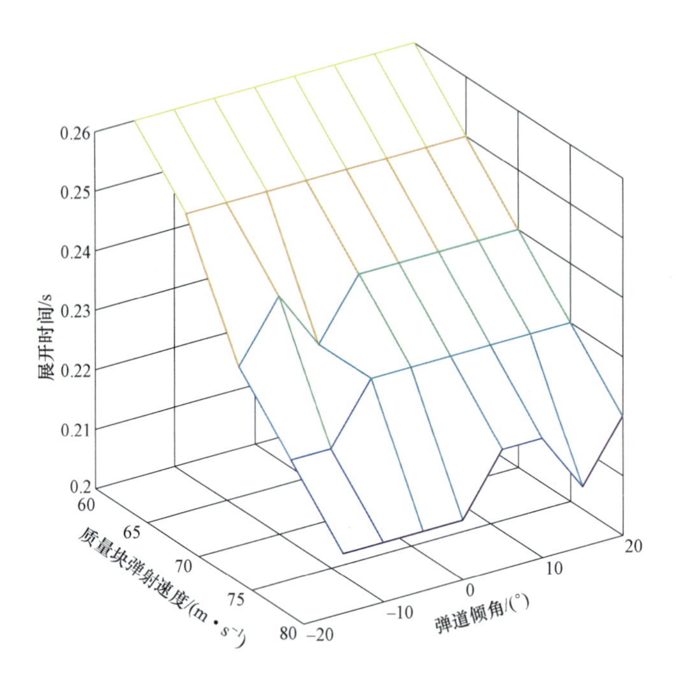

图 5.7　四边形柔性拦截网展开时间随弹道倾角和弹射速度变化情况

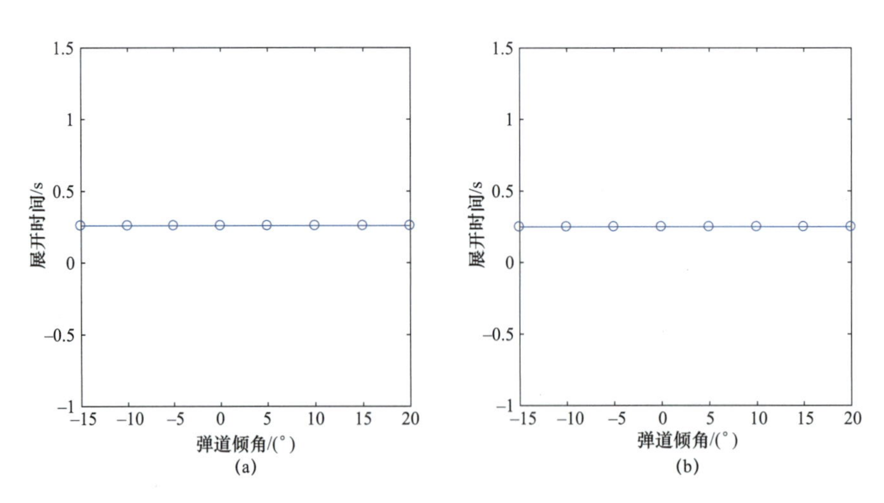

图 5.8　弹道倾角对展开时间的影响（四边形网）

（a）弹射速度 60 m/s；（b）弹射速度 65 m/s

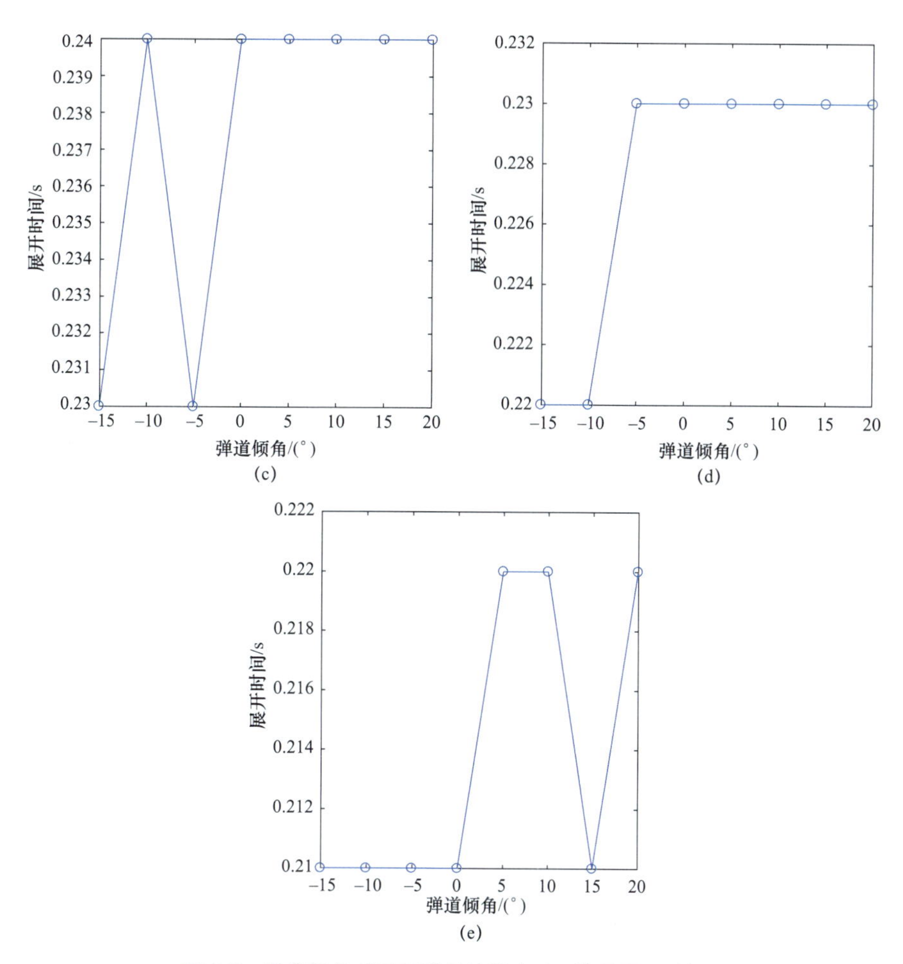

图 5.8　弹道倾角对展开时间的影响（四边形网）（续）

（c）弹射速度 70 m/s；（d）弹射速度 75 m/s；（e）弹射速度 80 m/s

发射参数下，柔性拦截网从发射至展开到最大有效拦截面积的时间（展开时间）。在不同发射参数下，六边形网的展开时间如图 5.9 所示。可见，相比弹道倾角，质量块弹射速度对六边形柔性拦截网展开时间的影响更加显著，随着质量块弹射速度的增加，展开时间会呈现缩短趋势。从图中还可以看出，存在一个 0°附近的临界弹道倾角，当弹道倾角小于这一临界角时，展开时间会出现阶跃式的延长，如图 5.10 所示。

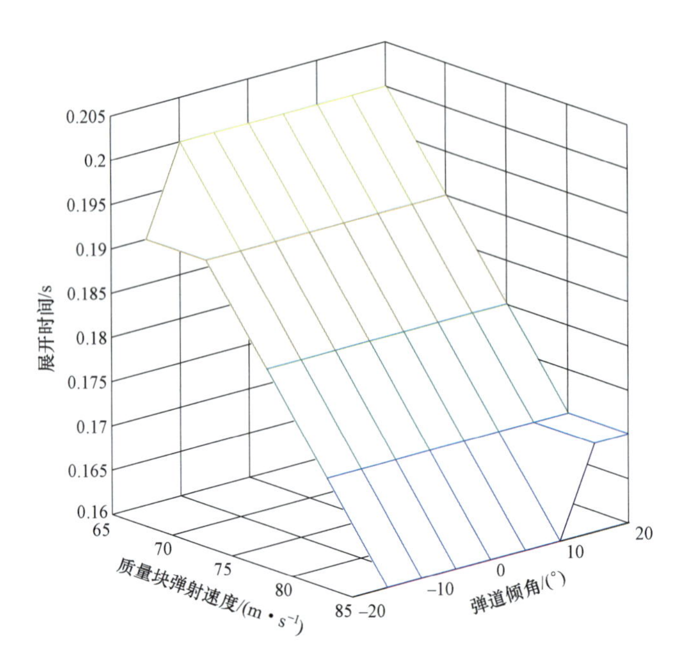

图 5.9 六边形柔性拦截网展开时间随弹道倾角和弹射速度变化情况

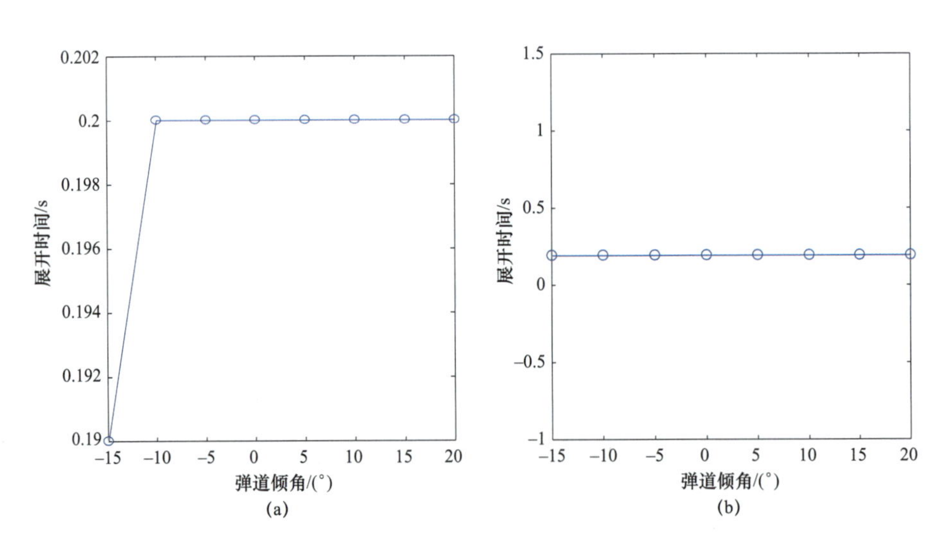

图 5.10 弹道倾角对展开时间的影响（六边形网）

（a）弹射速度 65 m/s；（b）弹射速度 70 m/s

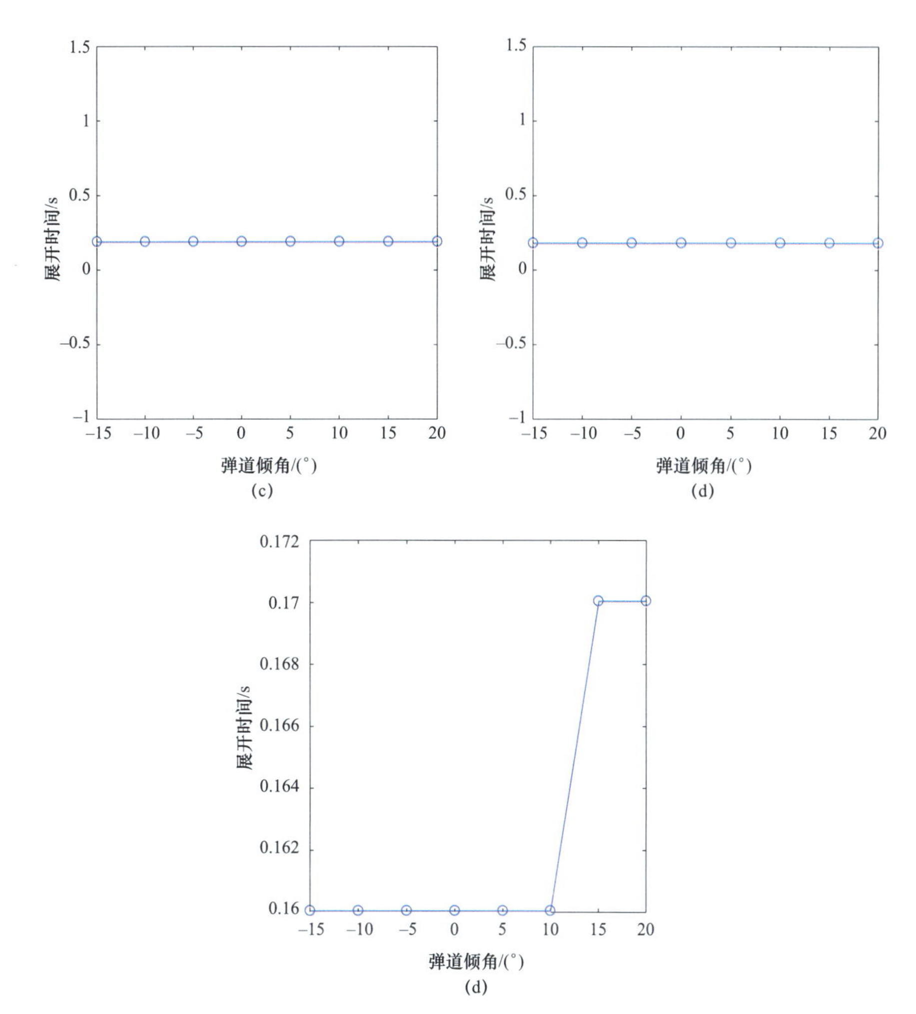

图 5.10　弹道倾角对展开时间的影响（六边形网）（续）
（c）弹射速度 75 m/s；（d）弹射速度 80 m/s；（e）弹射速度 85 m/s

5.3　柔性拦截网发射参数优化方法

根据柔性拦截网有限拦截面积和拦截响应时间两项评估指标，将柔性拦截网发射时的弹道倾角和弹射速度作为优化变量，因此多柔性拦截网联合组网问题是一个多目标优化问题（multi-objective optimization problem，MOP）。多目标优化问题的数学定义如下。

定义 5.1（MOP）一般 MOP 由 n 个决策变量、m 个目标函数和 p 个约束条件（其中 k 个不等式约束、q 个等式约束）组成，优化的目标如下：

$$\begin{aligned}&\min \boldsymbol{F}(\boldsymbol{x})=(f_1(\boldsymbol{x}),\cdots,f_m(\boldsymbol{x}))^{\mathrm{T}}\\&\text{subject to}\qquad \boldsymbol{x}\in\Omega\\&\qquad\qquad g_i(\boldsymbol{x})\leqslant 0, i=1,\cdots,k\\&\qquad\qquad h_i(\boldsymbol{x})=0, i=1,\cdots,q\end{aligned}\tag{5.4}$$

式中，Ω 是决策变量空间，$\boldsymbol{F}:\Omega\to Z$ 由 m 个实值目标函数组成，$Z\subseteq R^m$ 称为目标空间。

通常情况下，由于式（5.4）中的目标彼此冲突，决策变量空间 Ω 中不存在一个点可以使所有目标同时达到最优。

大多数多目标优化问题的目标函数为非线性，优化函数 $\boldsymbol{F}:\Omega\to R^m$ 是将决策变量 $\boldsymbol{x}$ 映射到目标矢量。图 5.11 所示为两变量、两目标情况下的示意图。

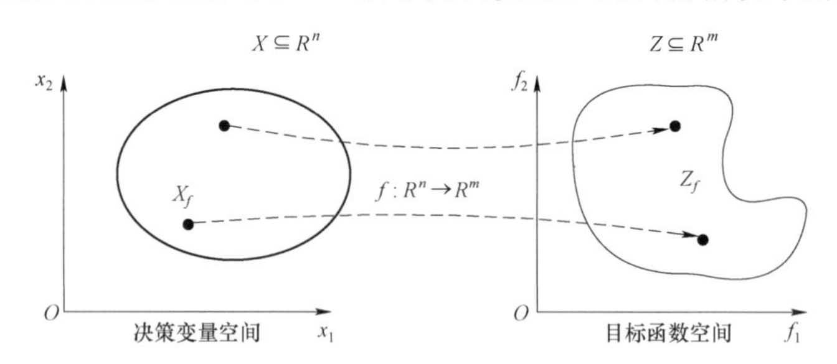

图 5.11　多目标优化函数映射关系示意图

针对上述约束 MOP，下面给出可行解集的定义。

定义 5.2（可行解集）可行解集 X_f 定义为如下满足约束条件的决策矢量 $\boldsymbol{x}$ 的集合：

$$X_f=\{x\in\Omega\,|\,g_i(\boldsymbol{x})\leqslant 0, h_i(\boldsymbol{x})=0\}\tag{5.5}$$

可行解集 X_f 的像给出目标空间中的可行区域，可表示为 $Z_f=\boldsymbol{F}(X_f)$。

MOP 的主要特点是各目标函数反映了优化对象不同方面的性能，这些性能具有不可公度性，即具有不同的单位和尺度。MOP 求解的主要困难在于目标之间具有冲突性，不存在一个解能够使所有目标同时达到最优。某个指标的改善通常会引起其他指标的恶化。因此，求解 MOP 的最终目的是在各个优化目标之间进行权衡处理，使各目标尽可能达到最优。

5.3.1　多目标优化问题的最优解

MOP 的解不是唯一的全局最优解，而是一个最优解的集合，称为 Pareto

最优解集。

定义 5.3（Pareto 支配）令 $\boldsymbol{x}$，$\boldsymbol{y} \in R^n$ 为决策矢量，$\boldsymbol{x}$ 支配 $\boldsymbol{y}$ 当且仅当对每个 $i \in \{1,\cdots,m\}$ 有 $f_i(\boldsymbol{x}) \leqslant f_i(\boldsymbol{y})$，至少存在一个指标 $j \in \{1,\cdots,m\}$ 有 $f_i(\boldsymbol{x}) < f_i(\boldsymbol{y})$。

定义 5.4（Pareto 最优）点 $\boldsymbol{x}^* \in \Omega$ 是 Pareto 最优定义，即不存在其他点 $\boldsymbol{x} \in \Omega$ 使 $\boldsymbol{F}(\boldsymbol{x})$ 支配 $\boldsymbol{F}(\boldsymbol{x}^*)$。

定义 5.5（Pareto 最优集）所有 Pareto 最优点的集合称为 Pareto 最优集（Pareto-optimal set，PS），即

$$\mathrm{PS}^* = \{\boldsymbol{x} \in X_f \mid \boldsymbol{x} \text{ is Pareto optimal}\} \tag{5.6}$$

定义 5.6（Pareto 前沿）Pareto 前沿（Pareto front，PF）定义为

$$\mathrm{PF}^* = \{\boldsymbol{F}(\boldsymbol{x}) \in R^m \mid \boldsymbol{x} \in \mathrm{PS}^*\} \tag{5.7}$$

Pareto 前沿落在可行区域的边界上，因此又称为 Pareto 最优边界。Pareto 前沿的解不被其他解所支配，且各解之间彼此不可比较。如图 5.12 所示，解 A 为两目标 Pareto 前沿上的点；解 C、D 处于可行区域内，但不在 Pareto 前沿上，且被解 A 所支配；解 B 虽然不在前沿上，但与解 A 处于同样的非支配关系。一般地，两目标 MOP 的 Pareto 前沿是曲线，三目标 MOP 的 Pareto 前沿是曲面，3 个以上目标的 Pareto 前沿是超曲面。多目标优化的目的就是同时在决策空间和目标空间逼近 PS 和 PF。

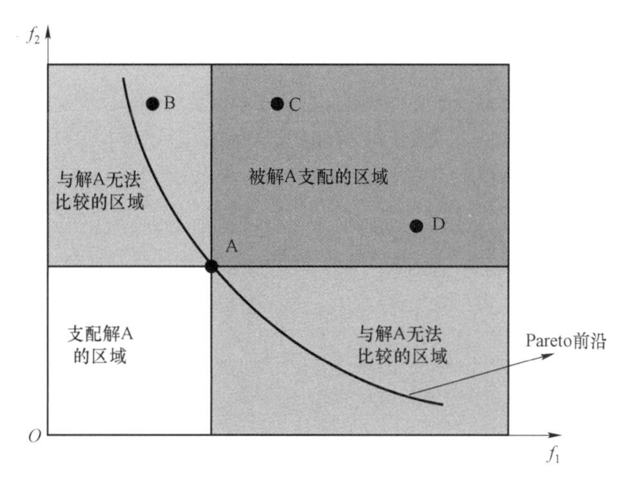

图 5.12　Pareto 支配关系示意图

在应用多目标优化的工程问题中，决策者通常需要的是单个解。需要根据设计者的经验和其他信息对 Pareto 最优解中的每个解进行评估比较并做出选

择，但其前提是存在多个可供选择的 Pareto 最优解。因此，多目标优化的目的是在均衡考虑所有优化目标的基础上,寻找一组协调各个目标的 Pareto 最优解。为了获得更多更全面的 Pareto 最优解，多目标优化需要获得一组在前沿上均匀分布的 Pareto 最优矢量，从而可以对 PF 做出较好的近似。

5.3.2 多目标优化问题的求解方式

求解多目标问题通常可以得到一组解，即 Pareto 最优集，决策者从解集中选择一个进行设计，称为决策过程。根据优化计算和决策过程的结合方式，多目标优化问题的求解方式可以分为三大类。

（1）先验决策方法（priori articulation of preferences）：决策者根据自己的偏好在优化之前将多个目标组合成单目标的聚合函数，然后求解单目标优化问题。常用的先验决策方法有加权和方法、字典序方法、目标规划方法和物理规划法等。

加权和方法中，通过权重系数将 MOP 转化为目标函数的线性加权的单目标优化问题来求解，权重系数反映了决策者的偏好信息。加权和方法的主要缺点是对于非凸前沿的 MOP，无法获得所有的 Pareto 最优解。为了克服该缺点，可以使用加权 Tchebycheff 方法来克服。

字典序方法中，决策者首先对目标之间的相对重要性进行排序，然后根据目标的重要性从高到低进行序列优化。每个目标找到的最优值最为后续优化问题的约束。如果决策者无法给出目标相对重要性的排序，则可以对目标随机排序。

目标规划方法中，决策者首先指定各个目标的期望值，然后将这些期望值作为附加约束,并将不同目标与期望值之差的绝对值进行加权和得到聚合函数。

物理规划法是通过对各优化目标进行偏好函数构造和分析，确定优化目标满意度区间，将 MOP 问题转化为基于偏好函数值的单目标优化模型进行求解。

（2）后验决策方法（posteriori articulation of preferences）：决策者首先利用多目标优化算法得到一组非支配解,然后根据偏好信息从中选择一个进行设计。常用的后验决策方法有加权和方法、ε –约束方法和边界交叉方法等。

后验加权和方法中，通过改变权重系数，进行优化得到 Pareto 前沿上不同的点，而不是先验加权和方法中固定权重系数，只能得到一个解。决策者在这些点中选择一个进行设计。与先验加权和方法一样，该方法同样存在无法获得 Pareto 前沿非凸区域的缺点。

ε –约束方法中，首先将一个目标作为单目标优化的目标函数，然后将剩余 $m-1$ 个目标作为约束，通过改变约束中的参数得到不同的解。该方法可以找到 Pareto 前沿非凸区域的点，但其缺点是约束参数如果选择不合适，会导致找不到可行解，从而浪费计算资源。

边界交叉方法是寻找 Pareto 最优边界与一组直线的交点来近似 Pareto 前沿。如果这一组直线在某种意义上为均匀分布，则可获得对 Pareto 前沿的较均匀近似。

（3）交互决策方法（progressive articulation of preferences）：决策和优化过程序列迭代进行。该方法通常分为三步：首先，决策者给定初始偏好找到一个非支配解；然后，对该解的优劣进行评价并修改偏好；最后，重复上述两步，直到找到的解满足要求或无法改进。该方法假设决策者的偏好信息不足，在上述交互过程中逐渐深入对问题的认识，从而得到合理的偏好信息。这类方法的缺点是找到的解的优劣程度依赖于决策者对偏好信息的合理表达。

在上述方法中，偏好信息反映了决策者对目标空间中点的优劣的观点。对于后验决策方法，决策者直接将偏好施加于非支配解，理论上来说，决策者的选择能够精确反映其偏好。相反，对于先验决策方法而言，决策者在优化之前需要首先对其偏好在目标空间进行量化。这时，能够用到的偏好通常是目标之间的相对重要性。

5.3.3　MOEA/D 优化框架

柔性拦截网在空中展开的运动过程非线性强，传统的基于梯度的方法不容易搜索到最优点，MOEA/D 采用遗传算法（也称为进化算法）寻找最优点。基于分解的多目标进化算法被认为是目前最合理的多目标进化优化算法框架，如图 5.13 所示。

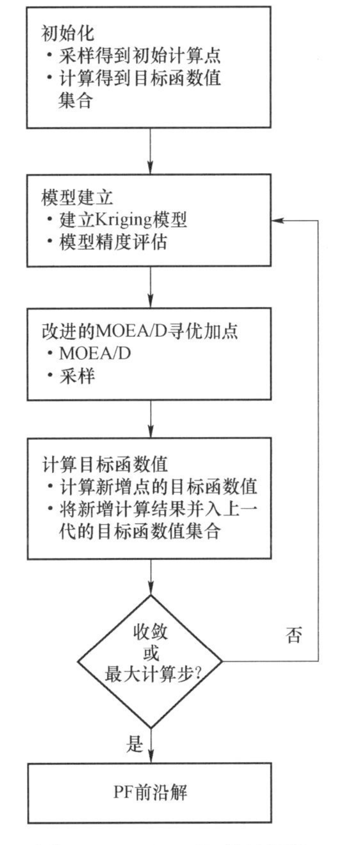

图 5.13　MOEA/D 设计框架

MOEA/D 步骤如下。

步骤 1：初始化

（1）运用拉丁超立方采样方法进行采样，得到初始点集合。

（2）计算样本点函数值。

步骤 2：模型建立

建立仿真模型的 Kriging 代理模型。

步骤 3：改进的 MOEA/D 寻优加点

采用改进的 MOEA/D 优化方法，对建立的代理模型进行优化，得到优化后的备选点集合，改进了 MOEA/D 中的采样方法，其算法框架如图 5.14 所示，其中 K_E 为预设值，其含义为每一代新生成点的个数，详细介绍如下。

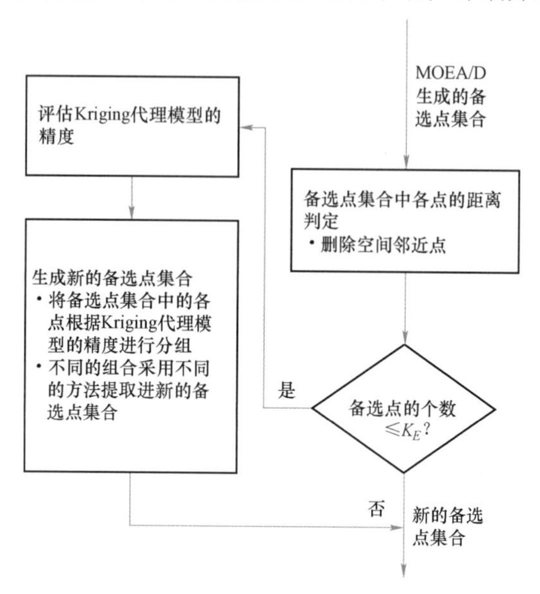

图 5.14　改进的 MOEA/D 寻优加点

（1）删除空间邻近点。如果 MOEA/D 生成的备选点集合内的候选点与现有采样点的距离较小，则认为这两个点在空间上相关。然后将该点从候选点中删除。

（2）备选点个数判断。如果步骤（1）选择的候选点数不超过预设的，则选择所有候选点作为新增评估点。否则，算法进行到步骤（3）。

（3）评估 Kriging 模型的精度。评估备选点集合中的各点的 Kriging 代理模型精度。

（4）生成新的备选点集合。根据步骤（3）中计算得到的 Kriging 模型精度将备选点分组：①如果模型精度小于 RE_c（Kriging 模型精度临界值），则根据权重矢量（预设）对备选点进行分组，并且选择与已评估的点差异较大的点作为新的备选点；②如果模型精度大于 RE_c，则采用随机的方式从备选点中挑选新的备选点。

步骤 4：计算目标函数值

经过上述改进的采样方法的处理，得到新的备选点集合，然后仿真得到新增点的目标函数值集合，与已有目标函数值集合求并集。

步骤 5：计算终止判断

若满足收敛条件或者达到计算最大步数，优化过程停止；否则转步骤 2。

步骤 6：前沿决策和参数确定

在优化得到的 PF 前沿点中，结合其他系统设计参数，确定最优设计变量。

5.3.4 罚函数

上述设计的算法必须使所有柔性拦截网在运动过程中不与其他网发生接触，以防止发生网与网之间的缠绕现象。为了防止这一点，设置罚函数，即在程序中通过接触检测遍历每个网的每个节点与其他网节点之间的距离。若发现距离小于给定值（根据实际问题可进行调节），认定发生碰撞，则将优化目标设为一极大的正数，算法中的设定值是 1×10^{10}，同时程序返回计算下一组参数。算法的伪代码表示如图 5.15 所示。

```
给判断接触的最小距离 dis 赋值
循环 1：对所有的网循环，当前网记为 Net
  循环 2：对 Net 中的所有节点循环，当前节点记为 Node
    循环 3：对除了经过 Net 之外的所有网循环，当前点网记为 Net1
      循环 4：对 Net1 中的所有节点循环，当节点记为 Node1
        判断：如果 Node1 与 Node 的距离小于 dis
          将优化目标设为大正数（最小优化）
          或将优化目标设为大负数（最大优化）
          程序返回
        结束判断
      结束循环 4
    结束循环 3
  结束循环 2
结束循环 1
```

表 5.15　接触判定算法

5.4 两柔性拦截网联合组网优化仿真分析

5.4.1 四边形柔性拦截网两网联合组网

四边形网两网组合发射指的是先发射第一发网，然后经过一段时间的延迟再发射第二发网，第二发网的发射位置满足在整个运动过程中不与第一发网发生相互接触，并且满足第二发网与第一发网在空中扫过的体积能够具有交集。四边形两网组合发射的优化变量可表示为

$$\boldsymbol{X}=[\theta_1 \quad v_1 \quad \theta_2 \quad v_2 \quad x_r \quad y_r \quad z_r \quad \Delta t] \tag{5.8}$$

式中，θ_1 为第一发网弹道倾角；v_1 为第一发网弹射速度；θ_2 为第二发网弹道倾

角；v_2为第二发网弹射速度；x_r为测量偏移量；y_r为铅垂方向偏移量，向上为正；z_r为飞行方向偏移量，与飞行方向同向为正；Δt为第一发网和第二发网发射的延迟时间。变量的约束条件可表示为

$$\boldsymbol{L}_b \leqslant \boldsymbol{X} \leqslant \boldsymbol{U}_b \tag{5.9}$$

式中，$\boldsymbol{L}_b$、$\boldsymbol{U}_b$为优化变量，前 4 个参数分别是发射过程中仿真参数的上下界，且 $\boldsymbol{L}_b=[-15\ \ 60\ \ -15\ \ 60\ \ 0\ \ -3.94\ \ -2\ \ 0.01]$，$\boldsymbol{U}_b=[20\ \ 80\ \ 20\ \ 80\ \ 3.95\ \ 3.95\ \ 0\ \ 0.5]$。

对发射点相对位置的限定是为了保证第一发网和第二发网之间的距离不能相距太远而出现空隙。在仿真优化函数中进行实时判定必然会影响计算速度，导致算法不能收敛到最优点附近，研究中在此处做了一定的放松条件，四边形柔性拦截网相对发射位置的最大边界计算方法是

$$r_{\max}=\sqrt{S_{\max}} \tag{5.10}$$

式中，$S_{\max}$表示所有仿真工况中柔性拦截网展开面积的最大值。

通过在不同初值位置进行优化得到了一系列局部最优解，如表 5.2 所示，表中前 8 列为优化计算变量，第 9 列 S_{opt} 为两网组合达到的最大面积，第 10 列 $t_{S\max}$ 为两网组合达到最大面积的时间。分析表中数据可知，几乎所有计算得到的弹道倾角和弹射速度都是单网发射的最优解，这与理论分析是一致的，即要使整体优化效果最好，先要保证单网发射参数最优。

表 5.2　四边形柔性拦截网两网联合发射优化计算结果

θ_1/（°）	v_1/（m·s^{-1}）	θ_2/（°）	v_2/（m·s^{-1}）	Δx/m	Δy/m	Δz/m	Δt/s	S_{opt}/m^2	$t_{S\max}$/s
5.00	80.00	5.00	80.00	0.03	3.94	−0.96	0.01	43.94	0.19
4.81	80.00	5.00	80.00	0.75	−3.93	−1.34	0.01	43.94	0.19
5.00	80.00	5.00	80.00	3.55	3.93	−1.33	0.01	43.94	0.19
5.00	80.00	5.00	80.00	3.95	−3.77	−0.76	0.01	43.94	0.19
5.00	80.00	5.00	80.00	2.47	3.94	−0.11	0.01	43.94	0.19
4.33	80.00	5.00	80.00	1.05	−3.84	−1.78	0.01	43.94	0.19
5.00	80.00	5.00	80.00	3.06	3.89	−1.56	0.01	43.94	0.19
4.86	80.00	5.00	80.00	2.20	−3.94	−0.30	0.01	43.94	0.19
5.00	80.00	5.00	80.00	3.24	3.90	−0.76	0.01	43.94	0.19
3.88	80.00	5.00	80.00	1.28	3.94	−1.91	0.05	43.57	0.21
4.73	80.00	5.00	80.00	2.43	−3.93	−0.77	0.01	43.94	0.19
5.00	80.00	5.00	80.00	3.95	3.91	−1.65	0.01	43.94	0.19

续表

θ_1/(°)	v_1/(m·s^{-1})	θ_2/(°)	v_2/(m·s^{-1})	Δx/m	Δy/m	Δz/m	Δt/s	S_{opt}/m^2	t_{Smax}/s
4.50	80.00	5.00	80.00	1.23	−3.87	−0.21	0.01	43.94	0.19
4.70	80.00	5.00	80.00	1.13	−3.91	−0.64	0.01	43.94	0.19
4.71	80.00	5.00	80.00	1.77	−3.92	−0.52	0.01	43.94	0.19
4.88	80.00	5.00	80.00	3.24	−3.94	−1.54	0.01	43.94	0.19
5.00	80.00	5.00	80.00	1.11	3.92	−1.93	0.01	43.94	0.19
5.00	80.00	5.00	80.00	2.97	3.92	−1.77	0.01	43.94	0.19
5.00	80.00	5.00	80.00	2.45	3.92	−0.56	0.01	43.94	0.19
4.83	80.00	5.00	80.00	0.01	−3.93	−1.05	0.01	43.94	0.19

选取表 5.2 中第三行数据作为仿真输出数据，考察在此参数配置下的四边形柔性拦截网面积和网型在地面坐标系下的变化情况，如图 5.16 ~ 图 5.20 所示。其中，图 5.16 为四边形柔性拦截网联合组网面积随时间变化曲线图，可见在 0.19 s 左右，联合组网面积达到最大，且联合组网面积增大的时间显著地短于其减小的时间。图 5.17 是两张四边形柔性拦截网联合组网面积在 0 ~ 0.16 s 过程中的变化情况，蓝色网为第一发，红色网为第二发。图 5.18 是两张四边形柔性拦截网联合组网面积（展开面积）达到最大时的情况，两张网之间存在一定的间隙，不存在相互干扰，两张柔性拦截网无叠加现象。图 5.19 是 0.4 s 时两张

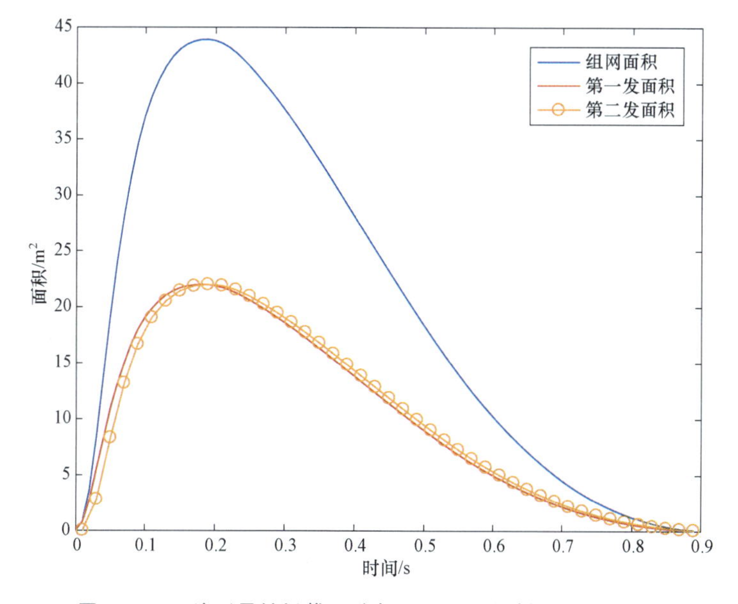

图 5.16 四边形柔性拦截网联合组网面积随时间变化曲线图

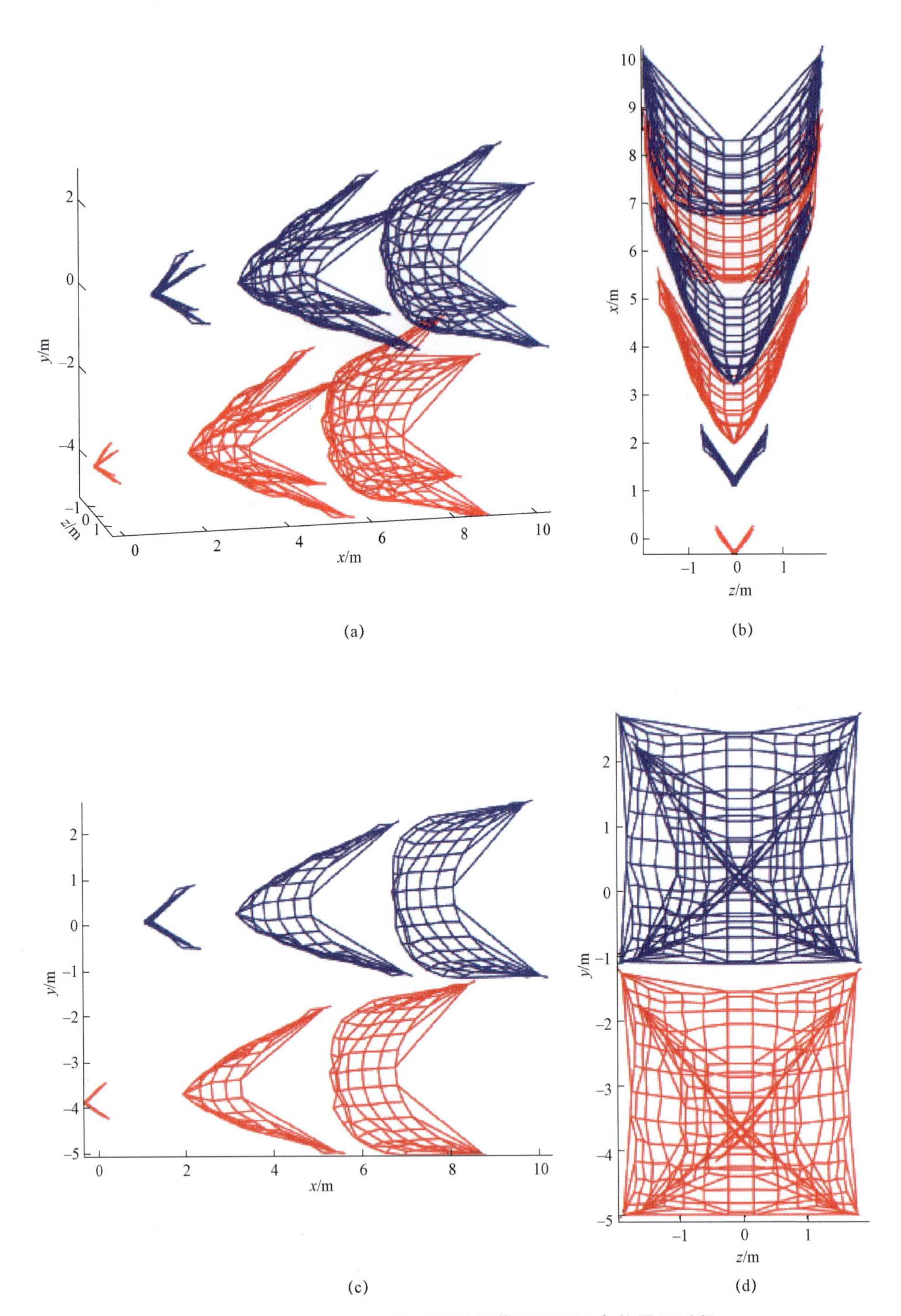

图 5.17　0～0.16 s 四边形柔性拦截网两网组合的展开过程

（a）三维视图；（b）俯视图；（c）侧视图；（d）后视图

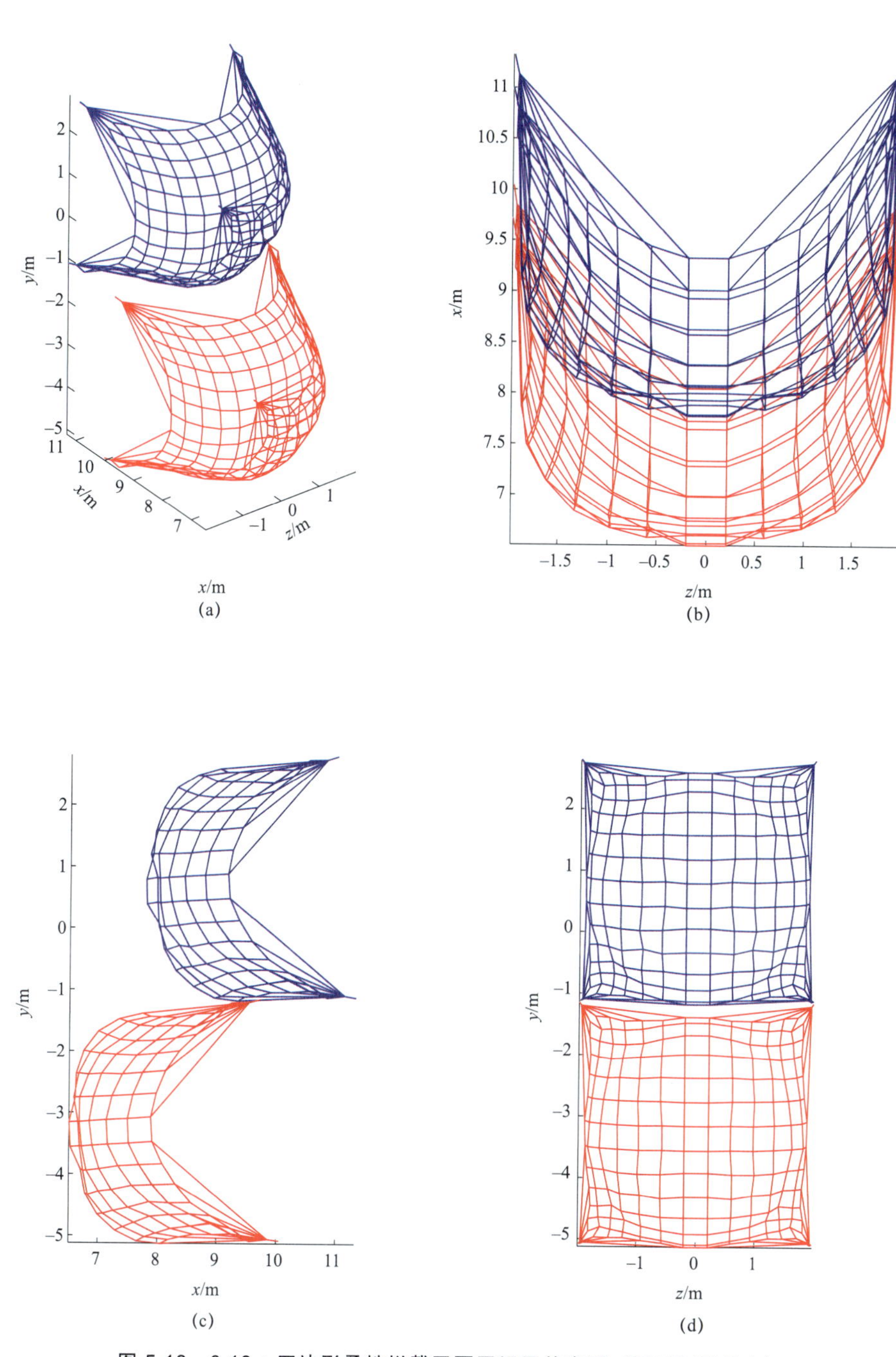

图 5.18　0.19 s 四边形柔性拦截网两网组网状态图（展开面积最大）
（a）三维视图；（b）俯视图；（c）侧视图；（d）后视图

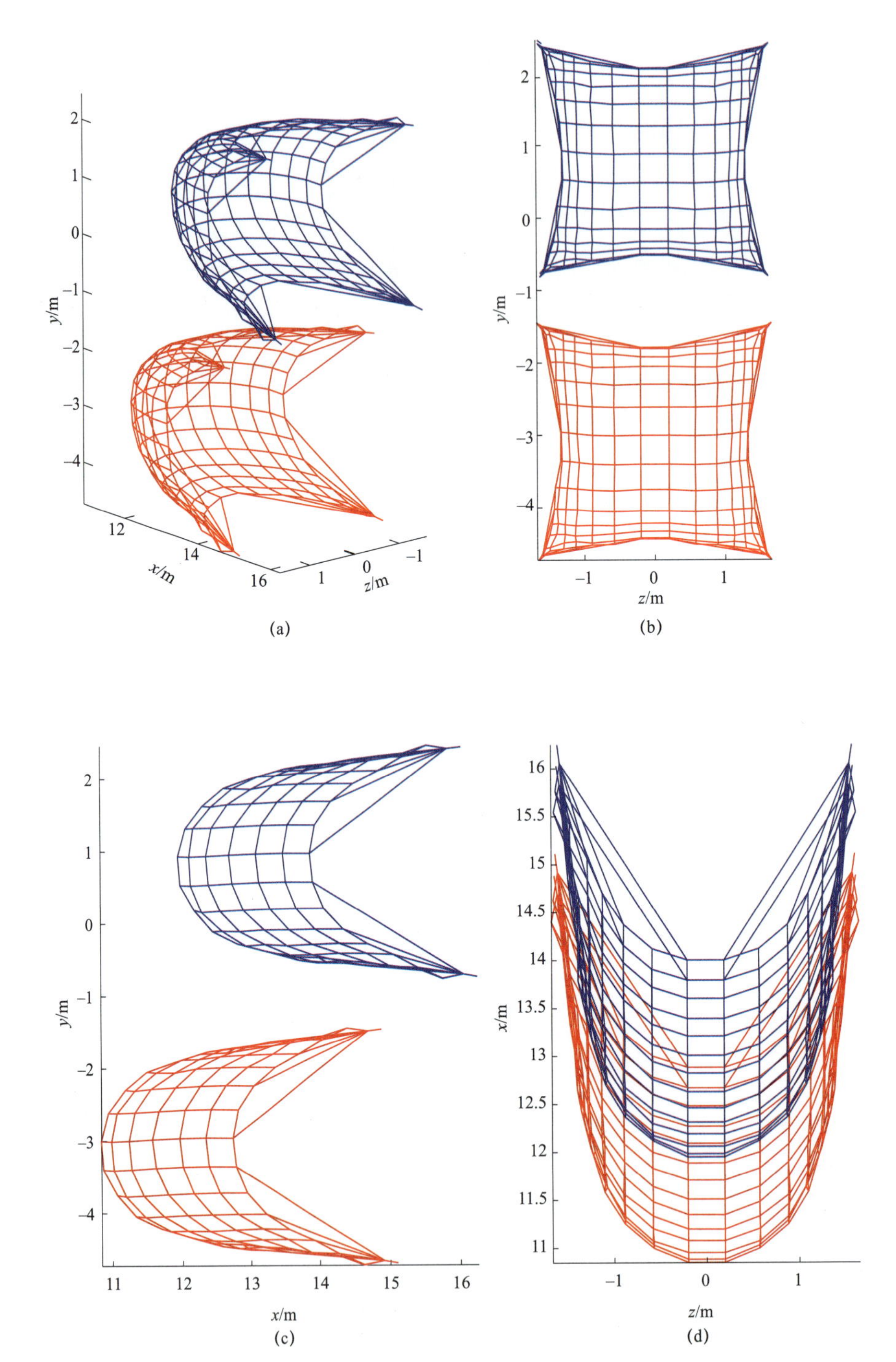

图 5.19　0.4 s 四边形柔性拦截网两网联合组网状态图

（a）三维视图；（b）后视图；（c）侧视图；（d）俯视图

四边形柔性拦截网联合组网面积情况，相较于图 5.18 可以看出，联合组网面积明显地减小了，且两张网很明显分开了。图 5.20 是 0 ~ 1 s 内两张四边形柔性拦截网联合组网面积的动态变化情况。

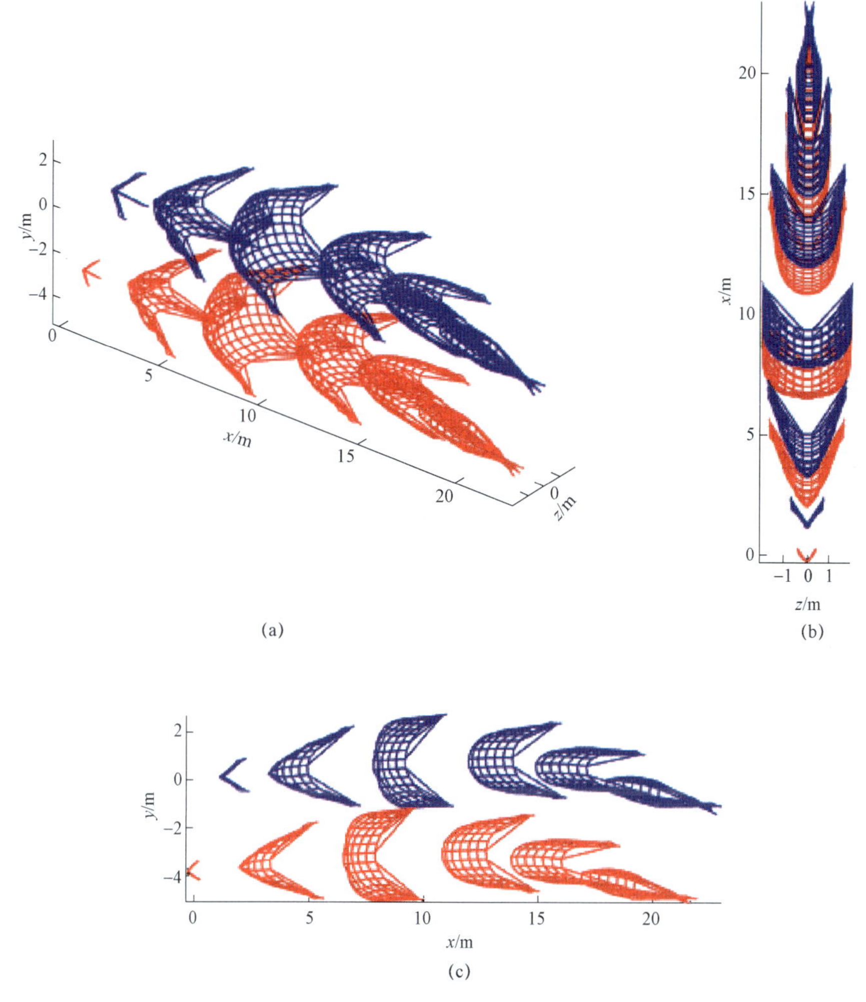

图 5.20　0～1 s 四边形柔性拦截网两网联合组网状态图

（a）三维视图；（b）俯视图；（c）侧视图

5.4.2　六边形柔性拦截网两网联合组网

六边形网两网组合发射的概念与四边形网类似，其目的仍是通过合理设计发射时序、发射参数，同时保证两张网既在运动过程不发生干涉，又在目标飞行方向上形成连续的拦截面。六边形网的优化设计参数与四边形网在形式上相

同，即设计变量为

$$X=[\theta_1 \quad v_1 \quad \theta_2 \quad v_2 \quad x_r \quad y_r \quad z_r \quad \Delta t] \tag{5.11}$$

式中，θ_1 为第一发网弹道倾角；v_1 为第一发网弹射速度；θ_2 为第二发网弹道倾角；v_2 为第二发网弹射速度，x_r 为面向弹头飞行方向的左右偏移距离，左偏为正；y_r 为上下偏移量，上偏为正；z_r 为前后偏移量，向前为正；Δt 为第一发网和第二发网发射的延迟时间。

变量 X 满足上界和下界的边界约束条件

$$L_b \leqslant X \leqslant U_b \tag{5.12}$$

式中，$L_b=[-15 \quad 65 \quad -15 \quad 65 \quad 0 \quad -9.4 \quad -2 \quad 0.01]$，$U_b=[20 \quad 85 \quad 20 \quad 85 \quad 8.23 \quad 9.4 \quad 0 \quad 0.5]$。

柔性拦截网的发射延迟时间是依据其有效拦截面积降至其最大开网面积约 50%的时间确定，纵向距离偏差根据工程实际确定。优化计算程序计算出多个局部最优参数配置，如表 5.3 所示。其中 S_{opt} 为两网组合达到的最大面积，t_{Smax} 为展开时间（从发射至展开至最大面积的时间）。可以看出表中大部分解都收敛到单发最优的情况，即弹道倾角为 0°，弹射速度为 85 m/s。优化过程中，计算程序会尽量寻找保证两张网不相互碰撞同时拦截缝隙尽量小的参数设置。

表 5.3　六边形柔性拦截网两网联合组网优化解

θ_1/(°)	v_1/(m·s^{-1})	θ_2/(°)	v_2/(m·s^{-1})	Δx/m	Δy/m	Δz/m	Δt/s	S_{opt}/m^2	t_{Smax}/s
1.06	85.00	−0.01	85.00	0.01	−7.96	−1.98	0.04	101.45	0.18
−2.57	85.00	0.05	85.00	0	8.45	−1.64	0.01	102.51	0.16
4.74	85.00	0	85.00	0	−7.08	−2.00	0.04	101.49	0.18
4.78	85.00	0	85.00	0	−8.14	−1.72	0.01	102.52	0.16
3.24	85.00	0	85.00	0.02	−7.44	−1.97	0.04	101.48	0.18
4.94	85.00	−2.26	85.00	0	−7.76	−1.08	0.01	102.49	0.16
4.94	85.00	0	85.00	0	−7.68	−1.95	0.03	101.84	0.18
2.88	85.00	0	85.00	0	−7.97	−1.97	0.03	101.85	0.18
3.78	85.00	0	85.00	0.01	−8.30	−0.19	0.01	102.52	0.16
0	85.00	0	85.00	7.23	0	−1.89	0.03	102.03	0.18
7.91	85.00	−0.18	85.00	0	−7.60	−0.26	0.01	102.29	0.16
0	85.00	0	85.00	7.718	0	−0.25	0.01	102.23	0.16
4.67	85.00	0	85.00	0	−7.17	−1.91	0.04	101.48	0.18

续表

θ_1 /（°）	v_1 /（m·s⁻¹）	θ_2 /（°）	v_2 /（m·s⁻¹）	Δx / m	Δy / m	Δz / m	Δt / s	S_{opt} / m^2	t_{Smax} / s
4.87	85.00	−0.01	85.00	0.01	−7.05	−1.98	0.04	101.49	0.18
0	85.00	0	85.00	7.05	0	−1.99	0.04	101.61	0.18
−0.98	85.00	0.49	85.00	0	7.66	−1.99	0.04	101.47	0.18
5.00	85.00	−4.70	85.00	0.01	−7.39	−0.62	0.01	102.45	0.16
0	85.00	0.49	85.00	0	8.27	−1.95	0.03	101.85	0.18
4.19	85.00	−0.17	85.00	0.01	−8.21	−0.92	0.01	102.52	0.16
4.33	85.00	−0.01	85.00	0	−8.21	−0.64	0.01	102.52	0.16
2.47	85.00	0	85.00	0	−8.51	−0.18	0.01	102.53	0.16

选取 $\boldsymbol{X}=[0\quad 85.00\quad 0\quad 85.00\quad 7.7188\quad 0.0\quad -0.2461\quad 0.0117]$ 作为输入参数，考察在此参数配置下的六边形柔性拦截网面积和网型在地面坐标系下的变化情况，如图 5.21 ~ 图 5.26 所示。其中，图 5.21 为六边形柔性拦截网两网组合开网面积随时间变化曲线图，可见在 0.18 s 左右，联合组网面积达到最大，且联

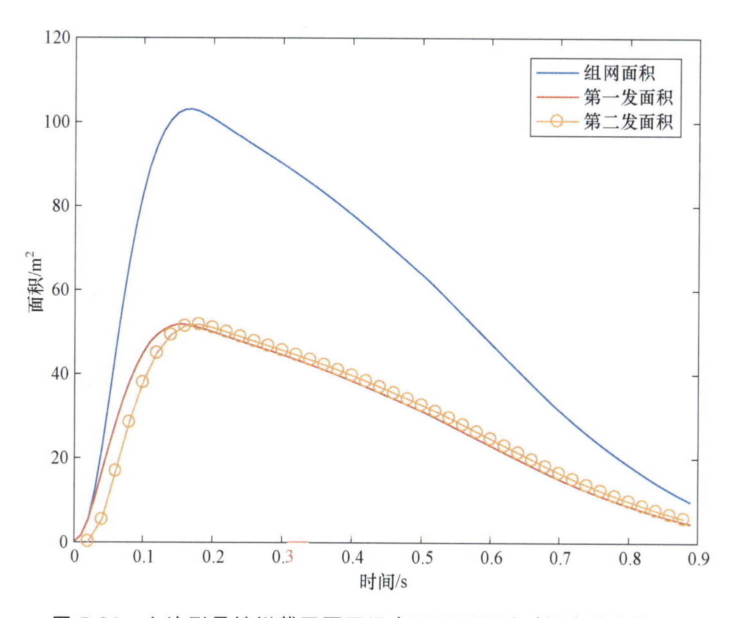

图 5.21　六边形柔性拦截网两网组合开网面积随时间变化曲线图

合组网面积增大的时间显著地短于其减小的时间。图 5.22 是两张六边形柔性拦截网联合组网面积在 0 ~ 0.16 s 过程中的变化情况，蓝色网为第一发，红色网为第二发。图 5.23 是两张六边形柔性拦截网联合组网面积（展开面积）达到最大时的情况，两张网之间存在一定的间隙，不存在相互干扰与叠加现象。图 5.24、图 5.25 分别是 0.4 s 与 0.5 s 时两张六边形柔性拦截网联合组网面积情况，两张网很明显分开了。图 5.26 是 0 ~ 1 s 内两张六边形柔性拦截网联合组网面积的整体变化情况。

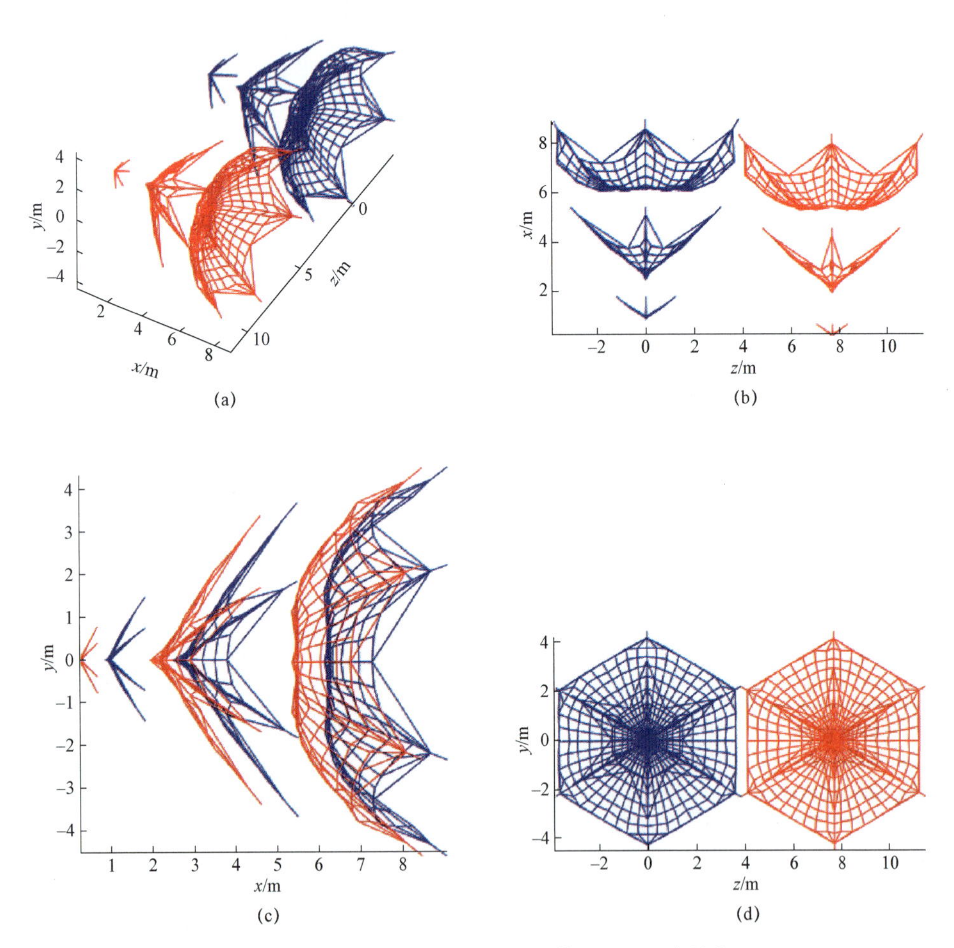

图 5.22　0～0.16 s 六边形柔性拦截网两网组合状态

（a）三维视图；（b）俯视图；（c）侧视图；（d）后视图

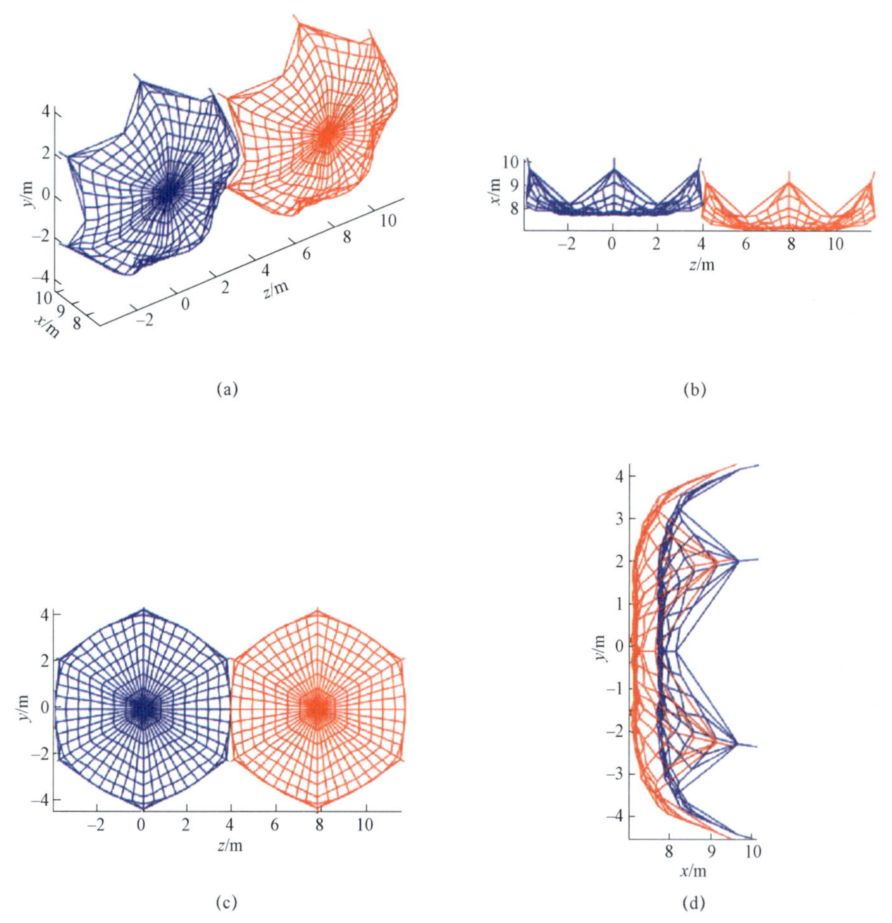

图 5.23　0.18 s 六边形柔性拦截网两网组合达到最大有效拦截面积状态
（a）三维视图；（b）俯视图；（c）后视图；（d）侧视图

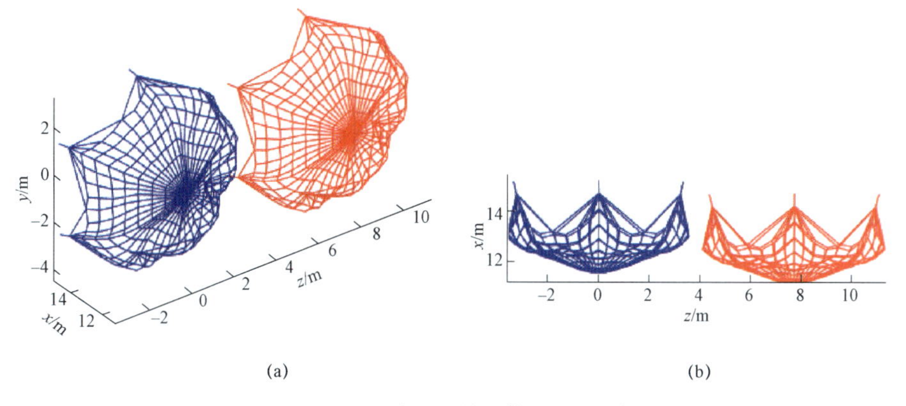

图 5.24　0.4 s 六边形柔性拦截网两网组合状态
（a）三维视图；（b）俯视图

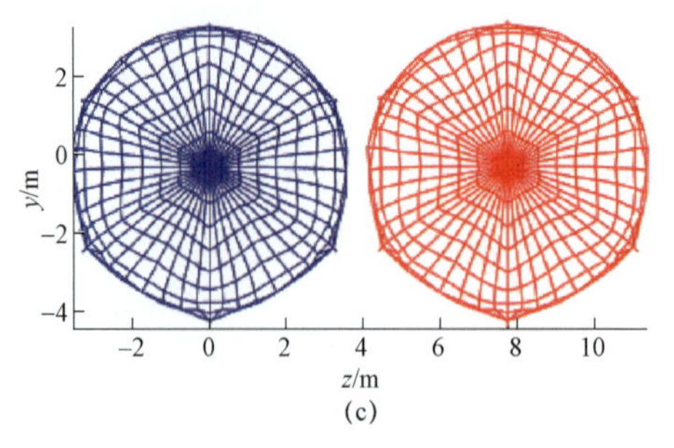

图 5.24　0.4 s 六边形柔性拦截网两网组合状态（续）

（c）后视图

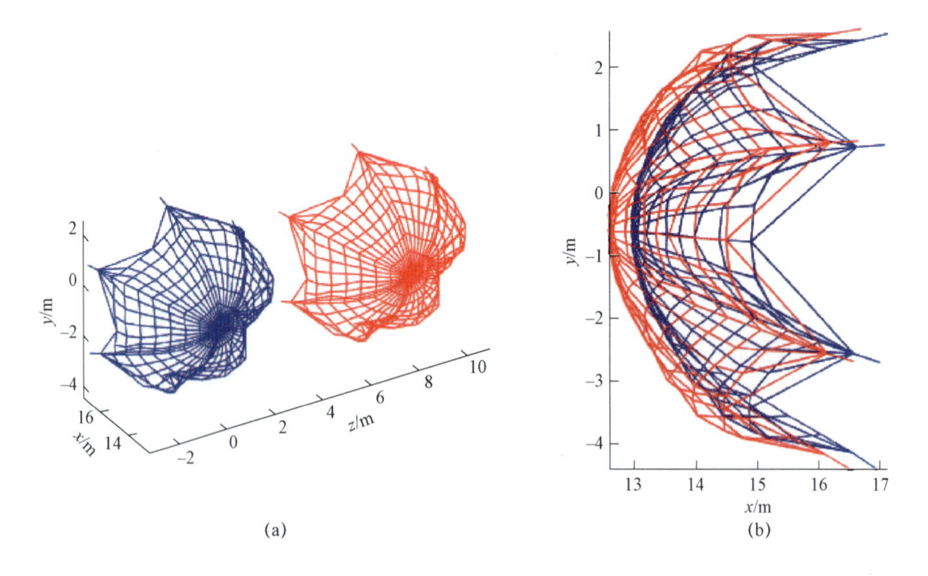

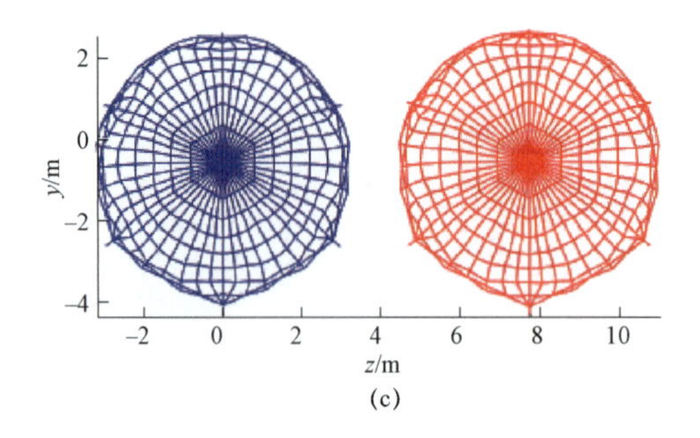

图 5.25　0.5 s 六边形柔性拦截网两网组合状态

（a）三维视图；（b）侧视图；（c）后视图

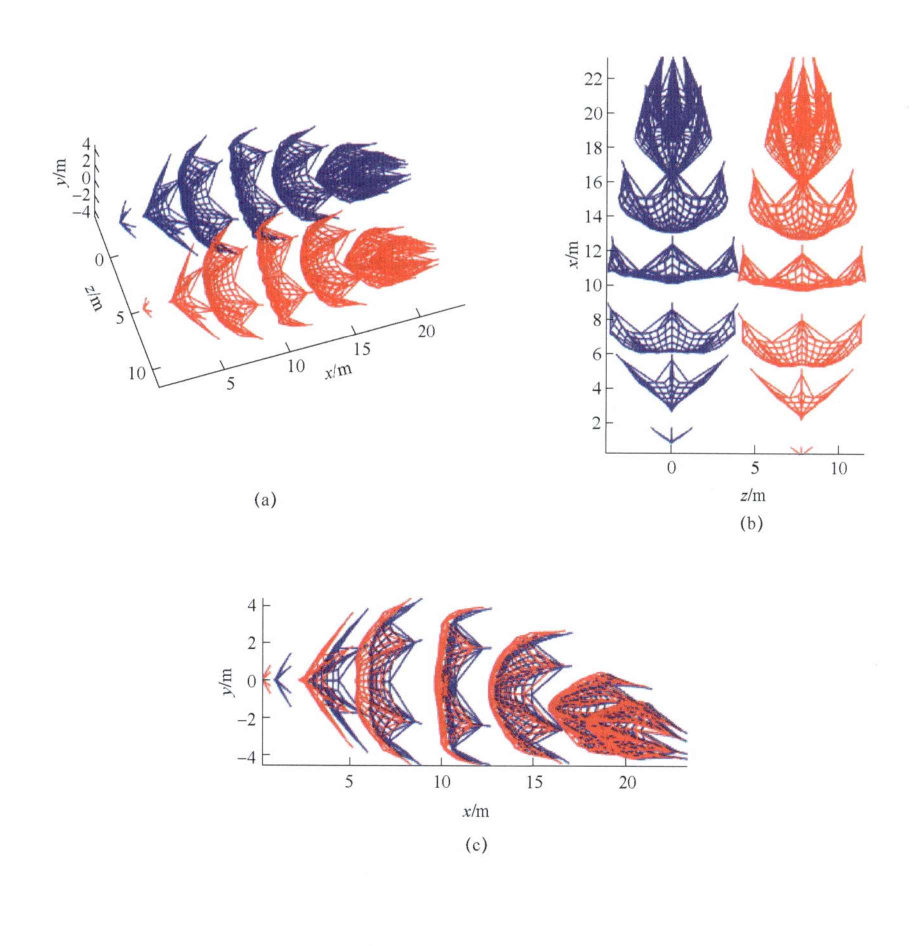

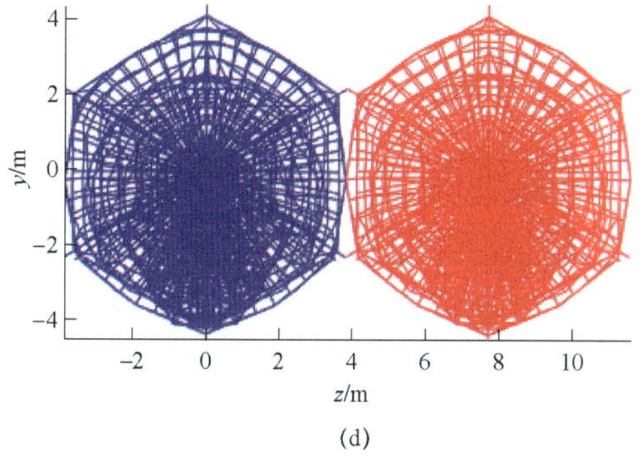

图 5.26　0～1 s 六边形柔性拦截网两网组合状态

（a）侧视图；（b）俯视图；（c）侧视图；（d）后视图

5.5 三柔性拦截网联合组网优化仿真分析

5.5.1 四边形柔性拦截网三网联合组网

四边形柔性拦截网三网组合发射指的是先发射第一发网，然后经过一段时间的延迟再发射第二发网，再经过一定时间的延迟发射第三发网；在整个柔性拦截网的运动过程中满足三张网的质量块运动不会碰撞到任何网面，并且三张柔性拦截网的运动能够在空中形成一个连续的拦截面，组合网面间的间距不会过大而出现较大的空隙。四边形柔性拦截网三网组合发射的优化变量可表示为

$$\boldsymbol{X}=[\theta_1 \quad v_1 \quad \theta_2 \quad v_2 \quad \theta_3 \quad v_3 \quad x_{r1} \quad y_{r1} \quad z_{r1} \quad \Delta t_1 \quad x_{r2} \quad y_{r2} \quad z_{r2} \quad \Delta t_2] \tag{5.13}$$

式中，Δt_1 表示第二发网相对第一发网发射的延迟时间；Δt_2 表示第三发网相对第二发发射的延迟时间；x_{r1}、y_{r1}、z_{r1} 为第二发网相对第一发网的位置偏移量；x_{r2}、y_{r2}、z_{r2} 为第三发网相对第二发网的位置偏移量；其他变量的定义与两网联合组网优化类似。

经过优化的部分优化解如表 5.4 所示。

表 5.4 四边形柔性拦截网三网联合组网优化解

θ_1 / (°)	4.34	1.35	3.97	3.27	1.76	4.96	0.33	3.84	4.54	4.19	3.35
v_1 / (m·s^{-1})	80.00	80.00	80.00	80.00	80.00	80.00	80.00	80.00	80.00	80.00	80.00
θ_2 / (°)	5.00	1.44	4.98	0.49	4.99	5.82	1.98	5.00	5.00	5.00	5.00
v_2 / (m·s^{-1})	80.00	80.00	80.00	80.00	80.00	80.00	80.00	80.00	80.00	80.00	80.00
θ_3 / (°)	5.00	5.00	5.10	5.00	1.72	4.62	5.00	4.67	5.00	5.00	3.68
v_3 / (m·s^{-1})	80.00	80.00	80.00	80.00	80.00	80.00	80.00	80.00	80.00	80.00	80.00
Δx_1 /m	1.31	0.01	0	1.29	0.07	0.03	3.94	3.96	1.32	0	0.04
Δy_1 /m	3.89	3.94	3.92	3.31	−3.37	−3.80	0.26	0.15	3.94	−3.85	−3.65
Δz_1 /m	−0.31	−0.54	−0.95	−0.07	−0.81	−0.12	−0.33	−0.18	−1.43	−1.71	−0.72
Δx_2 /m	3.93	0.01	0.01	3.86	0.03	0.01	1.32	1.32	3.95	0.00	0.02
Δy_2 /m	−0.12	−3.32	−3.91	0.12	3.89	3.74	−3.14	3.94	−0.03	3.92	3.85

续表

Δz_2 /m	−1.01	−0.83	−1.77	−1.92	−0.97	−1.37	−1.57	−1.84	−1.80	−0.74	−1.78
Δt_1 /s	0.04	0.01	0.05	0.04	0.01	0.01	0.01	0.02	0.02	0.02	0.01
Δt_2 /s	0.02	0.01	0.01	0.03	0.01	0.02	0.01	0.02	0.01	0.02	0.03
S_{opt} /m^2	65.31	65.82	65.24	65.13	65.82	65.69	65.83	65.66	65.76	65.65	65.63
t_{Smax} /s	0.21	0.19	0.22	0.22	0.19	0.19	0.19	0.20	0.20	0.20	0.20

选取表 5.4 中第 2 列的发射参数设置输出联合组网面积曲线及网型变化曲线，考察在此参数配置下的四边形柔性拦截网面积和网型在地面坐标系下的变化情况，如图 5.27～图 5.31 所示。其中，图 5.27 是 3 张四边形柔性拦截网联合组网面积随时间变化曲线图，可见在 0.21 s 左右，3 张柔性拦截网面积变化曲线相交，联合组网面积达到最大。图 5.28 是 3 张四边形柔性拦截网联合组网面积在 0～0.20 s 过程中的变化情况，蓝色网为第一发，红色网为第二发，紫色网为第三发。图 5.29 是 3 张四边形柔性拦截网联合组网面积（展开面积）达到最大时的情况，三网两两之间有一定的间隙，无叠加现象。图 5.30 是 0.4 s 时 3 张四边形柔性拦截网联合组网面积情况，网与网之间间距明显增大了，联合组网面积明显地减小了。图 5.31 是 0～1 s 内三张四边形柔性拦截网联合组网面积的整体变化情况。

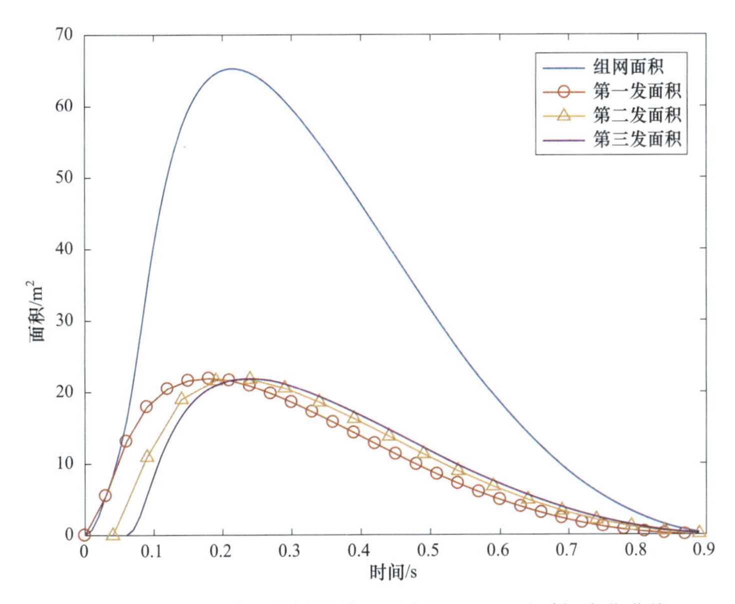

图 5.27　3 张四边形柔性拦截网联合组网面积随时间变化曲线

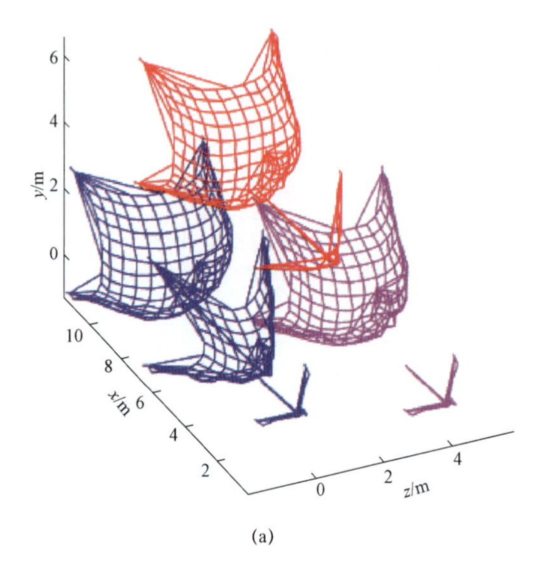

(a)

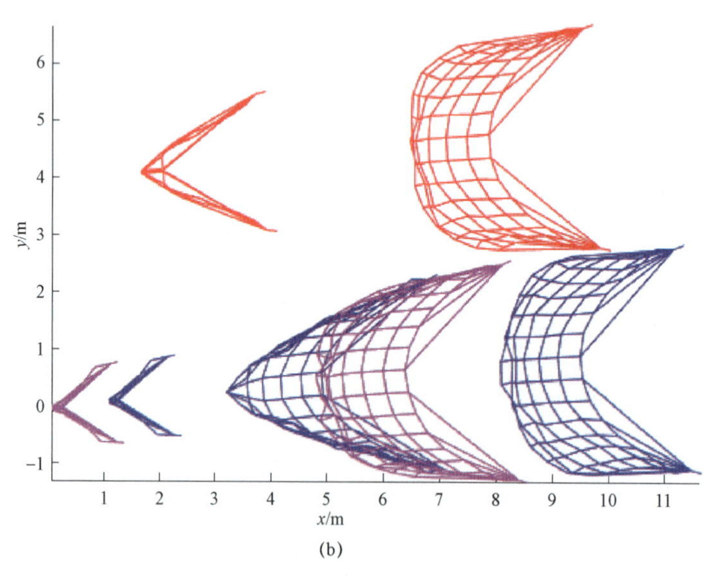

(b)

图 5.28　0～0.20 s 四边形柔性拦截网三网联合组网状态

（a）三维视图；（b）侧视图

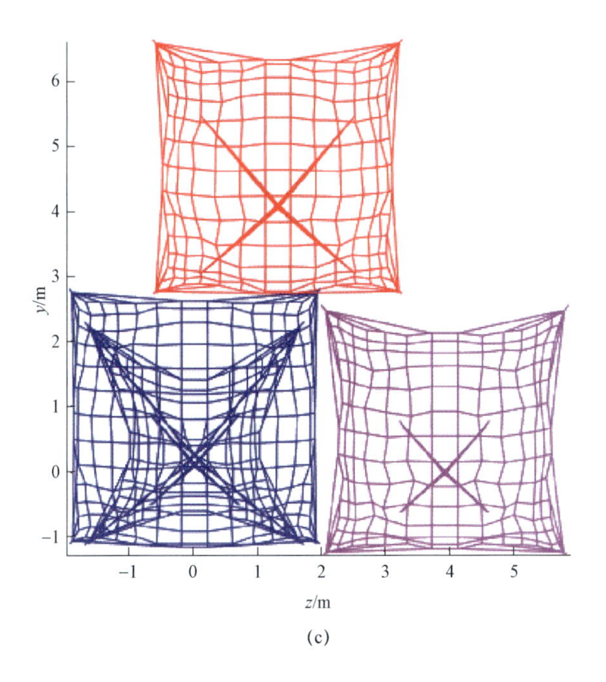

(c)

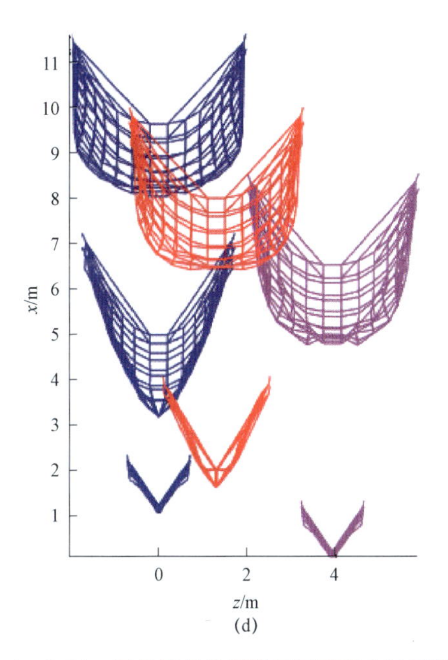

(d)

图 5.28　0～0.20 s 四边形柔性拦截网三网联合组网状态（续）
（c）后视图；（d）俯视图

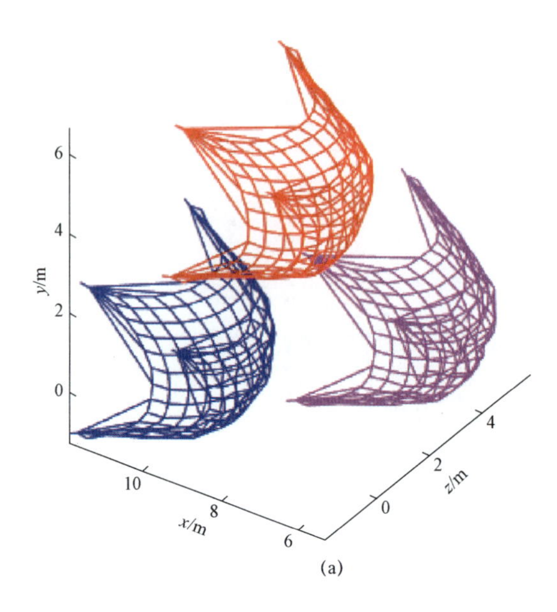

(a)

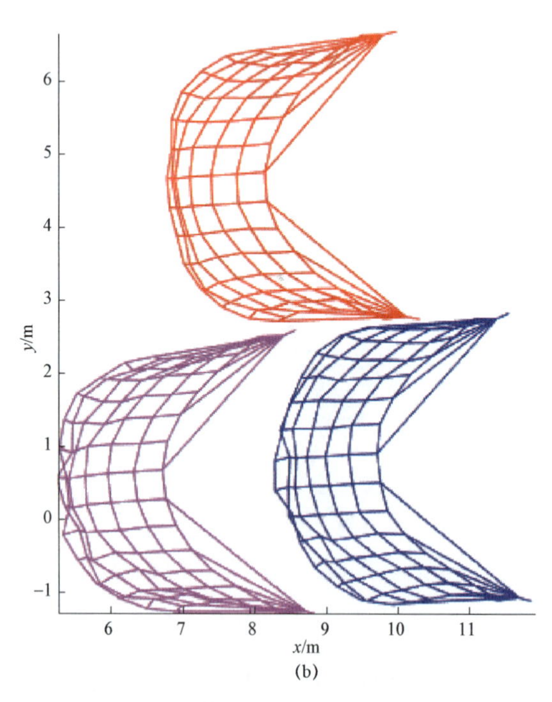

(b)

图 5.29　0.21 s 四边形柔性拦截网三网联合组网状态（最大有效展开面积）

（a）三维视图；（b）侧视图

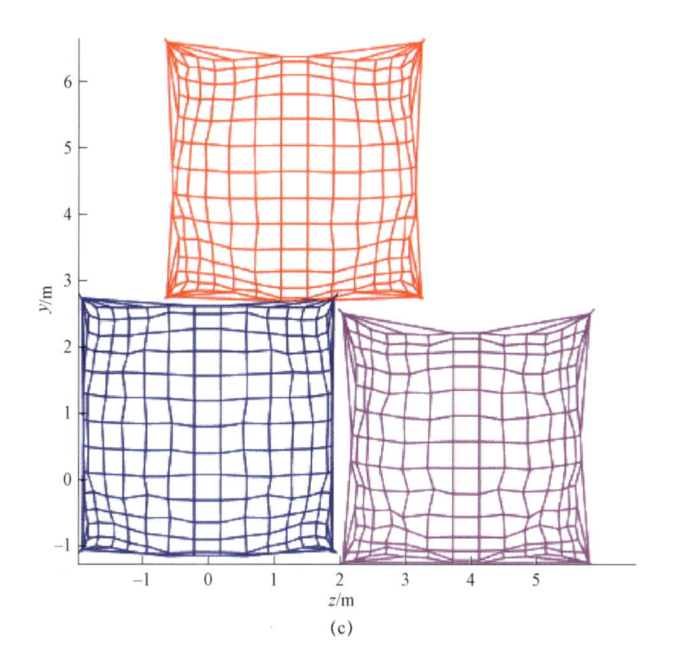

(c)

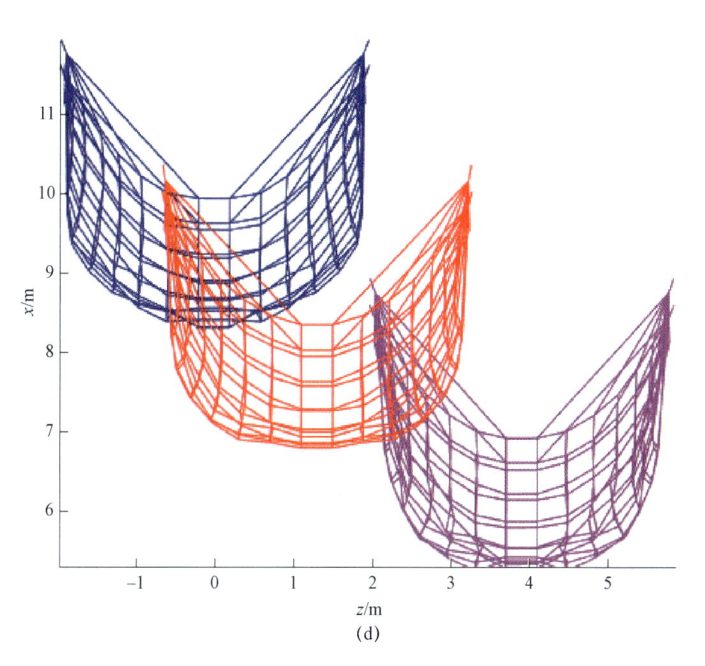

(d)

图 5.29　0.21 s 四边形柔性拦截网三网联合组网状态（最大有效展开面积）（续）

（c）后视图；（d）俯视图

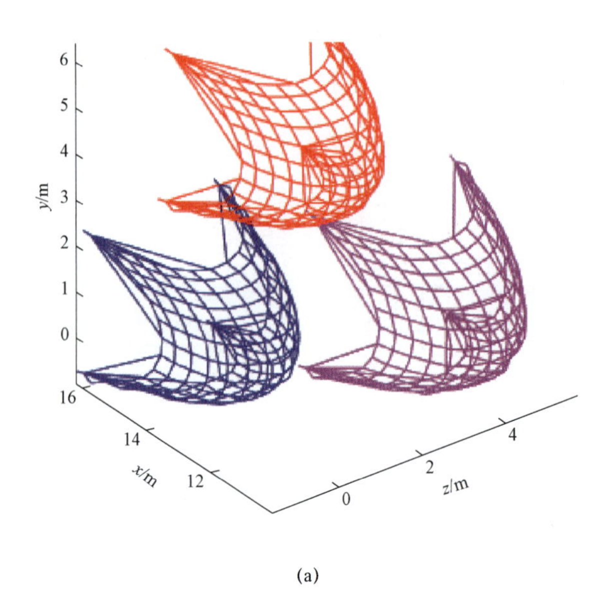

(a)

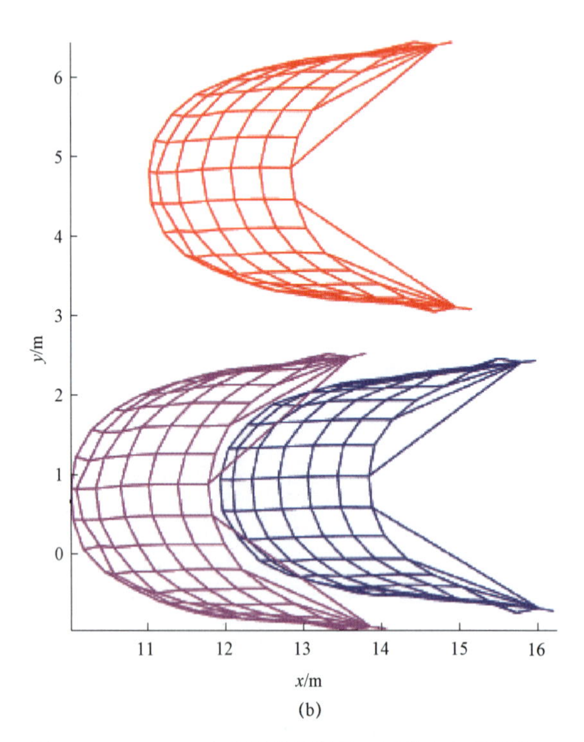

(b)

图 5.30　0.4 s 四边形柔性拦截网三网联合组网状态

（a）三维视图；（b）侧视图

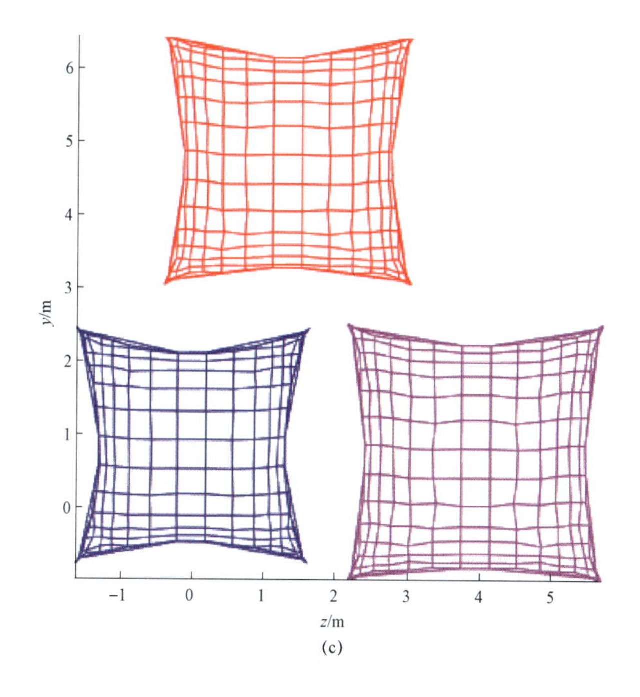

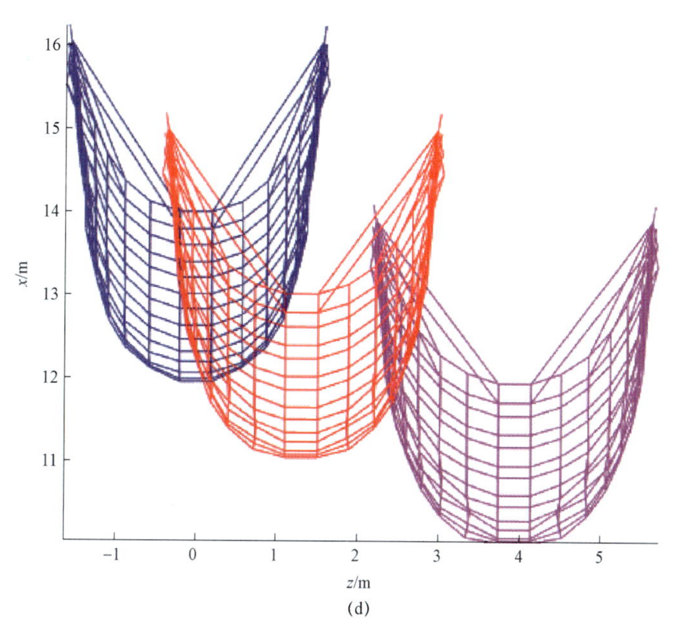

图 5.30　0.4 s 四边形柔性拦截网三网联合组网状态（续）
（c）后视图；（d）俯视图

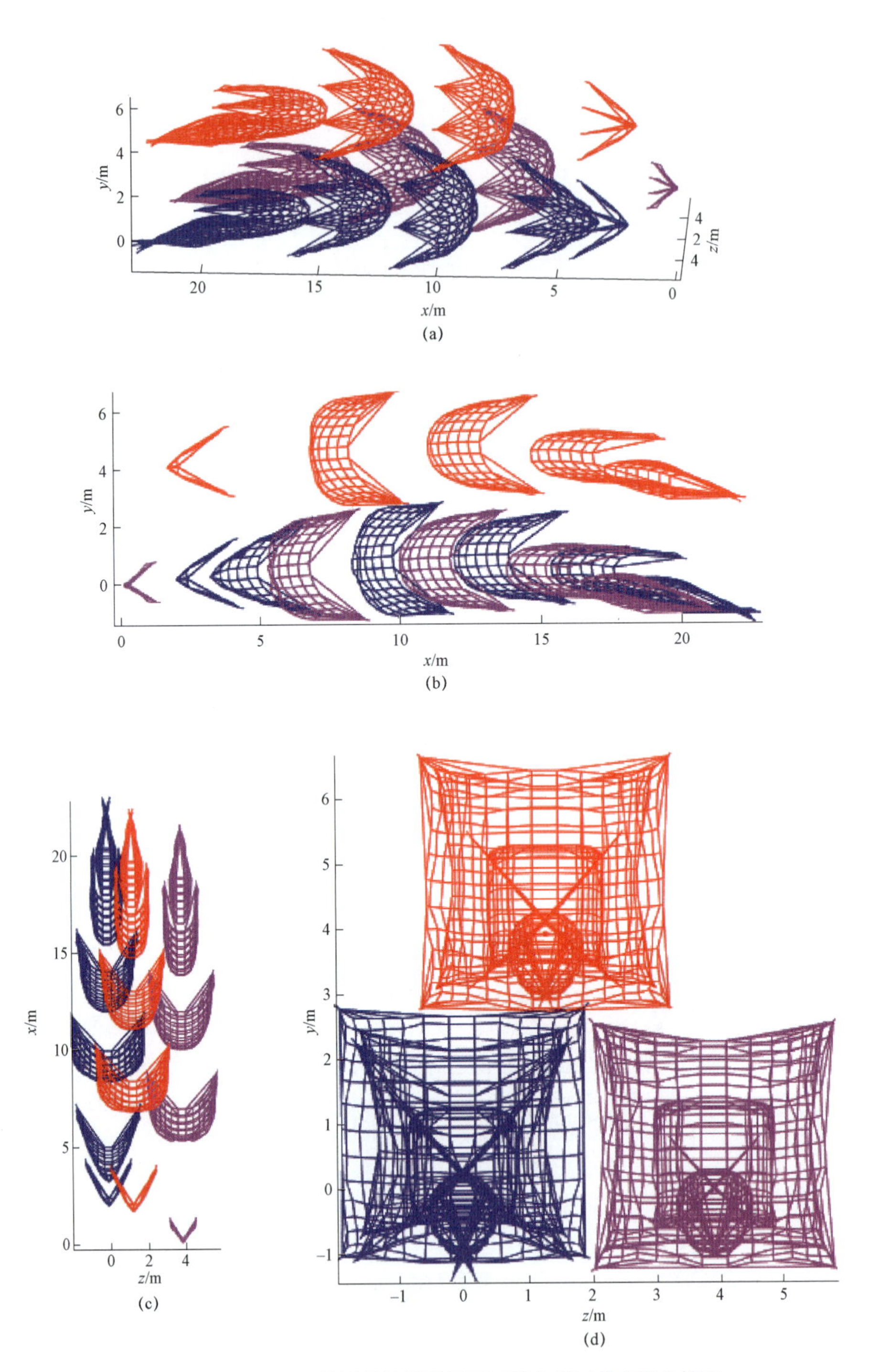

图 5.31　0～1 s 四边形柔性拦截网三网联合组网状态变化情况

（a）三维视图；（b）侧视图；（c）俯视图；（d）后视图

5.5.2　六边形柔性拦截网三网联合组网

六边形柔性拦截网三网联合组网的发射方式与四边形柔性拦截网三网联合组网的发射方式类似，二者的优化参数也是类似的，其部分优化解如表 5.5 所示。

表 5.5　六边形柔性拦截网三网联合组网优化解

θ_1 / (°)	4.65	0	0	−0.55	0	0	−0.52	0.01	0	0	2.06
v_1 / (m·s^{-1})	85.00	85.00	85.00	85.00	85.00	85.00	85.00	85.00	85.00	85.00	85.00
θ_2 / (°)	0	3.64	0	2.94	2.68	0.01	0	0.08	0.01	0	−1.03
v_2 / (m·s^{-1})	85.00	85.00	85.00	85.00	85.00	85.00	85.00	85.00	85.00	85.00	85.00
θ_3 / (°)	−2.95	−0.02	1.37	0.01	−0.02	0	0.02	0.00	−0.43	0.00	1.09
v_3 / (m·s^{-1})	85.00	85.00	85.00	85.00	85.00	85.00	85.00	85.00	85.00	85.00	85.00
Δx_1 /m	7.34	2.06	5.92	3.95	2.52	2.13	6.59	6.11	6.26	7.38	2.37
Δy_1 /m	−2.07	5.81	−3.87	6.92	6.96	6.93	−0.55	3.90	3.80	2.45	−7.79
Δz_1 /m	−1.95	−1.92	−1.90	−1.09	−1.94	−1.96	−1.96	−1.87	−1.96	−1.97	−1.65
Δx_2 /m	0.28	6.18	7.03	7.68	7.54	6.41	2.20	6.63	7.12	0.37	7.11
Δy_2 /m	−6.20	−1.31	3.05	−0.09	0.03	−1.11	7.76	−3.45	−3.28	7.36	0.76
Δz_2 /m	−1.35	−1.72	−0.07	−1.92	−0.06	−1.79	−0.91	−1.02	−0.42	−1.33	−1.95
Δt_1 /s	0.11	0.13	0.14	0.02	0.08	0.11	0.09	0.13	0.11	0.11	0.04
Δt_2 /s	0.01	0.01	0.01	0.01	0.01	0.01	0.01	0.01	0.01	0.01	0.01
S_{opt} /m^2	148.4	147.5	146.9	152.8	150.0	148.6	149.5	147.5	148.5	148.5	152.0
t_{Smax} /s	0.26	0.28	0.29	0.18	0.23	0.26	0.24	0.28	0.26	0.26	0.19

从表 5.5 可以看出三网优化解的弹道倾角均收敛到 0°，弹射速度均收敛到 85 m/s。选取所有解中展开面积最大的参数布置输出其面积和网型变化过程，即第一发网弹道倾角 −0.55°，第一发网弹射速度 85 m/s，第二发网弹道倾角 2.94°，第二发网弹射速度 85 m/s，第三发网弹道倾角 0.01°，第三发网弹射速度 85 m/s，第二发网相对第一发网的偏移量（Δx_1，Δy_1，Δz_1）为（3.95 m，6.92 m，−1.09 m），第二发网相对第一发网的发射延迟时间为 0.02 s，第三发

弹相对第一发网的位置偏移量(Δx_2 , Δy_2 , Δz_2)为(7.68 m, −0.09 m, −1.92 m),第三发网相对第二发网的延迟时间为 0.01 s，三网组合展开最大面积为 152.8 m^2，达到最大开网面积的时间为 0.18 s。该参数布置下，3 张六边形柔性拦截网联合组网面积随时间变化如图 5.32 所示。

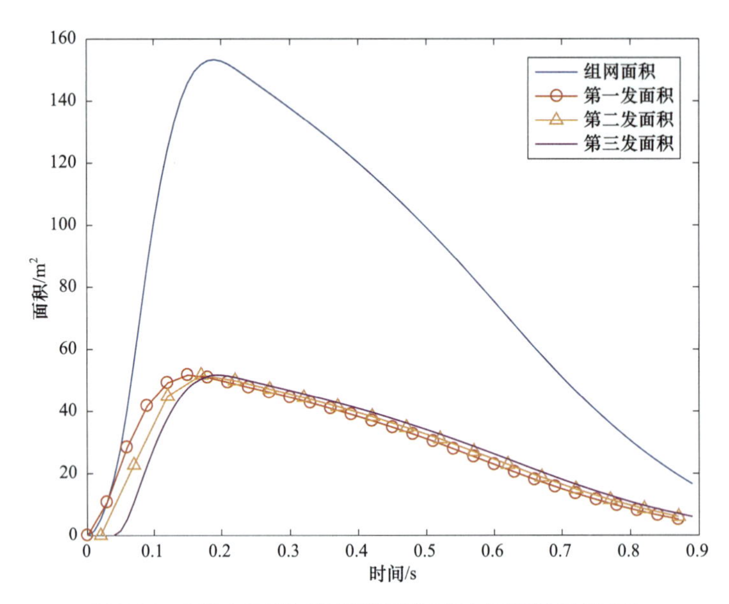

图 5.32　3 张六边形柔性拦截网联合组网面积随时间变化

由图 5.32 可见，在 0.18 s 左右，3 张六边形柔性拦截网面积变化曲线相交，联合组网面积达到最大；在柔性拦截网联合组网面积达到最大后，其联合组网面积的减小时间相对于其增大时间明显地延长了，在此时间范围内，联合组网还具有一定的目标拦截能力。

在此参数配置下的六边形柔性拦截网面积和网型在地面坐标系下的变化情况如图 5.33～图 5.35 所示。其中，图 5.33 是 3 张四边形柔性拦截网联合组网面积在 0～0.16 s 过程中的变化情况，蓝色网为第一发，红色网为第二发，紫色网为第三发。图 5.34 是 3 张四边形柔性拦截网联合组网面积(展开面积) 达到最大时的情况，三网两两之间有一定的间隙，无叠加现象。图 5.35 是 0～1 s 内 3 张四边形柔性拦截网联合组网面积的整体变化情况。

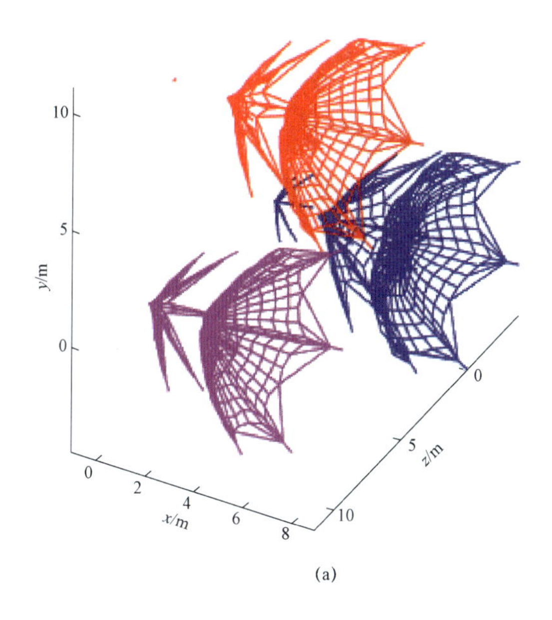

(a)

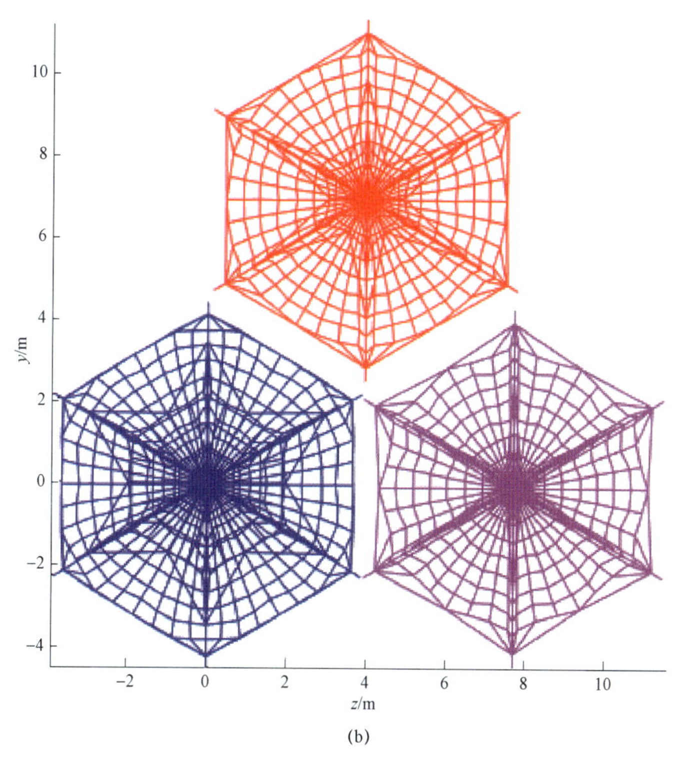

(b)

图 5.33 0～0.16 s 六边形柔性拦截网三网联合组网状态

（a）三维视图；（b）后视图

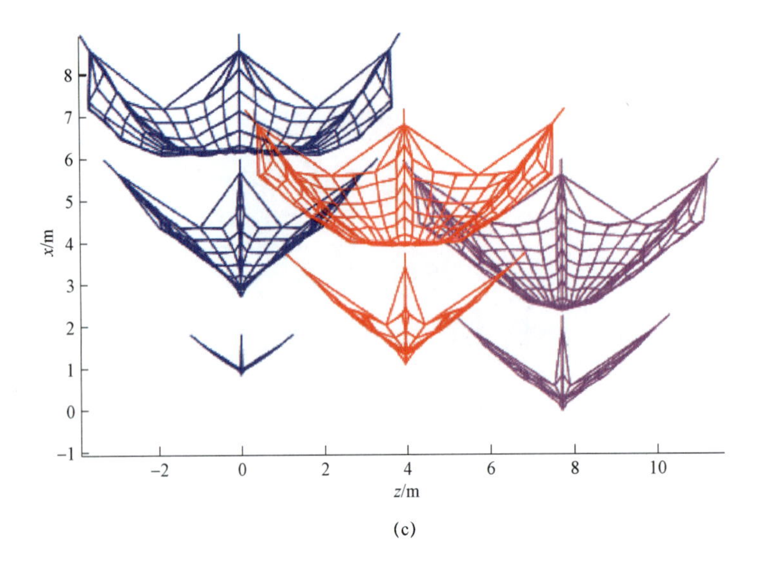

(c)

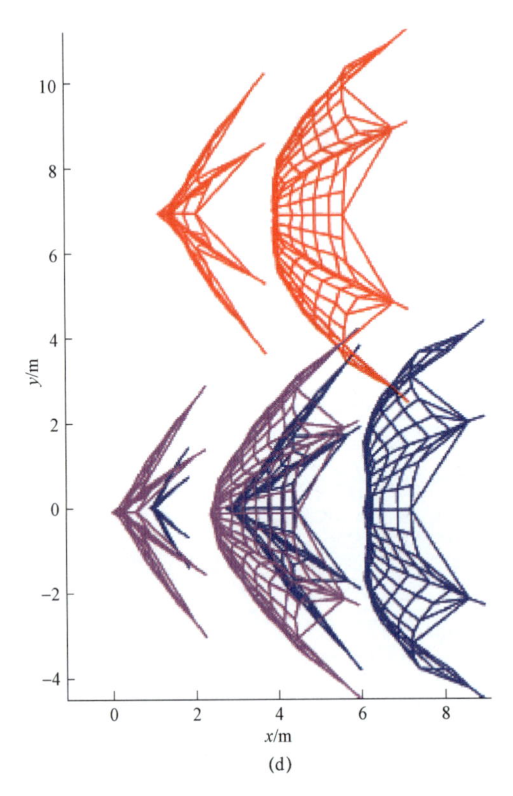

(d)

图 5.33　0～0.16 s 六边形柔性拦截网三网联合组网状态（续）

（c）俯视图；（d）侧视图

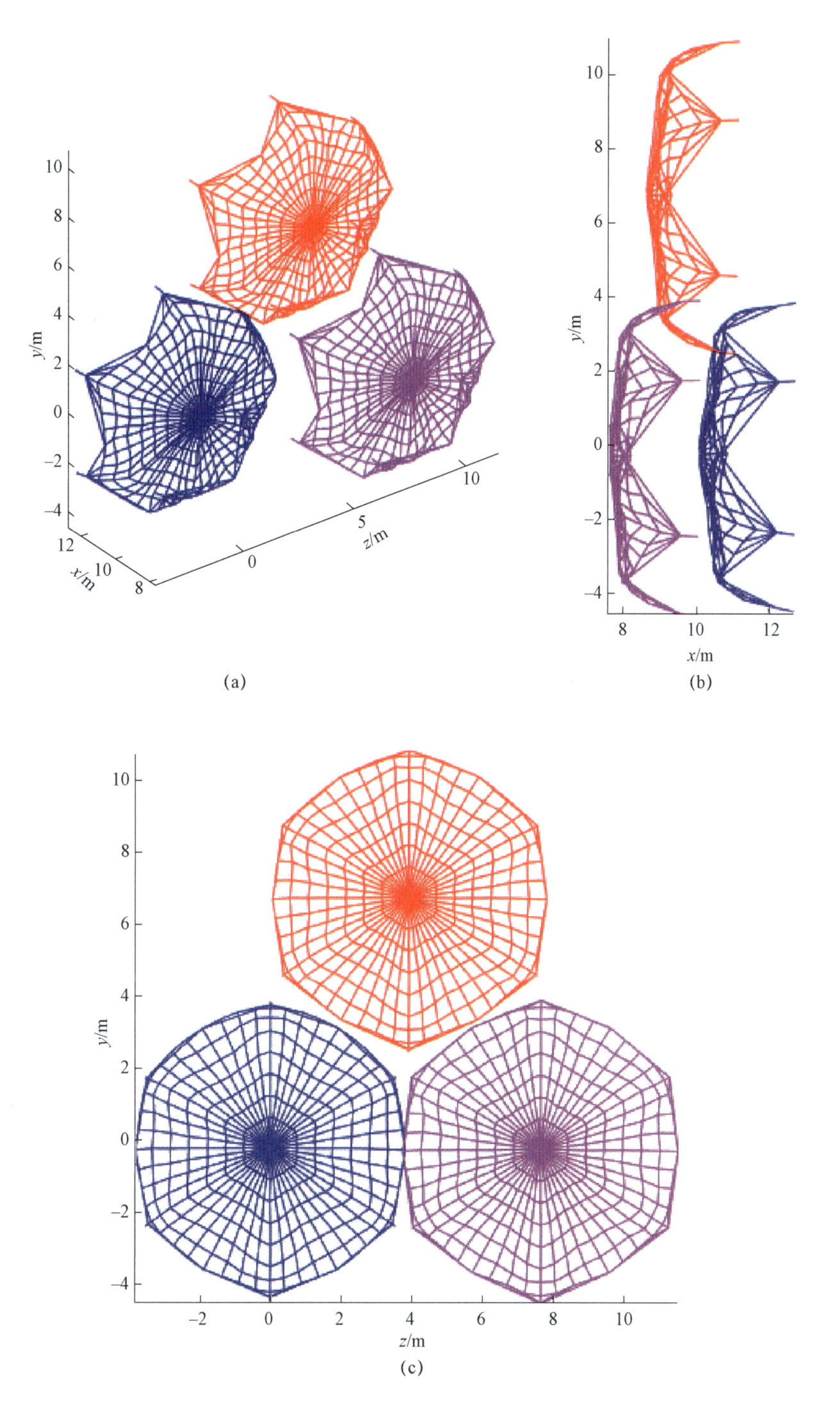

图 5.34　0.18 s 六边形柔性拦截网三网联合组网状态

（a）三维视图；（b）侧视图；（c）后视图

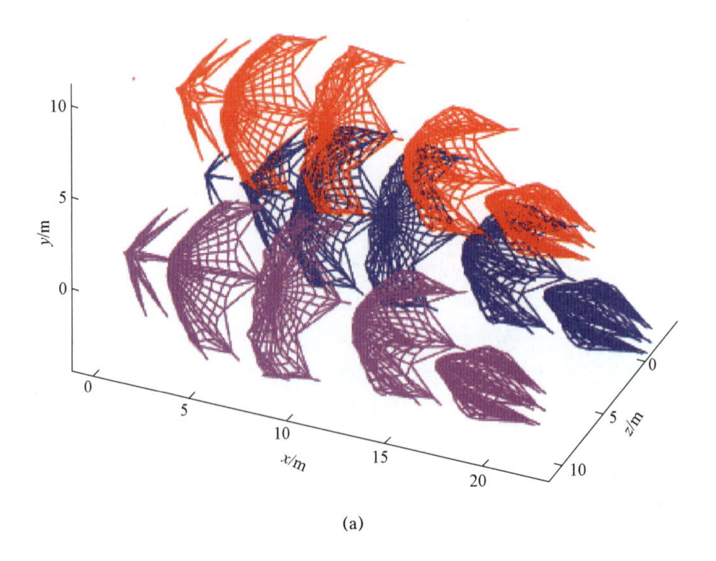

(a)

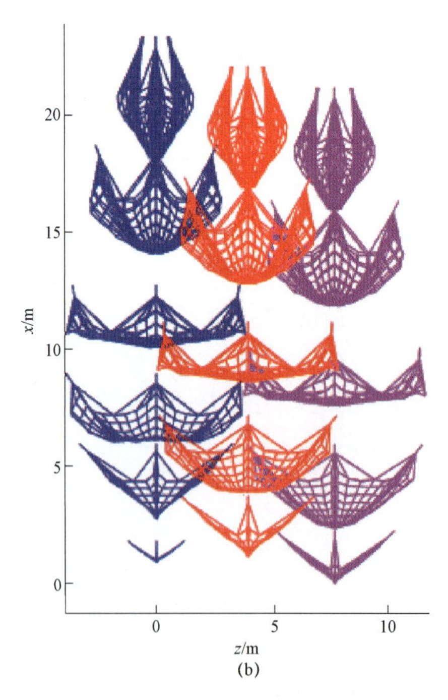

(b)

图 5.35　0～1 s 六边形柔性拦截三网联合组网状态变化

（a）三维视图；（b）俯视图

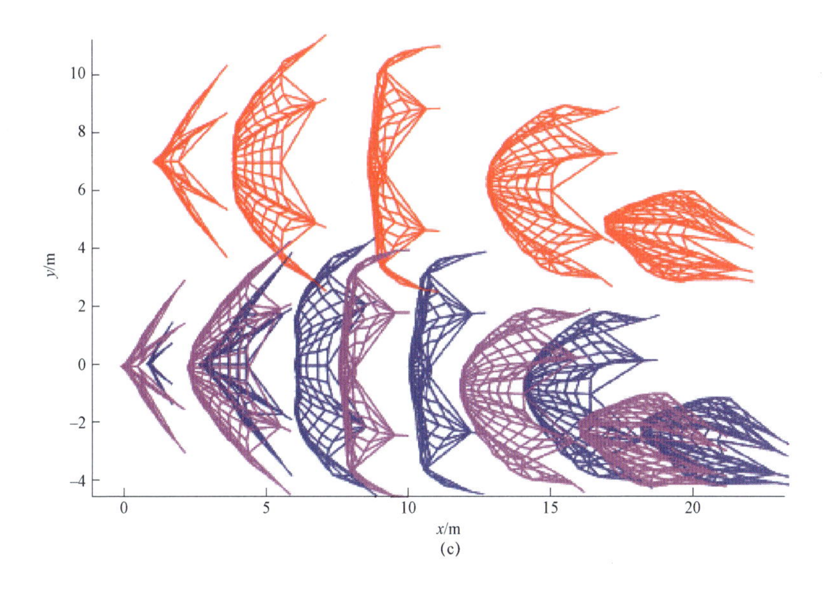

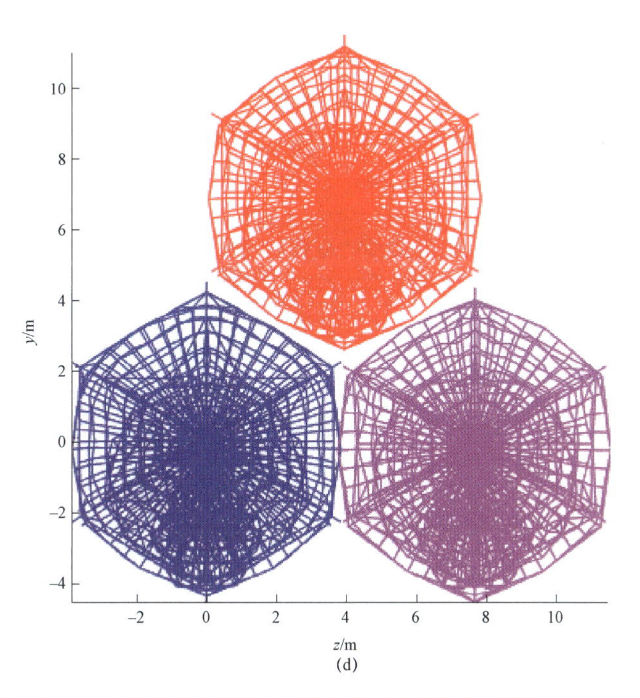

图 5.35　0～1 s 六边形柔性拦截三网联合组网状态变化（续）

（c）侧视图；（d）后视图

5.6 四柔性拦截网联合组网优化仿真分析

5.6.1 四边形柔性拦截网四网联合组网

四边形柔性拦截网四网联合组网的优化变量可表示为

$$\begin{aligned}\boldsymbol{X}=[&\theta_1\quad v_1\quad \theta_2\quad v_2\quad \theta_3\quad v_3\quad \theta_4\quad v_4\\&x_{r1}\quad y_{r1}\quad z_{r1}\quad \Delta t_1\quad x_{r2}\quad y_{r2}\quad z_{r2}\quad \Delta t_2\quad x_{r3}\quad y_{r3}\quad z_{r3}\quad \Delta t_3]\end{aligned} \tag{5.14}$$

式（5.14）中参数含义与三网优化中的参数含义类似，延迟时间均为每发网发射的相对延迟时间，相对发射位置均是其他网相对第一发网的发射位置。四网联合组网优化问题除了考虑每张网不相互碰撞、网与网之间的间隔尽量小等优化约束条件外，还必须结合工程实际。因为在工程实际中，4 张网的分布一般呈规则的矩形区域，因此在本节的仿真中，除了全局寻优外，还针对规则的矩形区域对 4 张网的发射参数布置进行了优化。

四边形柔性拦截网四网联合组网的部分优化参数配置如表 5.6 所示，可见，四张网的发射参数均收敛到单发最优参数配置，即最大的弹射速度 80 m/s 和接近 0° 或 5° 的弹道倾角。

表 5.6 四边形柔性拦截网四网联合组网的部分优化参数配置

θ_1 /（°）	4.82	3.68	4.84	0.00	3.79	4.41	1.86	4.50	4.30	3.02
v_1 /（m·s^{-1}）	80.00	80.00	80.00	80.00	80.00	80.00	80.00	80.00	80.00	80.00
θ_2 /（°）	5.00	0.02	5.00	2.88	0.01	5.00	5.00	5.00	5.00	5.00
v_2 /（m·s^{-1}）	80.00	80.00	80.00	80.00	80.00	80.00	80.00	80.00	80.00	80.00
θ_3 /（°）	5.00	5.00	5.00	5.00	5.00	5.00	2.47	5.00	5.00	5.00
v_3 /（m·s^{-1}）	80.00	80.00	80.00	80.00	80.00	80.00	80.00	80.00	80.00	80.00
θ_4 /（°）	5.00	5.00	5.00	5.00	5.00	5.00	5.00	5.00	5.00	4.20
v_4 /（m·s^{-1}）	80.00	80.00	80.00	80.00	80.00	80.00	80.00	80.00	80.00	80.00
Δx_1 /m	−3.94	2.76	−2.82	3.95	3.64	−3.96	3.91	−2.19	3.96	2.66
Δy_1 /m	3.81	3.88	3.89	3.71	3.66	−3.60	−3.55	3.87	−0.68	−3.73
Δz_1 /m	−0.81	−1.72	−0.93	−0.97	−1.29	−1.99	−0.29	−0.23	−1.43	−0.62
Δx_2 /m	2.29	3.90	3.74	−3.94	3.94	−1.33	1.86	−3.94	−3.30	−2.19

续表

Δy_2 /m	3.76	−3.82	3.79	3.82	−3.65	3.92	3.94	−1.07	3.81	−3.67
Δz_2 /m	−1.00	−1.20	−0.83	−0.74	−0.71	−1.77	−0.75	−1.29	−0.59	−1.13
Δx_3 /m	3.95	−3.48	−3.94	3.94	−3.82	3.20	−3.91	3.95	3.84	−1.37
Δy_3 /m	−2.56	3.94	−2.42	−2.99	3.92	3.78	0.29	1.50	3.84	3.94
Δz_3 /m	−1.88	−0.17	−1.32	−0.31	−1.02	−0.42	−1.92	−1.65	−0.04	−1.63
Δt_1 /s	0.04	0.01	0.03	0.01	0.01	0.03	0.03	0.05	0.04	0.02
Δt_2 /s	0.01	0.01	0.01	0.03	0.04	0.02	0.01	0.01	0.02	0.01
Δt_3 /s	0.01	0.04	0.01	0.01	0.01	0.01	0.02	0.01	0.01	0.03
S_{opt} /m^2	87.27	87.24	87.48	87.38	87.12	87.25	87.30	87.00	87.01	87.34
t_{Smax} /s	0.22	0.21	0.21	0.21	0.21	0.22	0.21	0.23	0.22	0.21

选择表 5.6 中第 2 列的数据作为参数配置，考察在此参数配置下的四边形柔性拦截网面积和网型在地面坐标系下的变化情况，如图 5.36～图 5.39 所示。其中，图 5.36 为四边形柔性拦截网四网联合组网面积随时间变化曲线图，可见在 0.22 s 左右，4 张柔性拦截网面积变化曲线相交，联合组网面积达到最大。图 5.37 是 4 张四边形柔性拦截网联合组网面积在 0～0.21 s 过程中的变化情况，蓝色网为第一发，红色网为第二发，紫色网为第三发，黑色网为第四发。图 5.38 是 4 张四边形柔性拦截网联合组网面积（展开面积）达到最大时的情况。图 5.39 是 0～1 s 内 4 张四边形柔性拦截网联合组网面积的整体变化情况。

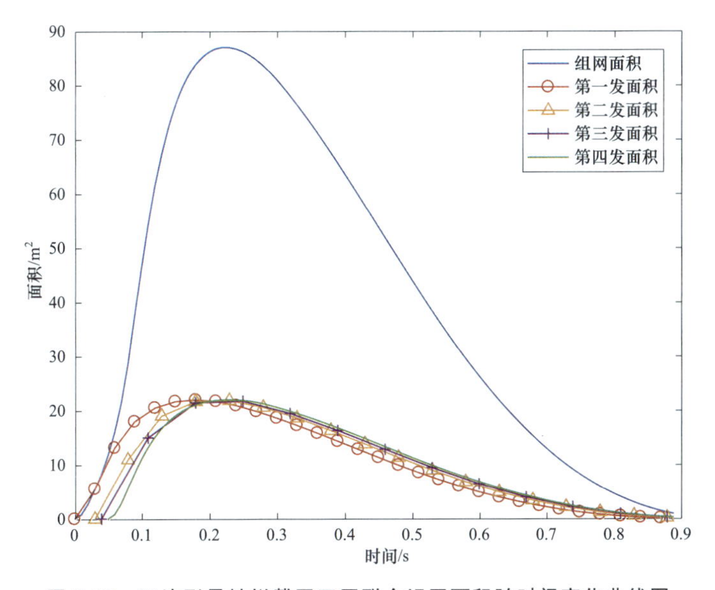

图 5.36　四边形柔性拦截网四网联合组网面积随时间变化曲线图

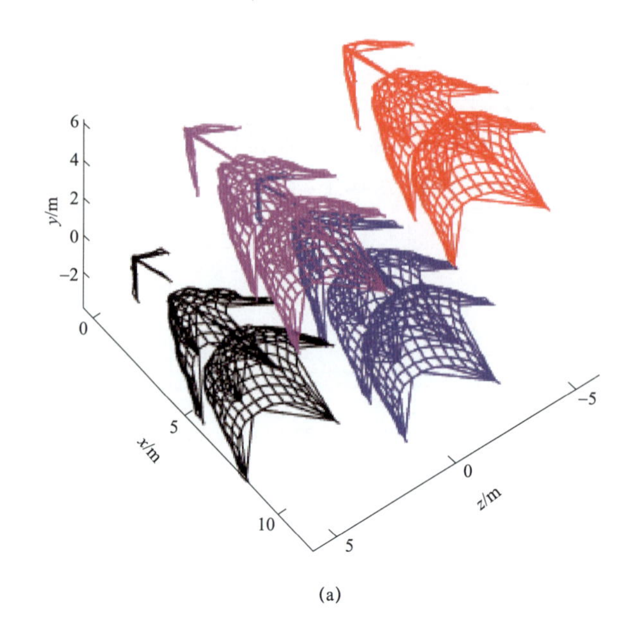

(a)

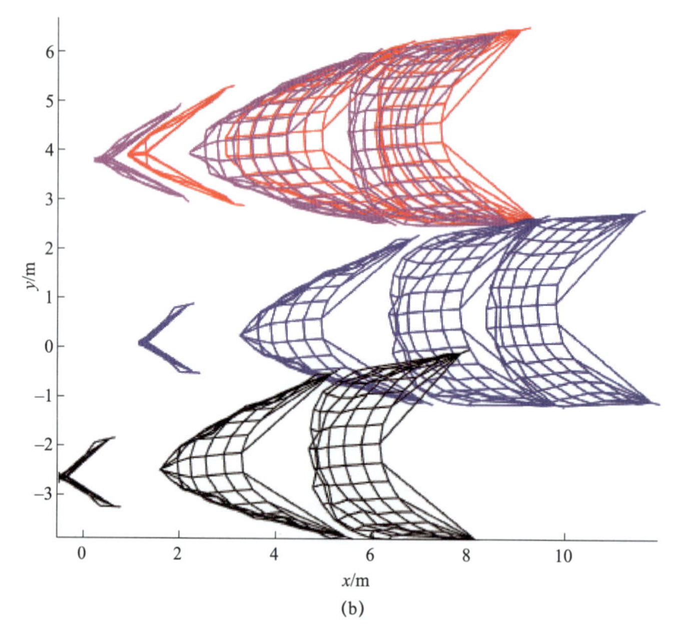

(b)

图 5.37　0～0.21 s 四边形柔性拦截网四网联合组网网型变化图
（a）三维视图；（b）侧视图

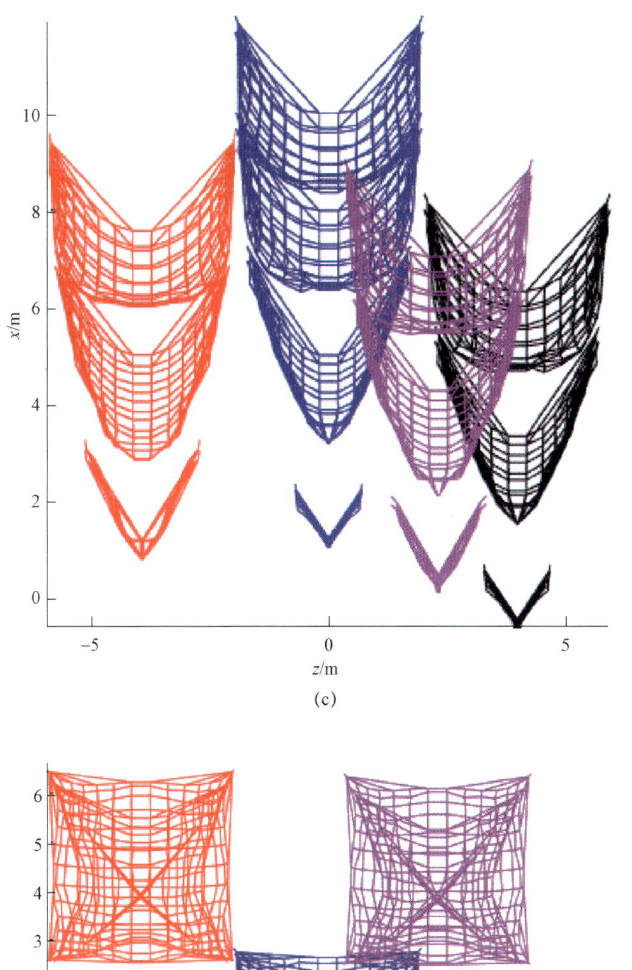

(c)

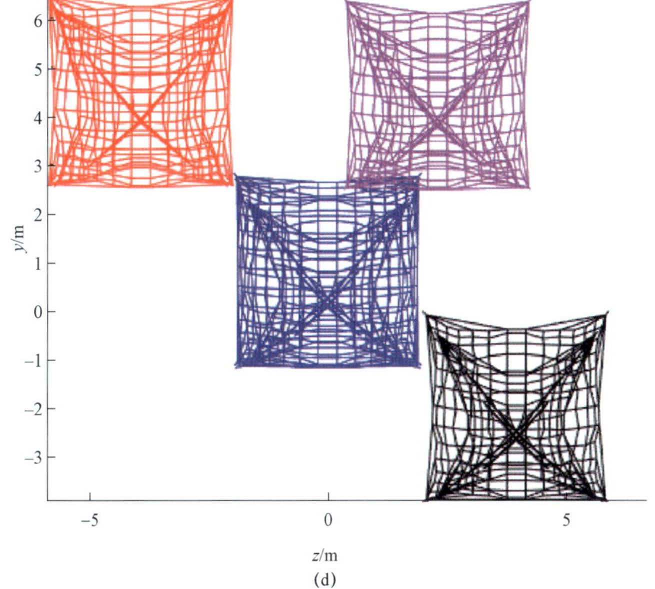

(d)

图 5.37　0～0.21 s 四边形柔性拦截网四网联合组网网型变化图（续）

（c）俯视图；（d）后视图

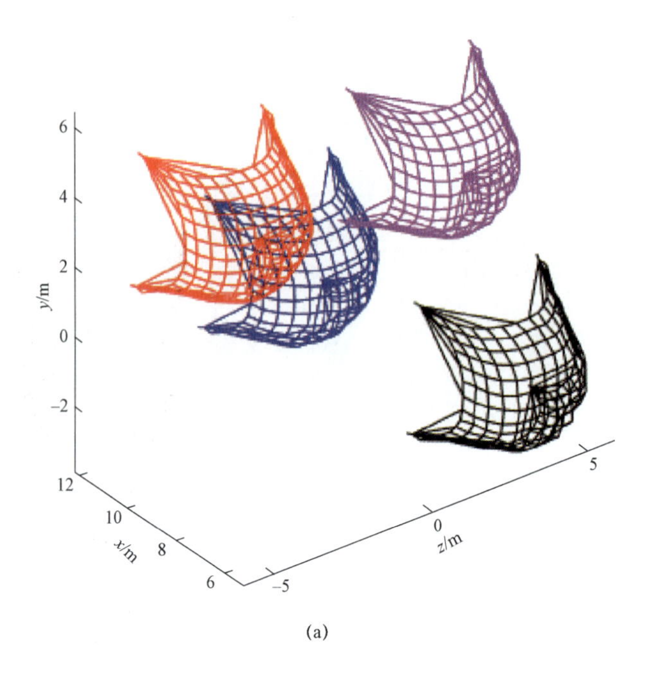

(a)

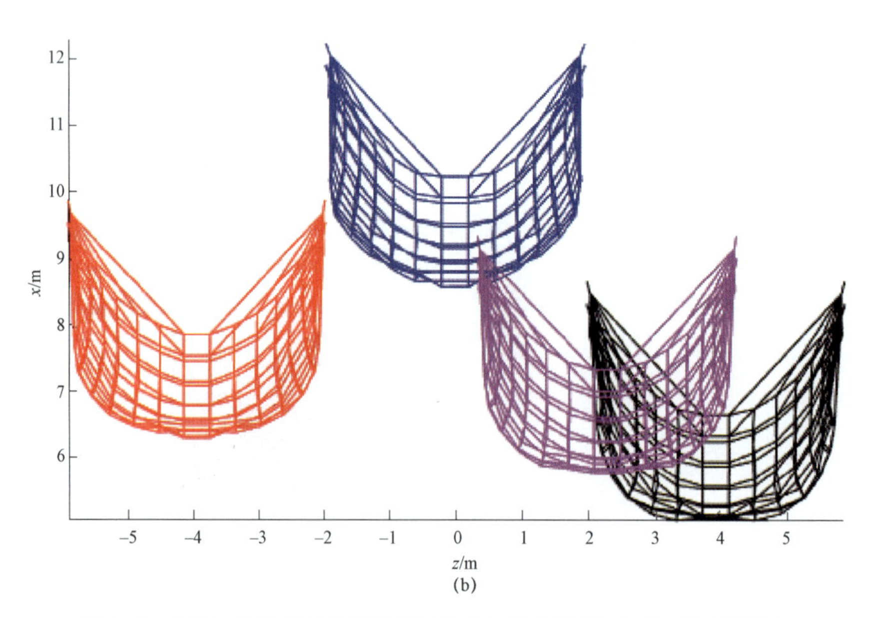

(b)

图 5.38　0.22 s 四边形柔性拦截网四网联合组网网型状态图（最大面积）

（a）三维视图；（b）俯视图

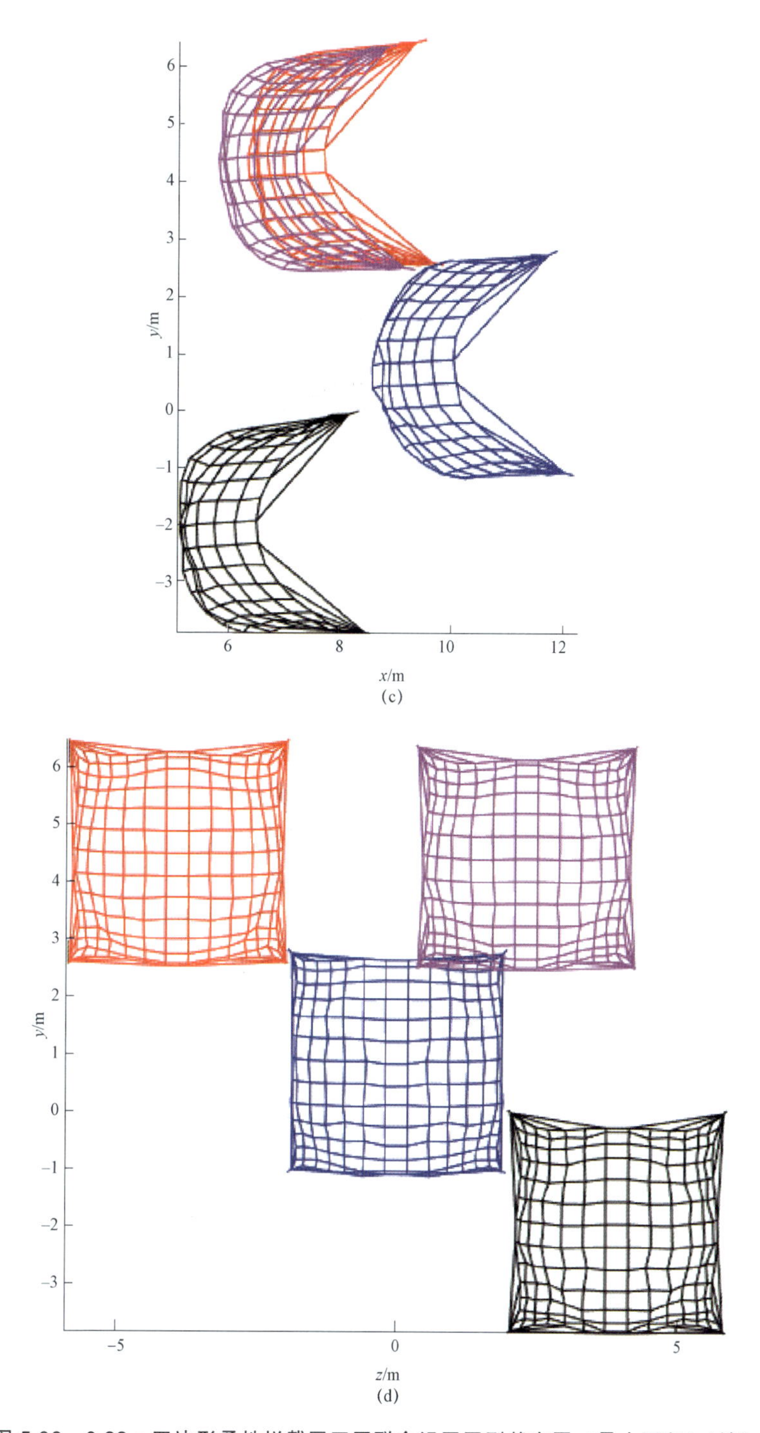

图 5.38　0.22 s 四边形柔性拦截网四网联合组网网型状态图（最大面积）（续）
（c）侧视图；（d）后视图

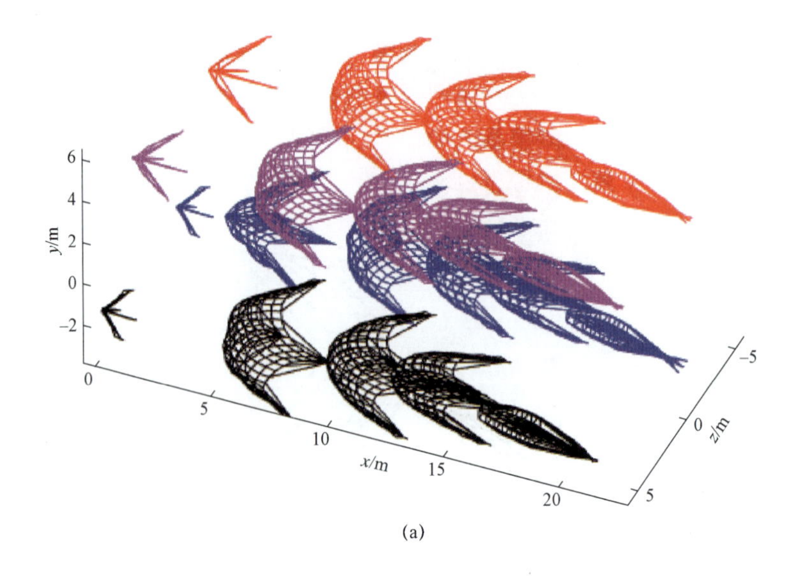

(a)

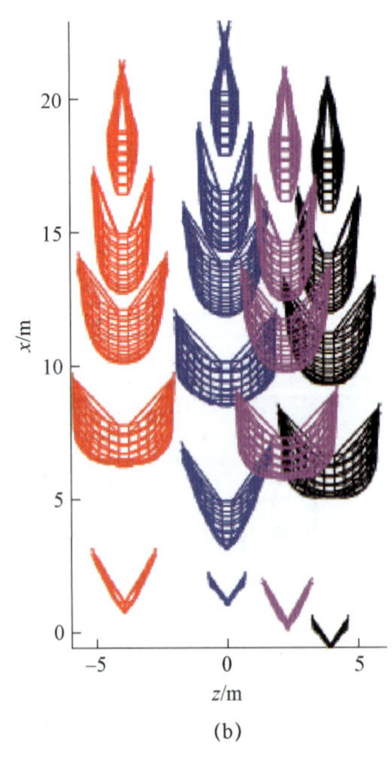

(b)

图 5.39　0～1 s 四边形柔性拦截网四网联合组网网型变化图

（a）三维视图；（b）俯视图

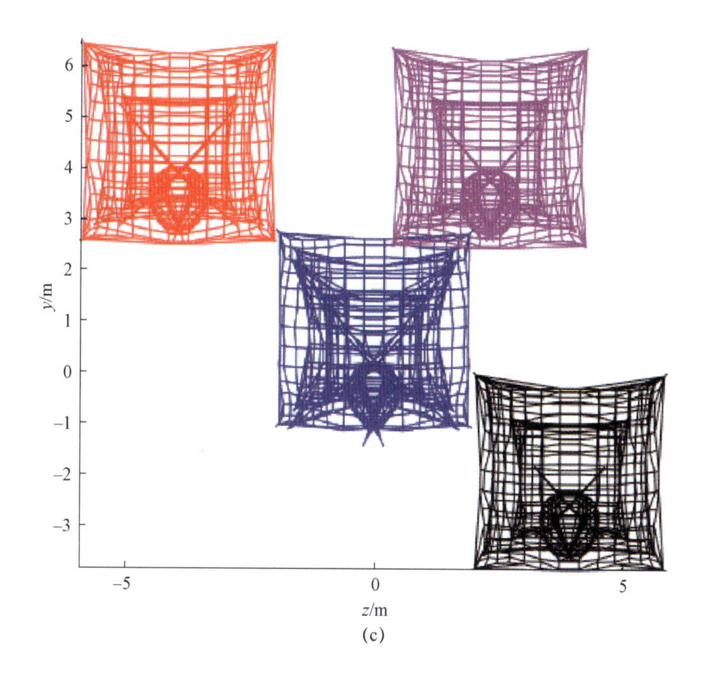

(c)

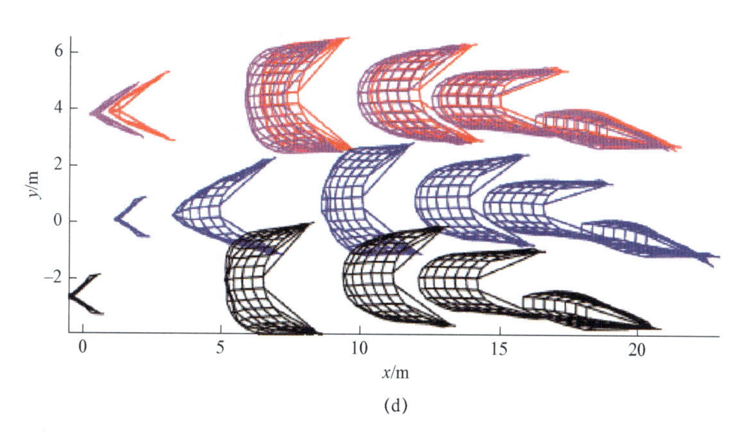

(d)

图 5.39　0～1 s 四边形柔性拦截网四网联合组网网型变化图（续）

（c）后视图；（d）侧视图

考虑到工程实际的组网情况，4 张柔性拦截网一般围成一个规则的矩形区域，因此此处增加了对 4 张柔性拦截网组网区域的限制，以使其围成一个近似矩形区域，计算结果如表 5.7 所示。

表 5.7 添加形状约束后的四边形柔性拦截网联合组网优化解

θ_1 / (°)	3.89	0.02	0.32	0.04	0.48	2.01	2.72	3.67	2.11	2.93
v_1 / (m·s^{-1})	80.00	80.00	80.00	80.00	80.00	80.00	80.00	80.00	80.00	80.00
θ_2 / (°)	4.99	0.71	2.88	5.00	5.00	5.00	5.00	3.83	3.61	3.75
v_2 / (m·s^{-1})	80.00	80.00	80.00	80.00	80.00	80.00	80.00	80.00	80.00	80.00
θ_3 / (°)	4.99	0.43	3.76	5.00	5.00	5.00	1.89	5.00	4.64	4.96
v_3 / (m·s^{-1})	80.00	80.00	80.00	80.00	80.00	80.00	79.72	80.00	80.00	80.00
θ_4 / (°)	4.26	1.11	1.38	0.39	0.61	2.47	3.16	4.51	3.35	4.39
v_4 / (m·s^{-1})	80.00	80.00	80.00	80.00	79.99	80.00	80.00	80.00	80.00	80.00
Δx_1 /m	3.95	3.95	3.95	3.96	3.95	3.96	3.95	3.96	3.96	3.95
Δy_1 /m	−0.03	−0.09	−0.07	−0.04	−0.07	−0.09	−0.02	−0.02	−0.08	−0.07
Δz_1 /m	−1.28	−1.40	−0.54	−0.36	−1.72	−0.31	−1.24	−1.80	−0.39	−0.49
Δx_2 /m	3.95	3.95	3.96	3.96	3.96	3.96	3.96	3.96	3.96	3.96
Δy_2 /m	3.88	3.84	3.94	3.86	3.90	3.85	3.52	3.90	3.94	3.94
Δz_2 /m	−0.19	−0.10	0.00	−1.61	−0.43	−1.29	−0.52	−1.05	−1.13	−1.50
Δx_3 /m	0	0.02	0.01	0.01	0.01	0	0.01	0	0.01	0
Δy_3 /m	3.88	3.92	3.86	3.94	3.90	3.94	3.93	3.86	3.94	3.94
Δz_3 /m	−0.83	−1.94	−1.94	−0.94	−0.87	−0.72	−0.06	−0.84	−1.80	−1.82

续表

Δt_1 /s	0.03	0.01	0.03	0.01	0.02	0.01	0.01	0.01	0.02	0.02
Δt_2 /s	0.01	0.01	0.03	0.01	0.01	0.01	0.01	0.06	0.03	0.04
Δt_3 /s	0.02	0.05	0.02	0.02	0.01	0.01	0.01	0.01	0.02	0.01
S_{opt} /m^2	87.31	86.96	86.72	87.62	87.60	87.73	87.66	86.32	86.99	86.90
t_{Smax} /s	0.21	0.21	0.23	0.20	0.20	0.20	0.20	0.22	0.22	0.22

选取表 5.7 第 2 列的数据进行参数配置，考察在此参数配置下的四边形柔性拦截网面积和网型在地面坐标系下的变化情况，如图 5.40～图 5.43 所示。其中，图 5.40 为四边形柔性拦截网四网联合组网面积随时间变化曲线图，可见在 0.22 s 左右，4 张柔性拦截网面积变化曲线相交，联合组网面积达到最大。图 5.41 是 4 张四边形柔性拦截网联合组网面积在 0～0.21 s 过程中的变化情况，蓝色网为第一发，红色网为第二发，紫色网为第三发，黑色网为第四发。图 5.42 是 4 张四边形柔性拦截网联合组网面积（展开面积）达到最大时的情况。图 5.43 是 0～1 s 内 4 张四边形柔性拦截网联合组网面积的整体变化情况。

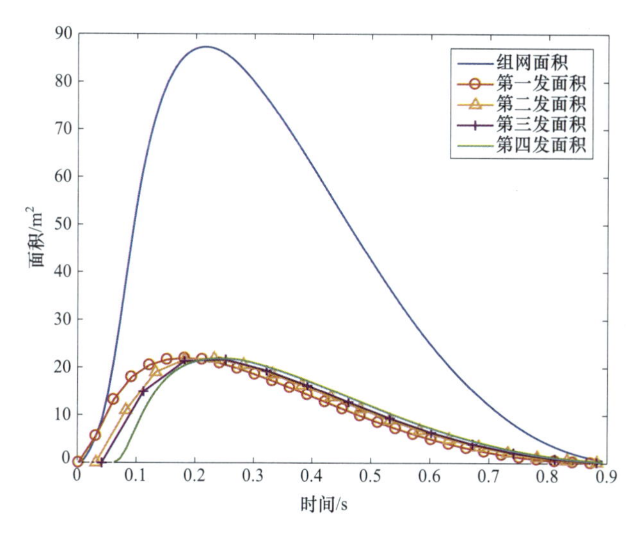

图 5.40　四边形柔性拦截网四网联合组网面积随时间变化曲线图

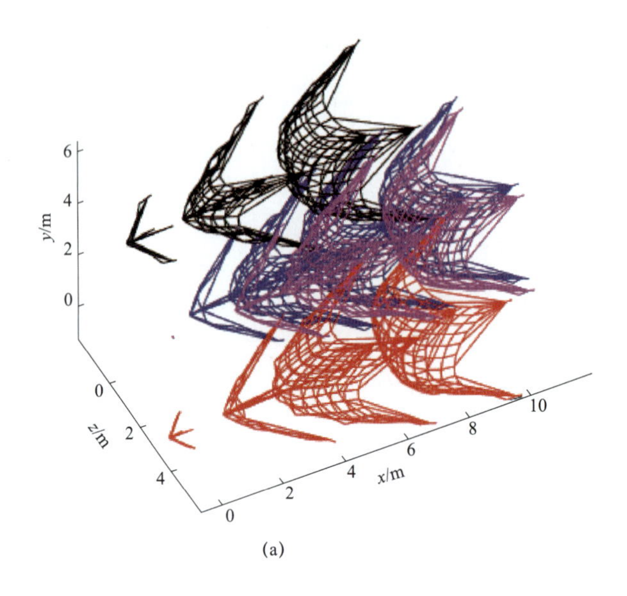

(a)

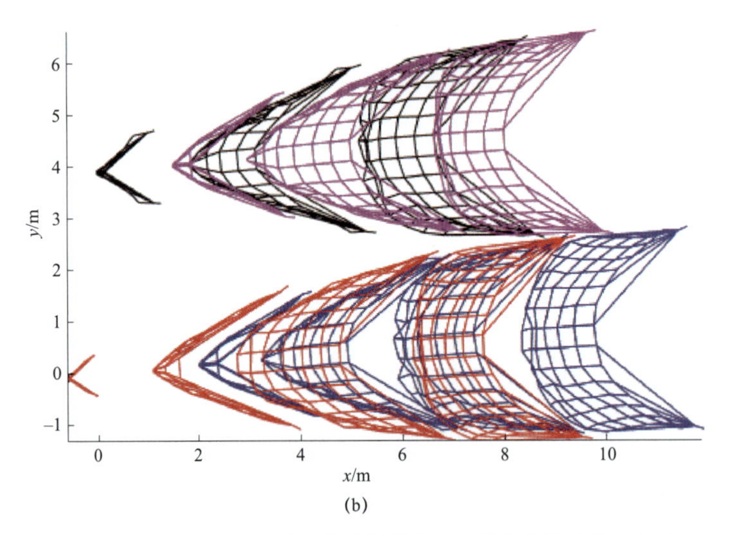

(b)

图 5.41　0～0.21 s 四边形柔性拦截网四网联合组网网型变化图

（a）三维视图；（b）侧视图

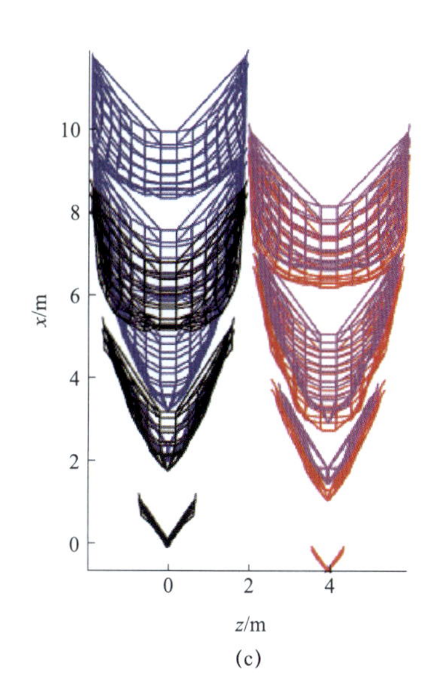

(c)

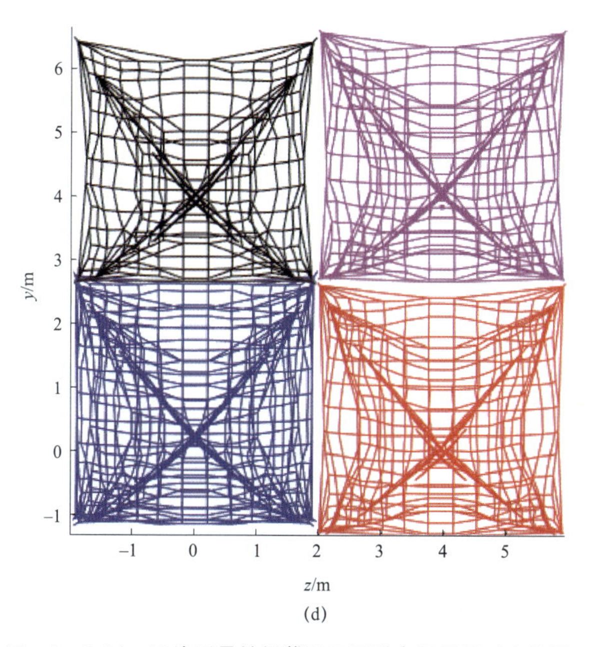

(d)

图 5.41　0～0.21 s 四边形柔性拦截网四网联合组网网型变化图（续）
（c）俯视图；（d）后视图

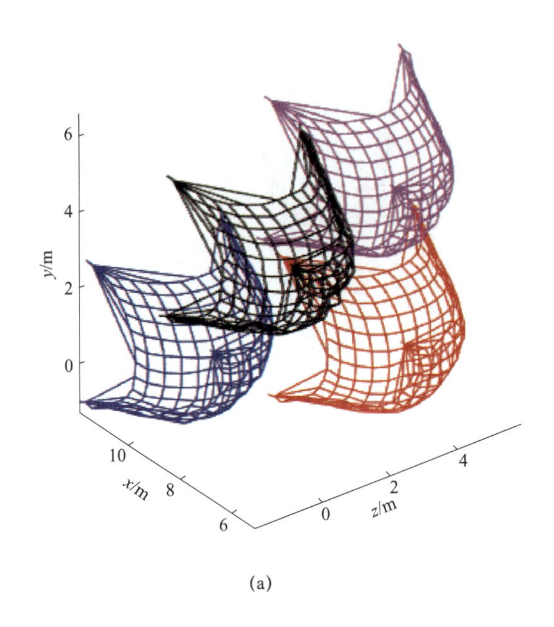

(a)

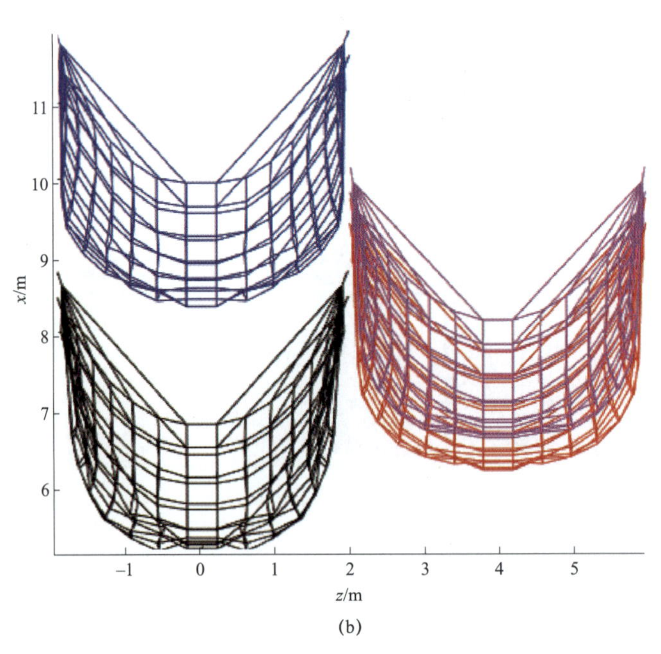

(b)

图 5.42　0.22 s 四边形柔性拦截网四网联合组网状态图

（a）三维视图；（b）俯视图

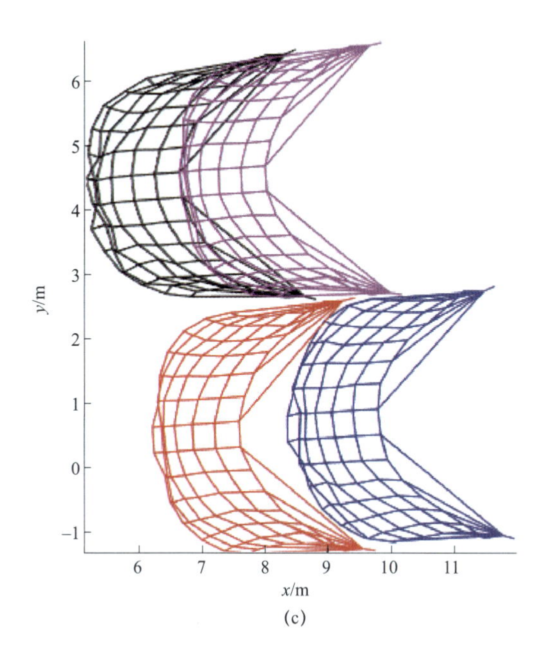

(c)

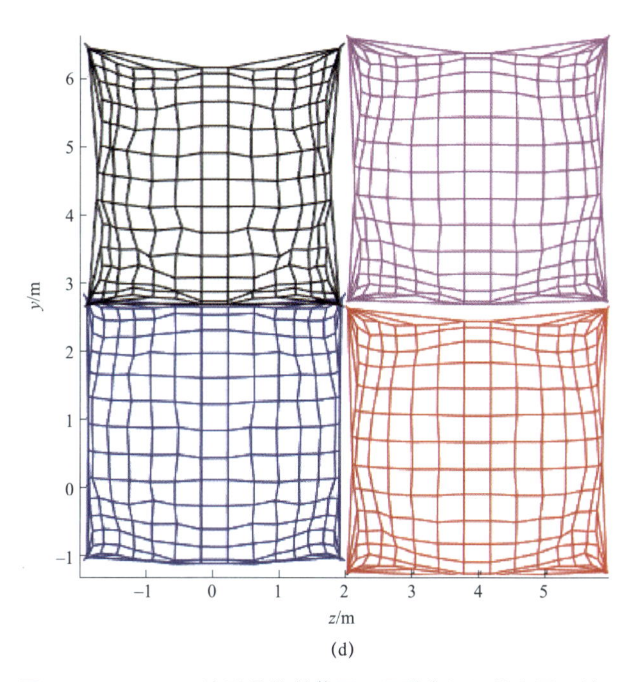

(d)

图 5.42　0.22 s 四边形柔性拦截网四网联合组网状态图（续）
（c）侧视图；（d）后视图

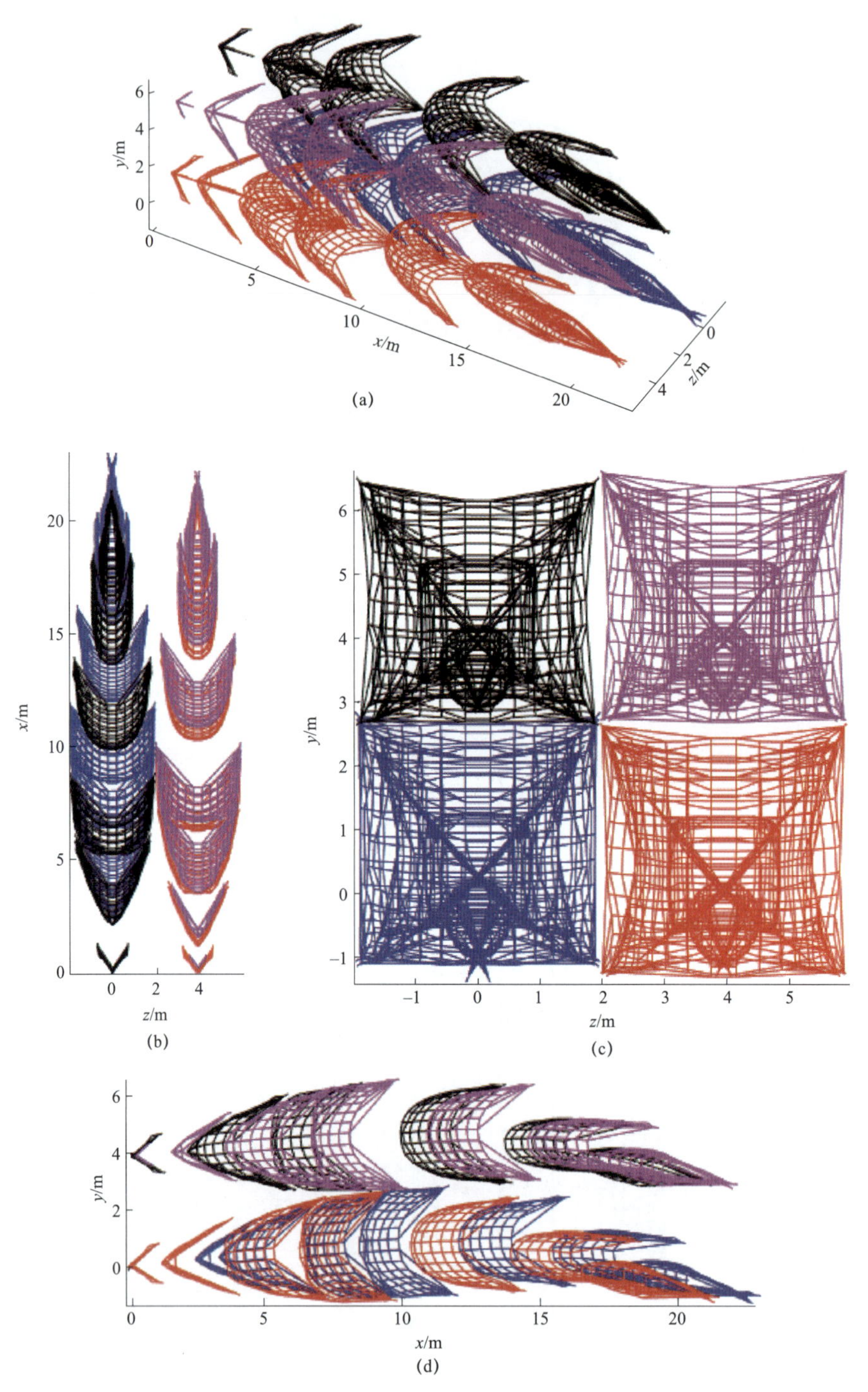

图 5.43　0～1 s 四边形柔性拦截网四网联合组网网型变化图

（a）三维视图；（b）俯视图；（c）后视图；（d）侧视图

5.6.2　六边形柔性拦截网四网联合组网

六边形柔性拦截网四网联合组网需要设定的参数有：四发网的弹道倾角及弹射速度；第二发网弹射点相对第一发网弹射点的位置，第二发网相对第一发网弹射的延迟时间；第三发网弹射点相对第一发网弹射点的位置，第三发网相对第二发网弹射的延迟时间；第四发网弹射点相对第一发网弹射点的位置，第四发弹相对第三发弹弹射的延迟时间。为了适应现有工程实际装备，保证四发网的空间组合尽量靠近规则四边形，经过优化得到部分优化解如表 5.8 所示。由于状态空间的维度进一步加大，优化解难以收敛到单网最优解，但是大部分解还是收敛在单网最优解附近，特别是敏感参数单网弹射速度均为 85 m/s。

表 5.8　六边形柔性拦截网四网联合组网优化解

θ_1/（°）	1.54	0.30	0.01	0.77	2.68	1.06	1.57	0	3.69	4.61	0	0.22
v_1/（m·s^{-1}）	85.00	85.00	85.00	85.00	85.00	85.00	85.00	85.00	85.00	85.00	85.00	85.00
θ_2/（°）	1.47	0	3.91	−0.02	−0.80	7.23	0.58	0.62	0	0.01	2.98	−0.07
v_2/（m·s^{-1}）	85.00	85.00	85.00	85.00	85.00	85.00	85.00	85.00	85.00	85.00	85.00	85.00
θ_3/（°）	−0.03	3.33	0	4.18	7.56	0	0	−0.01	3.52	−0.01	0	5.92
v_3/（m·s^{-1}）	85.00	85.00	85.00	85.00	85.00	85.00	85.00	85.00	85.00	85.00	85.00	85.00
θ_4/（°）	0.03	4.76	0	0	0	−0.01	0	0.01	0	0	0	1.85
v_4/（m·s^{-1}）	85.00	85.00	85.00	85.00	85.00	85.00	85.00	85.00	85.00	85.00	85.00	85.00
Δx_1/m	7.68	1.55	0.03	1.55	1.55	0.79	7.66	7.56	7.53	7.66	7.72	1.55
Δy_1/m	0.57	−8.86	7.71	−7.84	−8.35	7.23	0.91	6.01	−0.54	−0.06	5.29	−8.59
Δz_1/m	−0.02	−0.02	−1.76	−1.92	−0.15	−0.13	−0.02	−0.04	−0.11	−0.01	−0.09	−1.01
Δx_2/m	2.58	1.54	7.72	1.55	1.55	1.42	2.56	5.59	1.37	0.42	6.74	1.55
Δy_2/m	−7.09	5.95	2.03	8.20	8.12	−6.74	−6.98	−2.28	6.77	−6.38	−2.04	7.19
Δz_2/m	−1.96	−1.98	−0.02	−0.01	−1.57	−1.93	−1.99	−1.99	−1.90	−1.96	−1.89	−0.90
Δx_3/m	7.73	7.73	7.73	7.73	7.73	7.73	7.73	0.39	0.65	7.73	0.82	7.73

续表

Δy_3 /m	8.53	−3.27	−6.08	0.92	−0.58	7.70	8.16	8.90	−5.88	7.84	8.90	−0.95
Δz_3 /m	−1.83	−1.98	−1.93	−1.97	−1.96	−1.97	−1.97	−1.60	−1.95	−1.95	−1.67	−1.55
Δt_1 /s	0.04	0.01	0.04	0.07	0.01	0.11	0.05	0.13	0.09	0.07	0.01	0.05
Δt_2 /s	0.07	0.11	0.03	0.01	0.02	0.05	0.07	0.03	0.05	0.03	0.07	0.06
Δt_3 /s	0.01	0.01	0.06	0.04	0.03	0.02	0.03	0.02	0.02	0.02	0.01	0.04
S_{opt} /m^2	197.1	194.0	195.1	198.1	201.2	194.4	194.7	195.8	195.6	199.1	198.7	193.9
t_{Smax} /s	0.26	0.27	0.25	0.24	0.19	0.31	0.28	0.31	0.29	0.25	0.23	0.27

选取表 5.8 中的第 10 列数据作为参数配置，考察在此参数配置下的六边形柔性拦截网面积和网型在地面坐标系下的变化情况，如图 5.44～图 5.48 所示。其中，图 5.44 为六边形柔性拦截网四网联合组网面积随时间变化曲线图。图 5.45 是 4 张六边形柔性拦截网联合组网面积在 0～0.21 s 过程中的变化情况，蓝色网为第一发，红色网为第二发，紫色网为第三发，黑色网为第四发。图 5.46、图 5.47 分别是 4 张四边形柔性拦截网联合组网面积(展开面积)在 0.25 s 与 0.5 s 时的情况。图 5.48 是 0～1 s 内 4 张六边形柔性拦截网联合组网面积的整体变化情况。

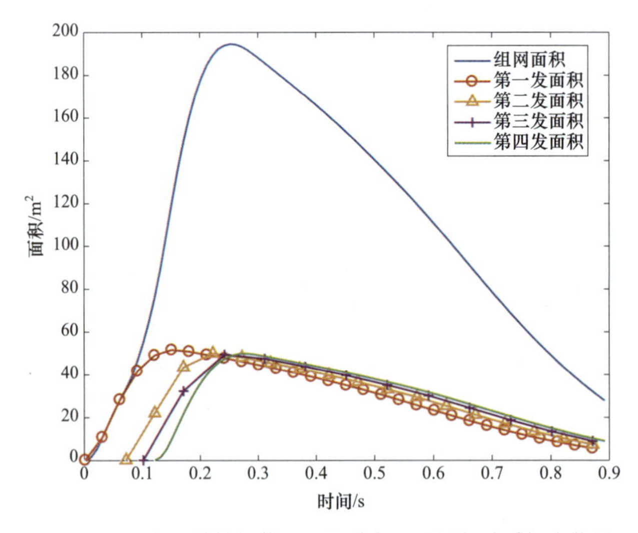

图 5.44　六边形柔性拦截网四网联合组网面积随时间变化图

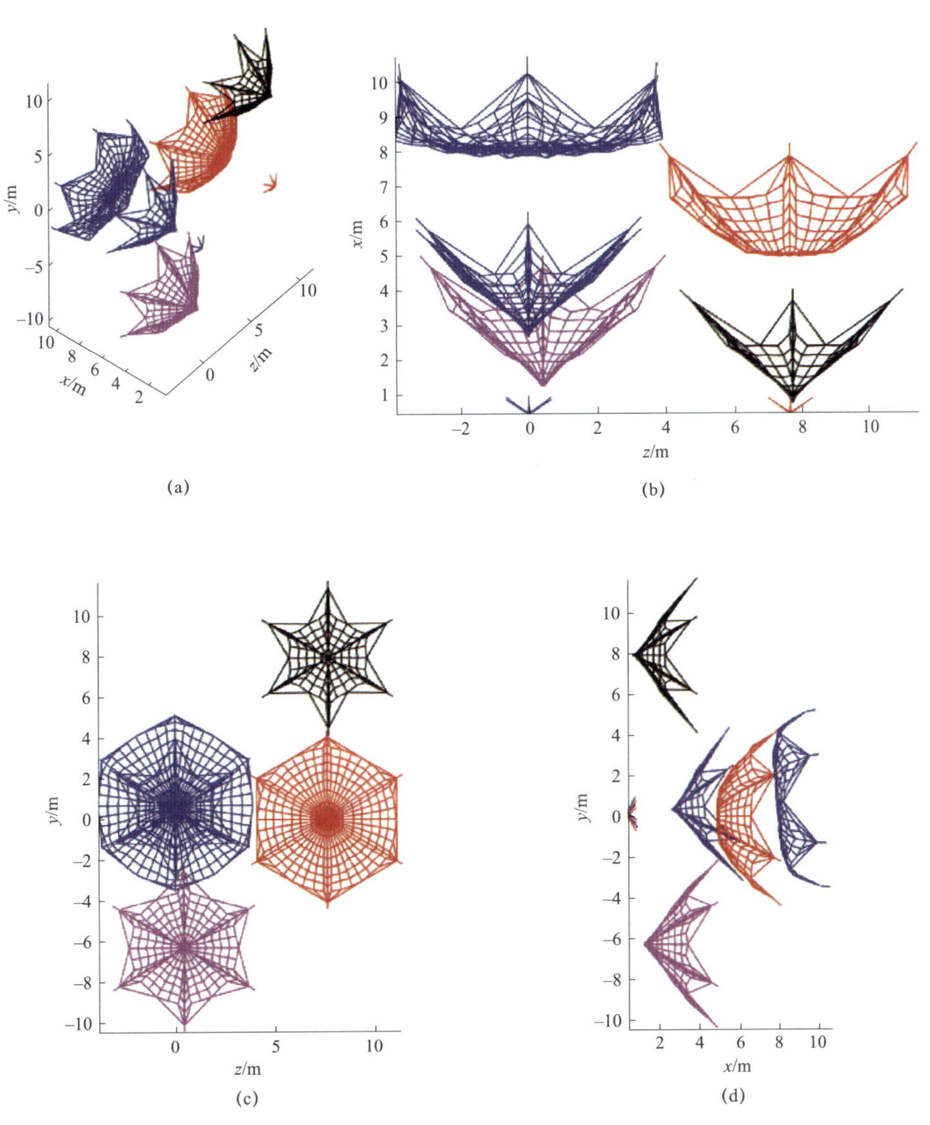

图 5.45　0～0.21 s 六边形柔性拦截网四网联合组网状态

（a）三维视图；（b）俯视图；（c）后视图；（d）侧视图

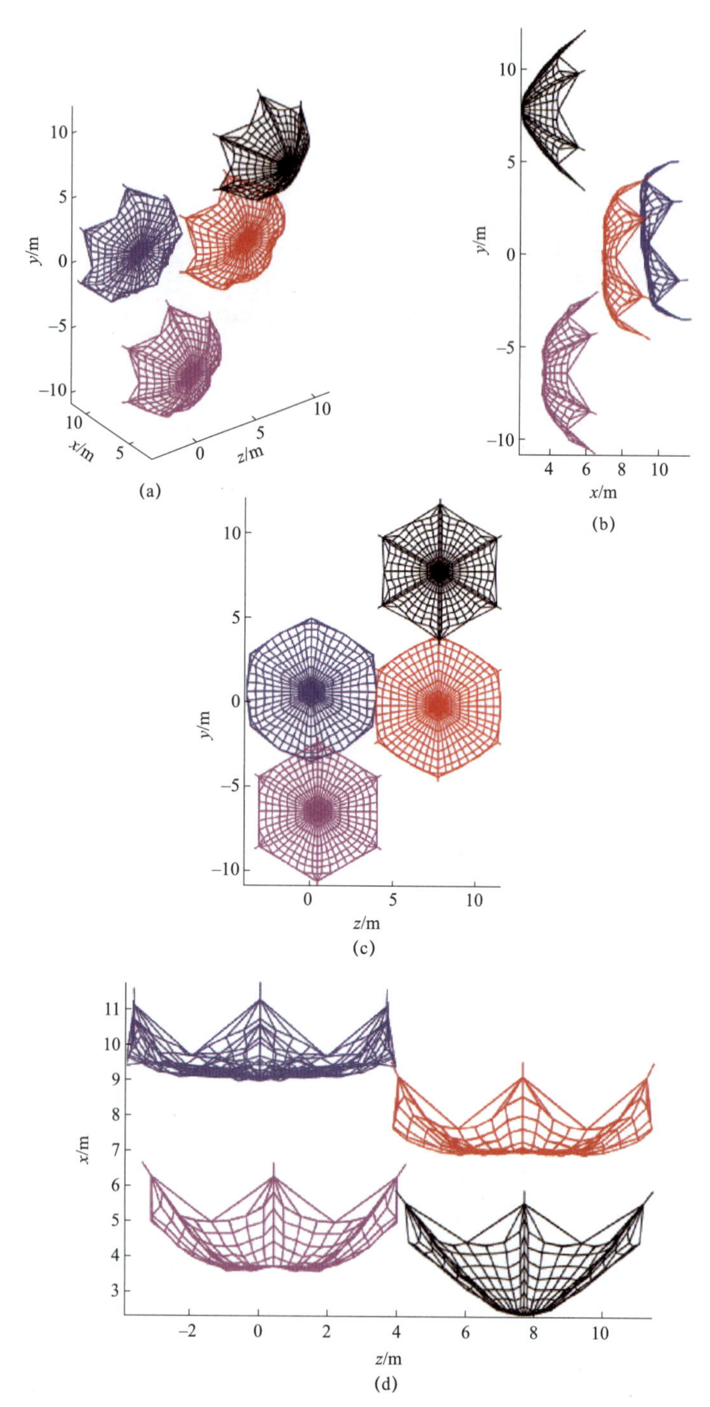

图 5.46　0.25 s 六边形柔性拦截网四网联合组网状态（最大面积）

（a）三维视图；（b）侧视图；（c）后视图；（d）俯视图

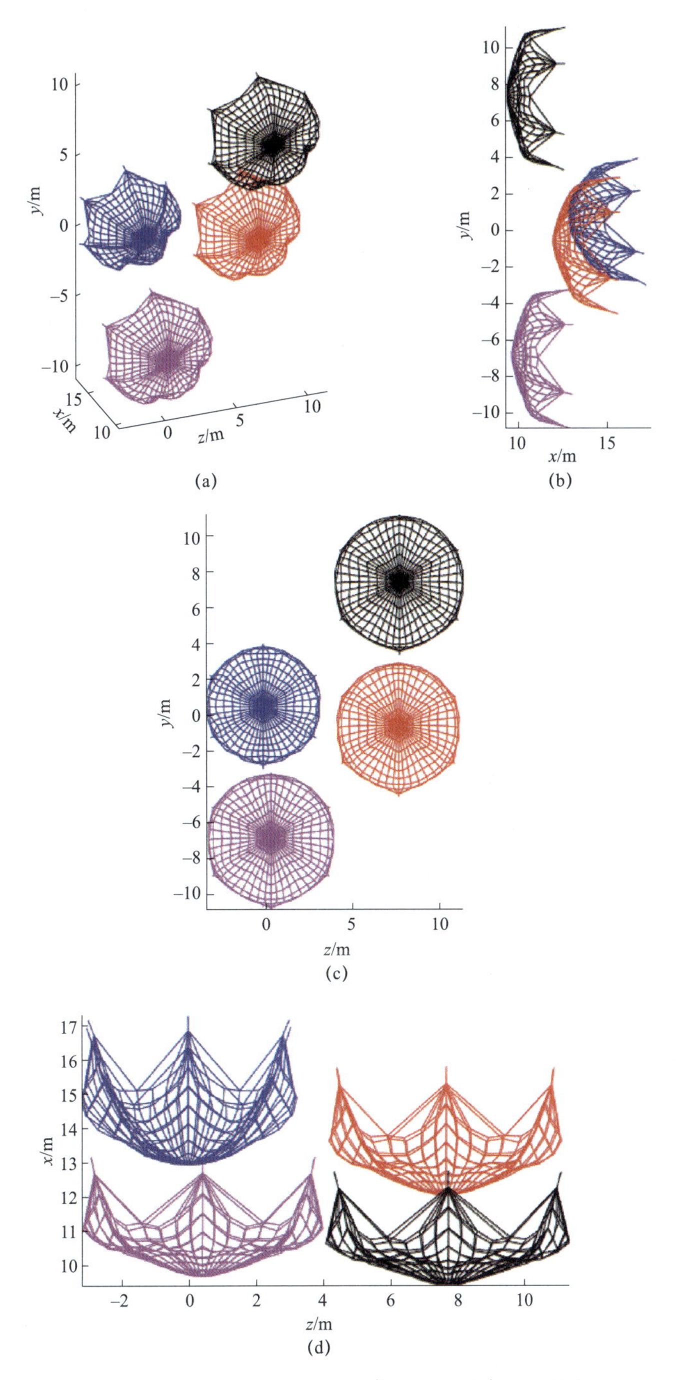

图 5.47　0.5 s 六边形柔性拦截网四网联合组网状态

（a）三维视图；（b）侧视图；（c）后视图；（d）俯视图

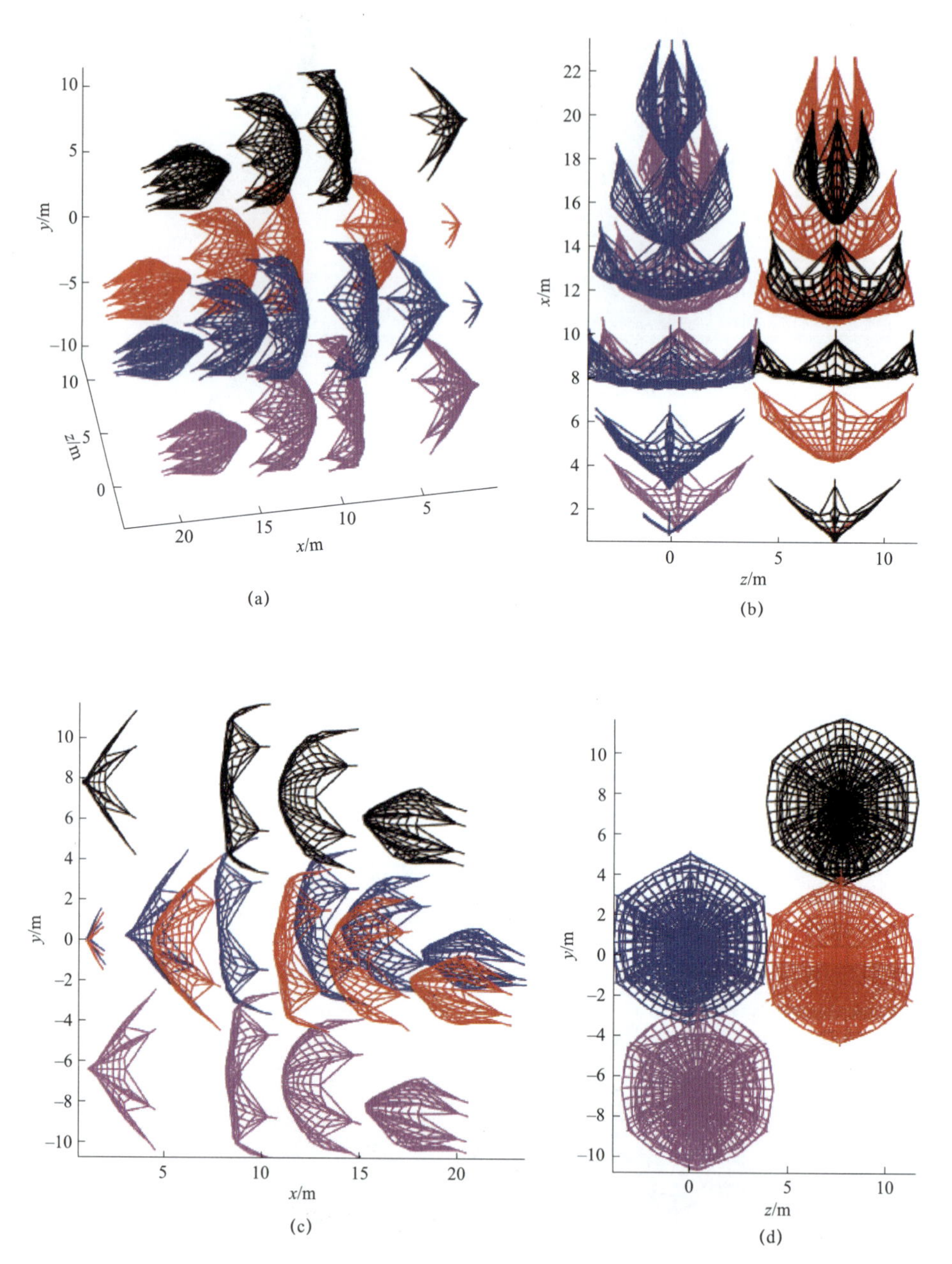

图 5.48　0～1 s 六边形柔性拦截网四网联合组网状态

（a）三维视图；（b）俯视图；（c）侧视图；（d）后视图

添加四网组合形状约束后得到的解如表 5.9 所示。

表 5.9　添加形状约束后的六边形柔性拦截网四网组合结果

θ_1 / (°)	0.01	0	0	0	0	0	0
v_1 / (m·s^{-1})	85.00	85.00	85.00	85.00	85.00	85.00	85.00
θ_2 / (°)	0	0	0	0	0	0	−0.02
v_2 / (m·s^{-1})	85.00	85.00	85.00	85.00	85.00	85.00	85.00
θ_3 / (°)	6.56	5.36	2.98	3.10	3.77	4.75	2.81
v_3 / (m·s^{-1})	85.00	85.00	85.00	85.00	85.00	85.00	85.00
θ_4 / (°)	0.01	0	0	0	0	0	0.01
v_4 / (m·s^{-1})	85.00	85.00	85.00	85.00	85.00	85.00	85.00
Δx_1 /m	6.53	5.87	5.92	7.08	7.72	6.82	6.77
Δy_1 /m	−0.02	−0.07	−0.08	−0.03	−0.08	−0.09	0.05
Δz_1 /m	−1.99	−1.88	−1.97	−1.77	−0.01	−1.98	−1.99
Δx_2 /m	7.18	7.20	7.72	6.95	7.73	7.19	7.70
Δy_2 /m	7.84	7.99	8.32	8.37	6.68	8.04	8.48
Δz_2 /m	−0.07	−0.01	0	−0.25	−1.87	−0.08	−0.67
Δx_3 /m	0.10	0.09	0.01	0.10	0.02	0.08	0
Δy_3 /m	8.90	8.90	8.90	8.90	8.90	8.00	8.90
Δz_3 /m	−1.53	−1.96	−0.28	−1.92	−1.45	−1.97	−1.25
Δt_1 /s	0.09	0.15	0.14	0.05	0.01	0.07	0.07
Δt_2 /s	0.03	0.01	0.02	0.01	0.08	0.02	0.02
Δt_3 /s	0.07	0.04	0.02	0.08	0.02	0.04	0.03
S_{opt} /m^2	190.74	194.09	195.92	193.56	196.59	197.42	198.63
t_{Smax} /s	0.31	0.32	0.31	0.26	0.24	0.25	0.25

在规范了各个网的位置分布后，选取表 5.9 中的第 6 列数据作为参数配置，考察在此参数配置下的六边形柔性拦截网面积和网型在地面坐标系下的变化情况，如图 5.49～图 5.52 所示。其中，图 5.49 为 4 张六边形柔性拦截网联合组网面积在 0～0.25 s 过程中的变化情况，蓝色网为第一发，红色网为第二发，紫色网为第三发，黑色网为第四发。图 5.50 是 4 张六边形柔性拦截网联合组网面积随时间变化曲线图，可见在 0.25 s 左右，4 张柔性拦截网面积变化曲线相交，联合组网面积达到最大。图 5.51 是 4 张四边形柔性拦截网联合组网面积在 0.5 s 时的状态。图 5.52 是 0～1 s 内 4 张六边形柔性拦截网联合组网面积的整体变化情况。

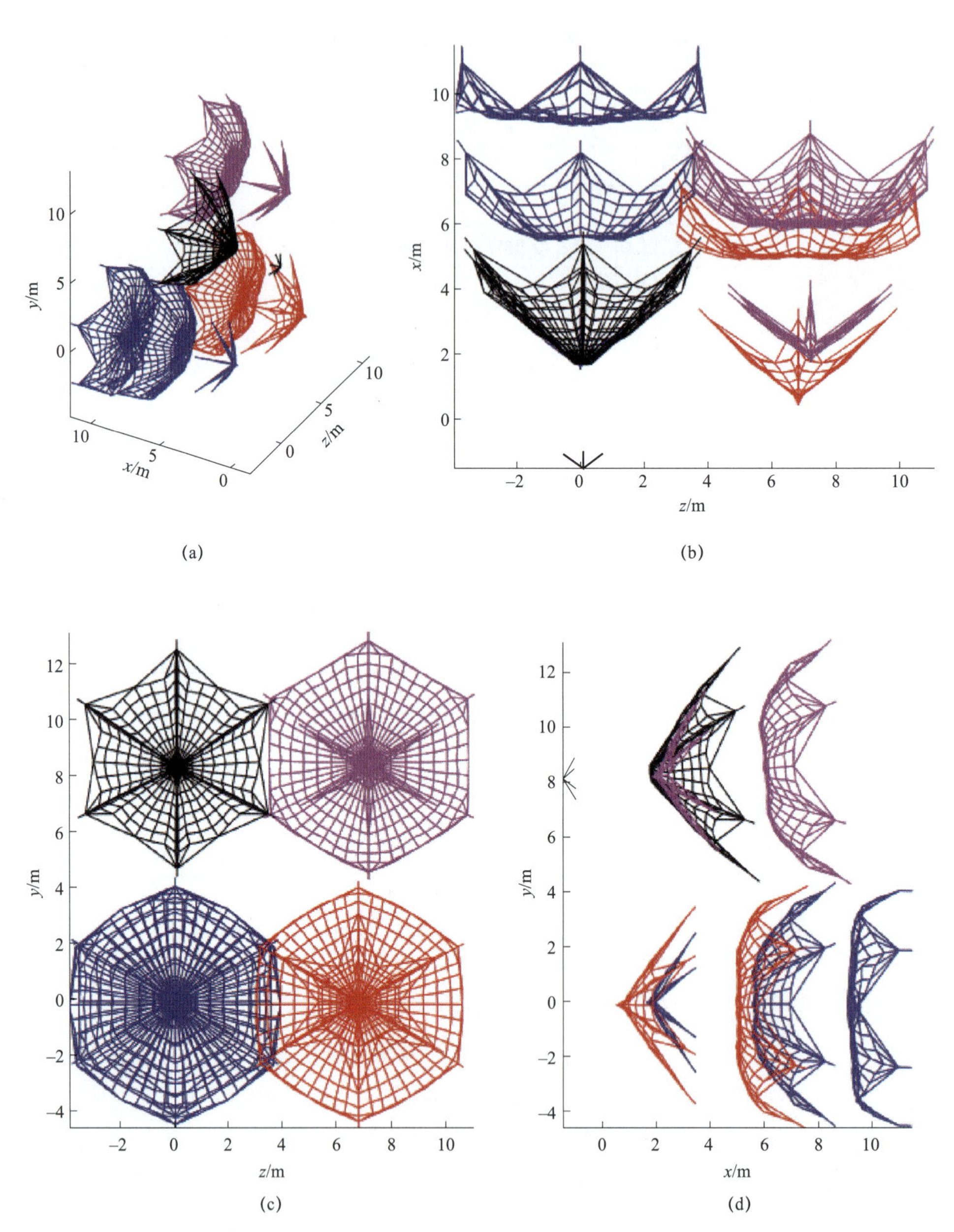

图 5.49　0～0.25 s 六边形柔性拦截网四网联合组网状态

（a）三维视图；（b）俯视图；（c）后视图；（d）侧视图

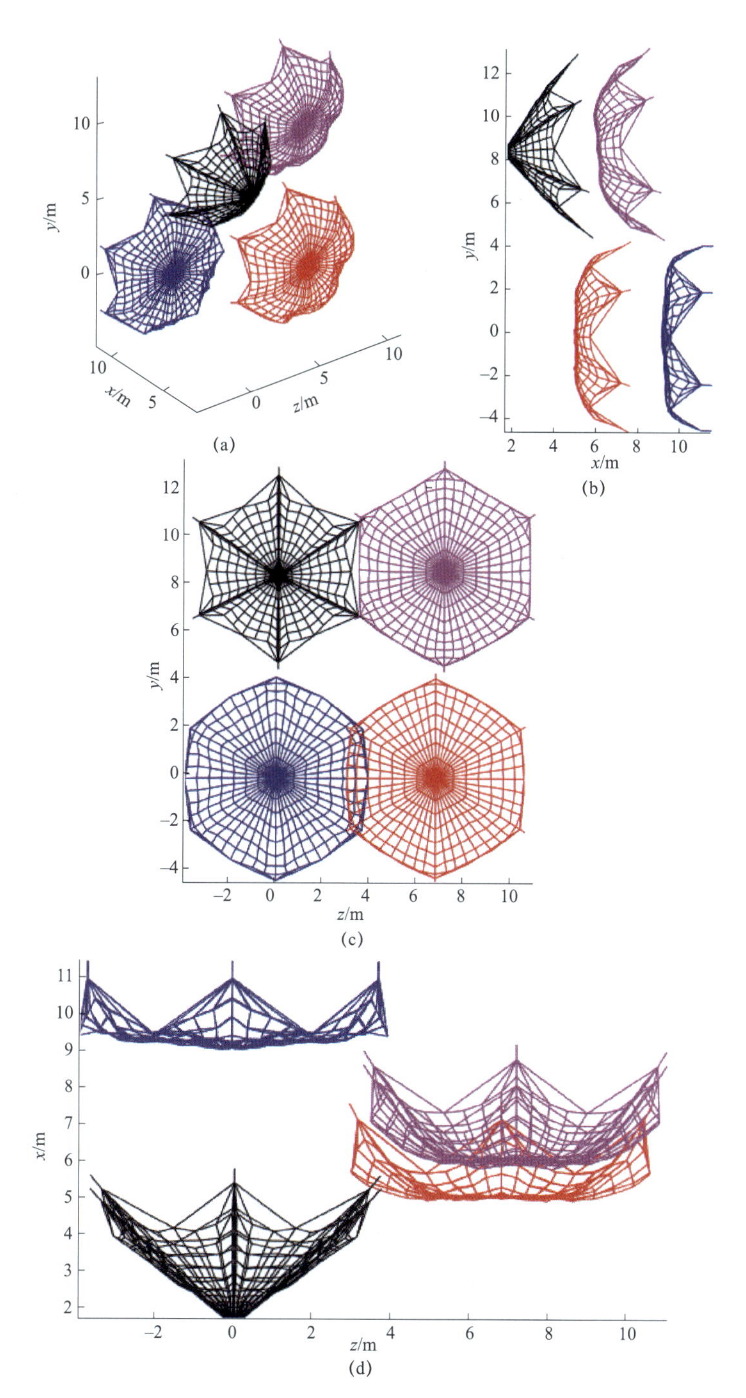

图 5.50　0.25 s 六边形柔性拦截网四网联合组网状态（最大面积）
（a）三维视图；（b）侧视图；（c）后视图；（d）俯视图

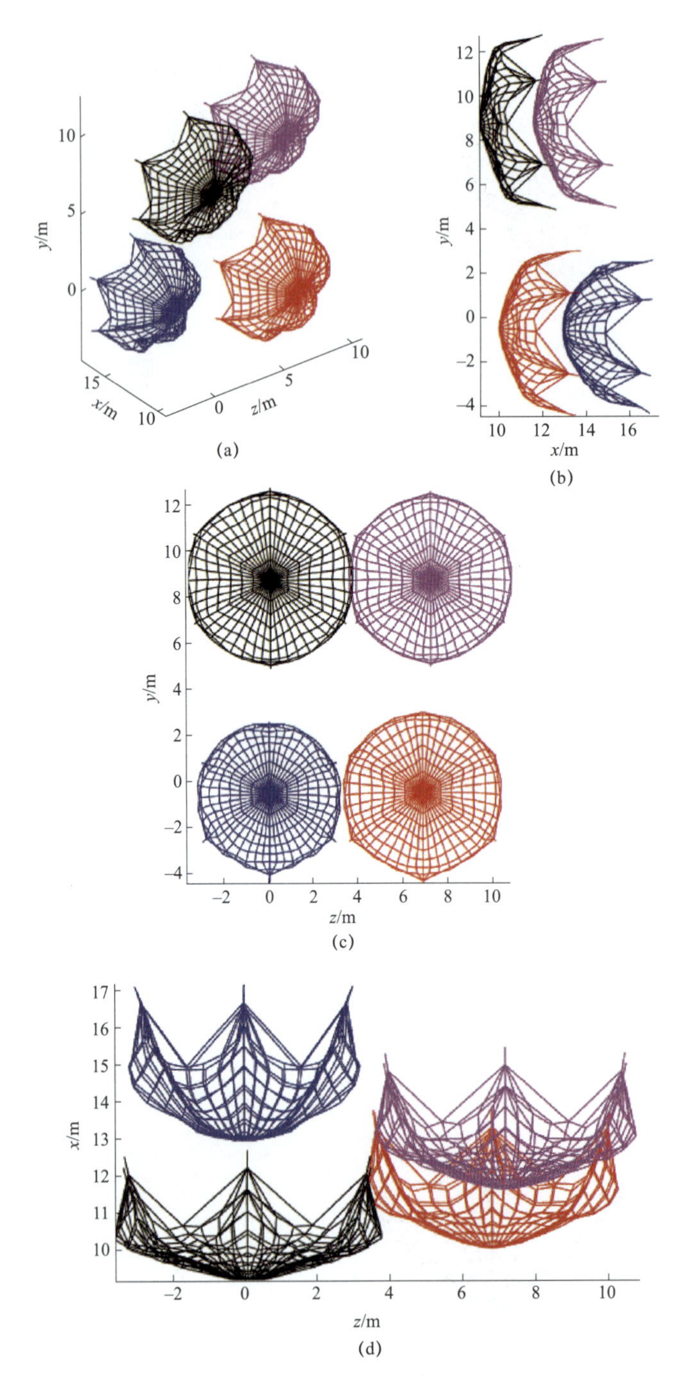

图 5.51　0.5 s 六边形柔性拦截网四网联合组网状态

（a）三维视图；（b）侧视图；（c）后视图；（d）俯视图

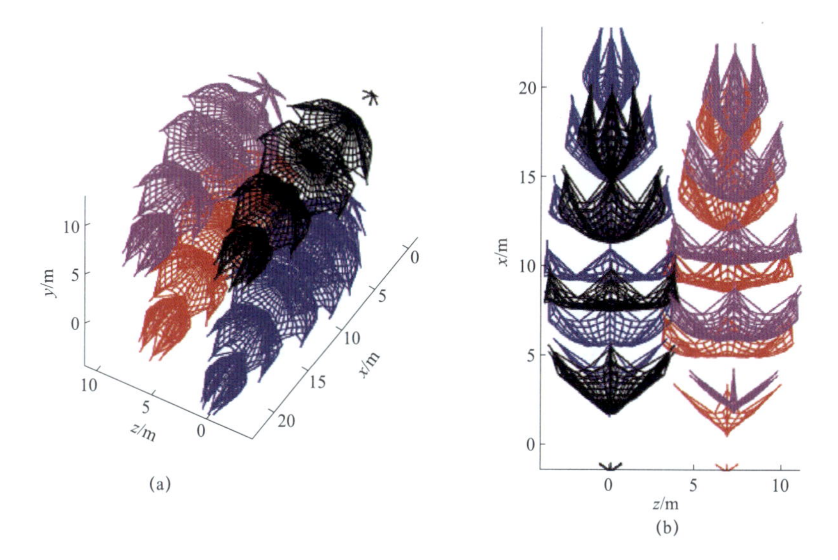

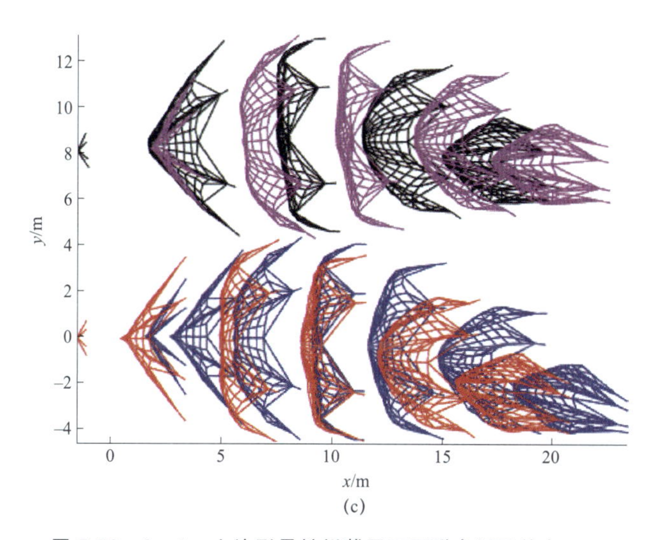

图 5.52　0～1 s 六边形柔性拦截网四网联合组网状态

（a）三维视图；（b）俯视图；（c）侧视图

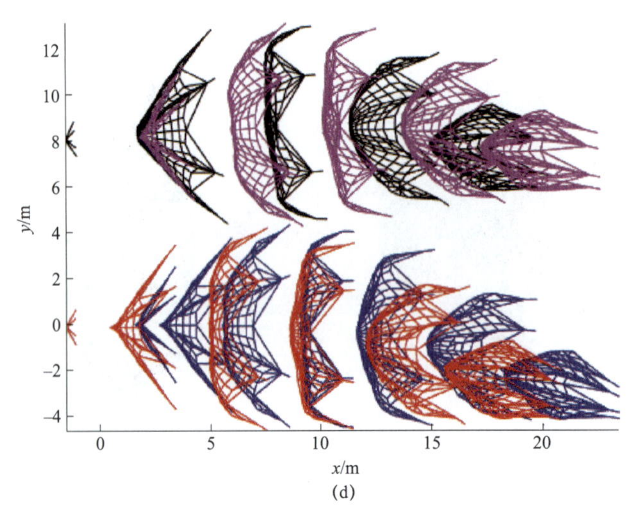

图 5.52　0～1 s 六边形柔性拦截网四网联合组网状态（续）
（d）后视图

5.7　本章小结

本章研究了弹道倾角和质量块相对弹射速度对于柔性拦截网有效拦截面积与展开时间的影响规律，在此基础上通过对发射参数、多网发射相对位置、多网发射时序的优化设计实现了对多网组合有效拦截面积最大和展开时间最短的优化设计。优化设计过程中充分考虑了各种实际的约束条件，如最短发射延迟时间和联合组网的分布区域等以满足工程实际需要。仿真过程中分别设计了单网的有效拦截面积、展开时间两个优化指标，并分别对四边形柔性拦截网和六边形柔性拦截网的单网、两网、三网、四网的参数优化设计及组网结果输出，优化配置结果基本达到了预期效果。

相比工程实际，本书提出的多联网过程的约束条件显然远远不够，但本书中体现的参数优化配置方案起到了抛砖引玉的效果，工程技术人员可根据本书中提出的优化配置方案完成对多网联合组网的参数设计和仿真。

第6章

柔性拦截网空中开网效果仿真研究

6.1 引 言

本章主要研究网体本构特性、联合组网方式、投送定向性（偏差）对综合评估开网效果的滞空时间、最大开网面积、有效拦截面积等核心指标的影响情况，给出不同影响因素与关键捕获指标间的参数耦合关系（包括灵敏度分析、主次分析等）。为尽可能覆盖较大的参数范围，减少仿真计算工作量，采用正交设计法对仿真工况进行设计，综合应用极差法和方差法对正交试验结果的各项性能指标进行参数灵敏度分析与主次分析，科学评估各个影响因素对开网指标的影响。

6.2 正交仿真试验设计

仿真试验考虑的因素是影响柔性拦截网展开的 5 个变量，分别为网弹初始弹道倾角、质量块质量、质量块相对弹射角度和质量块弹射速度。各个变量的物理含义如图 6.1 所示。由于柔性拦截网发射过程的单次仿真耗时长，采用全参数仿真难以获得参数在大范围变化时的仿真分析结果。

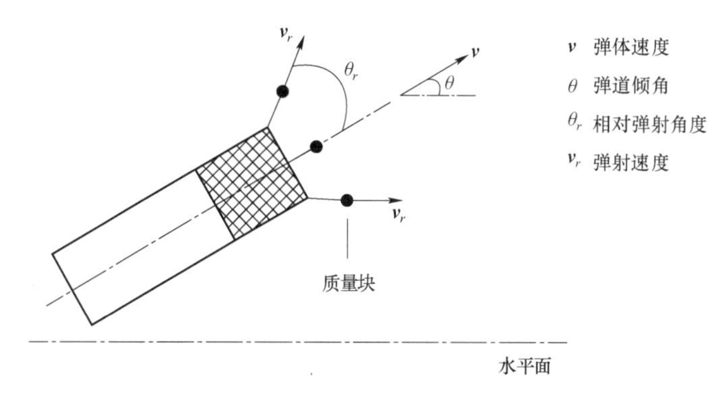

图 6.1　柔性拦截网发射过程参数说明图

正交试验设计是研究多因素水平的一种设计方法，它是根据正交性从全面试验中选出部分有代表性的点进行试验，这些有代表性的点具备“分散均匀、齐整可比”的特点，正交试验设计是分式析因设计的主要方法，是一种高效率、快速、经济的试验设计方法。对于一组含 m 因素 n 水平的试验，如果按全面试验的要求，必须进行 mn 次试验，但是按照正交试验设计方法可大大减少试验次数，试验安排可参考正交表进行设计。

6.2.1　正交表的构造方法

正交表是指导正交试验设计的重要表格，是一种通过组合数学理论在正交拉丁名的基础上构造的规格化表格，它由日本著名的统计学家田口玄一发明。正交表的记法为 $L_n(j^i)$，其中，L 是正交表的符号，n 表示正交表的行数（试验次数），j 表示正交表中的数码（因素的水平数），i 表示正交表的列数（试验因素的个数），如在 $L_8(2^7)$ 代表的正交表中，试验次数共 8 次，共有 7 个影响因素，每个影响因素具有两个取值。一个正交表中各列的水平数也可以不相等，称为混合型正交表，如 $L_8(4\times2^7)$ 表示表中共有 8 个因素，第一个因素有 4 个水平，后边 7 个因素有 2 个水平。

正交表的特点包括以下两方面。

（1）正交任意一列中，不同的数字出现的次数相等，即在试验安排中，所选择的水平组合是均匀分布的（每个因素各个水平出现的次数相同），这一特性也被称为均匀分散性。

（2）正交表中任意两列，把同行的两个数字看成有序数对时，所有可能的数对出现的次数相同，即任意两因素各水平的搭配在所选试验中出现的次数相同，这一特性也被称为整齐可比性。

本章采用的正交表为 $L_{25}(5^6)$，由于只选取了 5 个因素，正交表中有一列为空。每个因素的水平划分如表 6.1 和表 6.2 所示，其中 θ 为弹道倾角、v 为弹体速度、m 为质量块质量、θ_r 为质量块弹射角度、v_r 为质量块弹射速度。

表 6.1　四边形柔性拦截网正交试验设计的因素与水平

水平	θ/（°）	v/（m·s^{-1}）	m/g	θ_r/（°）	v_r/（m·s^{-1}）
1	−15	10	25	25	50
2	−5	30	35	35	60
3	5	50	45	45	70
4	15	70	55	55	80
5	25	90	65	65	90

表 6.2　六边形柔性拦截网正交试验设计的因素与水平

水平	θ/（°）	v/（m·s^{-1}）	m/g	θ_r/（°）	v_r/（m·s^{-1}）
1	−15	10	18	40	55
2	−5	30	38	50	65
3	5	50	58	60	75
4	15	70	78	70	85
5	25	90	98	80	95

正交试验设置表如表 6.3 所示，可以看出表中任意一列各水平均出现且出现次数相等；任意两列之间各种不同水平的组合均有可能出现，且出现次数相等，这体现了正交设计表“均匀分散、齐整可比”的特点。

表 6.3　正交试验设置表

试验号	θ/（°）	v/（m·s^{-1}）	m/g	θ_r/（°）	v_r/（m·s^{-1}）	空列
1	1	1	1	1	1	1
2	1	2	2	2	2	2
3	1	3	3	3	3	3
4	1	4	4	4	4	4
5	1	5	5	5	5	5
6	2	1	2	3	4	5
7	2	2	3	4	5	1

续表

试验号	θ/（°）	v/（m·s^{-1}）	m/g	θ_r/（°）	v_r/（m·s^{-1}）	空列
8	2	3	4	5	1	2
9	2	4	5	1	2	3
10	2	5	1	2	3	4
11	3	1	3	5	2	4
12	3	2	4	1	3	5
13	3	3	5	2	4	1
14	3	4	1	3	5	2
15	3	5	2	4	1	3
16	4	1	4	2	5	3
17	4	2	5	3	1	4
18	4	3	1	4	2	5
19	4	4	2	5	3	1
20	4	5	3	1	4	2
21	5	1	5	4	3	2
22	5	2	1	5	4	3
23	5	3	2	1	5	4
24	5	4	3	2	1	5
25	5	5	4	3	2	1

6.2.2　正交试验结果的分析方法

1. 极差法

正交试验结果的分析方法包括极差法和方差法。极差法的定义为：假设第 j 因素第 i 个水平所对的某个指标的平均值为 $\overline{y}_j^i$，则因素 j 对该指标的极差为

$$R_j = \max\left(\overline{y}_j^i\right) - \min\left(\overline{y}_j^i\right), \qquad i = 1, \cdots, p_j \tag{6.1}$$

式中，p_j 为第 j 因素所划分水平的数目，R_j 越大，则说明该因素对该指标的影响越大，该因素越重要，据此可将各因素按照重要性进行排序。极差法的优点在于简单直观、计算量少，但是它无法估计试验误差的大小，也无法提出一个标准来判断因素的作用是否显著。

2. 方差法

方差法的基本思想是将指标的总离差分解成因素的水平变化引起的离差和误差引起的离差两部分，然后构造 F 统计量，做 F 检验，从而判断因素的显著程度。设因素 j 的水平变化引起某指标的离差为

$$SS_j = p\sum_{i=1}^{p}\left(\overline{y}_j^i - \overline{y}\right) \tag{6.2}$$

式中，$\overline{y}$ 为该指标的平均值。

误差引起的离差也有与式（6.2）相同的形式，其中误差水平由表 6.3 中的空列确定。构造 F 统计量如下：

$$F_j = \frac{SS_j / f_j}{SS_e / f_e} \tag{6.3}$$

式中，f_i、f_j 分别为因素 j 和误差的自由度。F_j 越大，说明该因素对该指标的影响越大，该因素越重要，也可据此进行重要性排序。若 $F_j > F_{1-\alpha}(f_j, f_e)$，则认为因素 j 对该指标有显著影响，否则无显著影响，其中，α 为置信水平。由此可见，方差法相对于极差法的一大优势在于可以判断因素的显著程度。

6.3 四边形柔性拦截网参数灵敏性分析

四边形柔性拦截网共有 4 个质量块，网型如图 6.2 所示，中心区域由正方形网格均匀组成，每个网格边长为 400 mm，共 13×13 个网格；网的四边由连接绳与牵引绳连接，连接点与牵引绳端点距离 300 mm，牵引绳总长为 500 mm。正方形网名义展开面积为 31.63 m^2。

四边形柔性拦截网参数灵敏度分析主要考虑弹射速度、弹射角度、弹体速度、弹道倾角等因素对柔性拦截网最大开网面积、滞空时间等关键参数的影响。在第 4 章中，我们研究了弹射角度、弹射速度和质量块质量对于滞空时间的影响，得出的结论是：① 柔性拦截网滞空时间与质量块质量、弹射角度及弹射速度呈现负相关关系，减小质量块质量、减小弹射速度或减小弹射角度都会使柔性网滞空时间增加；② 弹射角度和弹射速度对柔性拦截网滞空时间的影响规律和对最大开网面积的影响规律相反，想要获得较长的滞空时间就必然会使最大开网面积减小，在工程设计中需要对两项指标做出折中。在第 5 章中，我们研

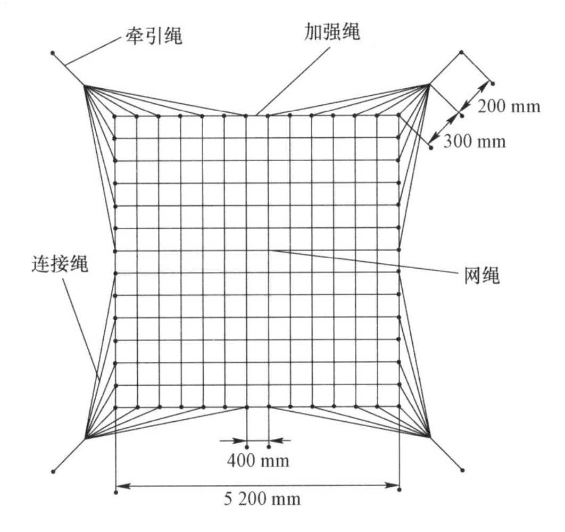

图 6.2　四边形柔性拦截网网型

究了弹道倾角和弹射速度对于有效拦截面积的影响规律，得出的结论是：弹射速度的增大会使有效拦截面积增大，弹道倾角为 0 是得到最大有效拦截面积的必要条件。

6.3.1　最大开网面积参数灵敏性分析

1. 极差分析

极差分析法通过求得各个影响因素在不同水平变化时最大开网面积的变化量来考察该因素对最大开网面积的作用大小，表 6.4 为四边形柔性拦截网最大开网面积正交试验结果。

表 6.4　四边形柔性拦截网最大开网面积正交试验结果

试验号	θ/（°）	v/（m·s^{-1}）	m/g	θ_r/（°）	v_r/（m·s^{-1}）	空列	S_{max}/m^2
1	1	1	1	1	1	1	12.842
2	1	2	2	2	2	2	14.605 5
3	1	3	3	3	3	3	18.243 7
4	1	4	4	4	4	4	21.947
5	1	5	5	5	5	5	25.204 8
6	2	4	2	3	1	5	31.082 9
7	2	5	3	4	2	1	29.297 5
8	2	1	4	5	3	2	23.259

续表

试验号	θ/（°）	v/（m·s^{-1}）	m/g	θ_r/（°）	v_r/（m·s^{-1}）	空列	S_{max}/m^2
9	2	2	5	1	4	3	6.733 7
10	2	3	1	2	5	4	4.169
11	3	2	3	5	1	4	32.751 4
12	3	3	4	1	2	5	14.721
13	3	4	5	2	3	1	19.198 9
14	3	5	1	3	4	2	11.282 7
15	3	1	2	4	5	3	7.595 7
16	4	5	4	2	1	3	31.943 7
17	4	1	5	3	2	4	25.414 3
18	4	2	1	4	3	5	14.353
19	4	3	2	5	4	1	18.412 4
20	4	4	3	1	5	2	4.852 2
21	5	3	5	4	1	2	33.333 7
22	5	4	1	5	2	3	27.899 2
23	5	5	2	1	3	4	8.494 3
24	5	1	3	2	4	5	6.602 2
25	5	2	4	3	5	1	10.772 1

各个因素的不同水平下的最大开网面积如表 6.5～表 6.9 所示。

表 6.5　弹道倾角不同水平对应的最大开网面积

水平	水平 1	水平 2	水平 3	水平 4	水平 5
S_{max}/m^2	12.842	31.082 9	32.751 4	31.943 7	33.333 7
S_{max}/m^2	14.605 5	29.297 5	14.721	25.414 3	27.899 2
S_{max}/m^2	18.243 7	23.259	19.198 9	14.353	8.494 3
S_{max}/m^2	21.947	6.733 7	11.282 7	18.412 4	6.602 2
S_{max}/m^2	25.204 8	4.169	7.595 7	4.852 2	10.772 1
均值/m^2	**18.568 6**	**18.908 42**	**17.109 94**	**18.995 12**	**17.420 3**

表 6.6　弹体速度不同水平对应的最大开网面积

水平	水平 1	水平 2	水平 3	水平 4	水平 5
S_{max}/m^2	12.842	14.605 5	18.243 7	21.947	25.204 8
S_{max}/m^2	31.082 9	29.297 5	23.259	6.733 7	4.169

续表

水平	水平 1	水平 2	水平 3	水平 4	水平 5
S_{max}/m^2	32.751 4	14.721	19.198 9	11.282 7	7.595 7
S_{max}/m^2	31.943 7	25.414 3	14.353	18.412 4	4.852 2
S_{max}/m^2	33.333 7	27.899 2	8.494 3	6.602 2	10.772 1
均值/m^2	**28.390 74**	**22.387 5**	**16.709 78**	**12.995 6**	**10.518 76**

表 6.7 质量块质量不同水平对应的最大开网面积

水平	水平 1	水平 2	水平 3	水平 4	水平 5
S_{max}/m^2	12.842	14.605 5	18.243 7	21.947	25.204 8
S_{max}/m^2	4.169	31.082 9	29.297 5	23.259	6.733 7
S_{max}/m^2	11.282 7	7.595 7	32.751 4	14.721	19.198 9
S_{max}/m^2	14.353	18.412 4	4.852 2	31.943 7	25.414 3
S_{max}/m^2	27.899 2	8.494 3	6.602 2	10.772 1	33.333 7
均值/m^2	**14.109 18**	**16.038 16**	**18.349 4**	**20.528 56**	**21.977 08**

表 6.8 弹射角度不同水平下对应的最大开网面积

水平	水平 1	水平 2	水平 3	水平 4	水平 5
S_{max}/m^2	12.842	14.605 5	18.243 7	21.947	25.204 8
S_{max}/m^2	6.733 7	4.169	31.082 9	29.297 5	23.259
S_{max}/m^2	14.721	19.198 9	11.282 7	7.595 7	32.751 4
S_{max}/m^2	4.852 2	31.943 7	25.414 3	14.353	18.412 4
S_{max}/m^2	8.494 3	6.602 2	10.772 1	33.333 7	27.899 2
均值/m^2	**9.528 64**	**15.303 86**	**19.359 14**	**21.305 38**	**25.505 36**

表 6.9 弹射速度不同水平对应的最大开网面积

水平	水平 1	水平 2	水平 3	水平 4	水平 5
S_{max}/m^2	12.842	14.605 5	18.243 7	21.947	25.204 8
S_{max}/m^2	23.259	6.733 7	4.169	31.082 9	29.297 5
S_{max}/m^2	7.595 7	32.751 4	14.721	19.198 9	11.282 7
S_{max}/m^2	25.414 3	14.353	18.412 4	4.852 2	31.943 7
S_{max}/m^2	6.602 2	10.772 1	33.333 7	27.899 2	8.494 3
均值/m^2	**15.142 64**	**15.843 14**	**17.775 96**	**20.996 04**	**21.244 6**

如表 6.10 所示，从极差分析可知，各因素按照影响作用从大到小排列依次为弹体速度、弹射角度、质量块质量、弹射速度、弹道倾角。

表 6.10　不同因素对应的极差（四边形，最大开网面积）

因素	θ /（°）	v /（m·s^{-1}）	m /g	θ_r /（°）	v_r /（m·s^{-1}）
极差/m^2	1.885 2	17.872 0	6.834 4	15.976 7	6.102 0

各个因素在不同水平下最大开网面积的变化趋势如图 6.3 所示，从图中可见，弹体速度越小，越有利于获得较大的开网面积；弹射角度、弹射速度及质量块质量越大则越能增大最大开网面积；弹道倾角对于最大开网面积的作用不明显。

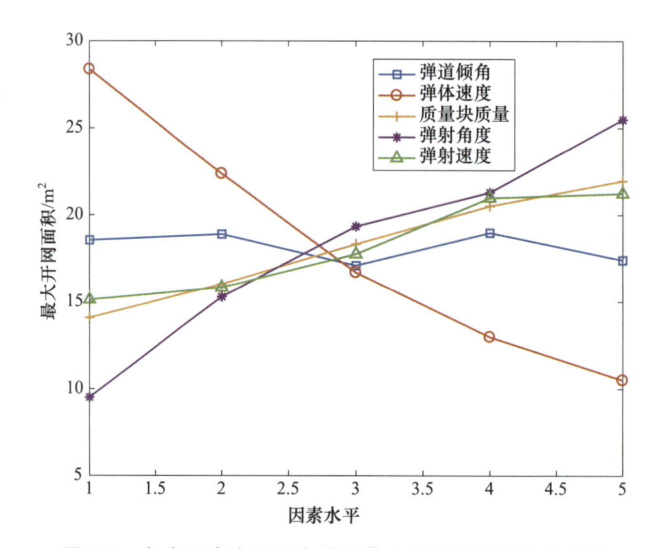

图 6.3　各个因素在不同水平下最大开网面积的变化趋势

2. 方差分析

方差分析法将正交试验的数据分解成因素水平变化引起的离差和误差引起的离差两部分，然后构造 F 统计量，做 F 检验，从而判断因素作用的显著程度。因素的 F 统计量值越大则说明该项因素对指标的影响越大。最大开网面积的方差分析结果如表 6.11 所示，可以看出对最大开网面积的影响因素中，5 个因素按重要程度排列依次为弹体速度 v 、质量块弹射角度 θ_r 、质量块质量 m 、质量块弹射速度 v_r 、弹道倾角 θ 。

表 6.11　四边形柔性拦截网最大开网面积各因素的方差分析

因素	θ/（°）	v/（m·s^{-1}）	m/g	θ_r/（°）	v_r/（m·s^{-1}）	空列
离差	15.330 5	1 048.5	205.596 0	739.676 9	160.847 4	3.952 4
F	3.878 8	265.273 5	52.017 8	187.145 4	40.696 0	—
$F_{0.05}(4,4)$	6.39					
是否影响	否	是	是	是	是	—

6.3.2　滞空时间参数灵敏性分析

滞空时间代表柔性拦截网在空中具有捕获目标能力的这段时间，定义如下：从柔性网拦截发射至其面积缩减为名义面积的 5%。依据正交试验的设计工况，四边形柔性拦截滞空时间的计算结果如表 6.12 所示。

表 6.12　四边形柔性拦截网滞空时间的计算结果

试验号	θ	v	m	θ_r	v_r	空列	T_{max}/s
1	1	1	1	1	1	1	2
2	1	2	2	2	2	2	1.672
3	1	3	3	3	3	3	0.964
4	1	4	4	4	4	4	0.64
5	1	5	5	5	5	5	0.474
6	2	4	2	3	1	5	1.71
7	2	5	3	4	2	1	0.95
8	2	1	4	5	3	2	0.906
9	2	2	5	1	4	3	1.096
10	2	3	1	2	5	4	1.368
11	3	2	3	5	1	4	1.592
12	3	3	4	1	2	5	1.476
13	3	4	5	2	3	1	0.844
14	3	5	1	3	4	2	1.106
15	3	1	2	4	5	3	0.984
16	4	5	4	2	1	3	1.27
17	4	1	5	3	2	4	1.228
18	4	2	1	4	3	5	1.386
19	4	3	2	5	4	1	0.792

续表

试验号	θ	v	m	θ_r	v_r	空列	T_{max}/s
20	4	4	3	1	5	2	1.09
21	5	3	5	4	1	2	1.68
22	5	4	1	5	2	3	1.22
23	5	5	2	1	3	4	1.754
24	5	1	3	2	4	5	1.36
25	5	2	4	3	5	1	0.814

每个因素在不同水平下的滞空时间如表 6.13～表 6.17 所示，表 6.18 为不同因素对应的极差，各个因素按照极差从大到小的排列顺序为 v_r 、 θ_r 、 m 、 v 、 θ 。

表 6.13　弹道倾角不同水平下四边形网滞空时间平均值

水平	水平 1	水平 2	水平 3	水平 4	水平 5
T_{max}/s	2	1.71	1.592	1.27	1.68
T_{max}/s	1.672	0.95	1.476	1.228	1.22
T_{max}/s	0.964	0.906	0.844	1.386	1.754
T_{max}/s	0.64	1.096	1.106	0.792	1.36
T_{max}/s	0.474	1.368	0.984	1.09	0.814
均值/s	**1.15**	**1.206**	**1.200 4**	**1.153 2**	**1.365 6**

表 6.14　弹体速度不同水平下四边形网滞空时间平均值

水平	水平 1	水平 2	水平 3	水平 4	水平 5
T_{max}/s	2	1.672	0.964	0.64	0.474
T_{max}/s	0.906	1.096	1.368	1.71	0.95
T_{max}/s	0.984	1.592	1.476	0.844	1.106
T_{max}/s	1.228	1.386	0.792	1.09	1.27
T_{max}/s	1.36	0.814	1.68	1.22	1.754
均值/s	**1.295 6**	**1.312**	**1.256**	**1.100 8**	**1.110 8**

表 6.15　质量块质量不同水平下四边形网滞空时间的平均值

水平	水平 1	水平 2	水平 3	水平 4	水平 5
T_{max}/s	2	1.672	0.964	0.64	0.474
T_{max}/s	1.368	1.71	0.95	0.906	1.096

续表

水平	水平 1	水平 2	水平 3	水平 4	水平 5
T_{max}/s	1.106	0.984	1.592	1.476	0.844
T_{max}/s	1.386	0.792	1.09	1.27	1.228
T_{max}/s	1.22	1.754	1.36	0.814	1.68
均值/s	**1.416**	**1.382 4**	**1.191 2**	**1.021 2**	**1.064 4**

表 6.16　弹射角度不同水平下滞空时间的平均值

水平	水平 1	水平 2	水平 3	水平 4	水平 5
T_{max}/s	2	1.672	0.964	0.64	0.474
T_{max}/s	1.096	1.368	1.71	0.95	0.906
T_{max}/s	1.476	0.844	1.106	0.984	1.592
T_{max}/s	1.09	1.27	1.228	1.386	0.792
T_{max}/s	1.754	1.36	0.814	1.68	1.22
均值/s	**1.483 2**	**1.302 8**	**1.164 4**	**1.128**	**0.996 8**

表 6.17　弹射速度不同水平下滞空时间的平均值

水平	水平 1	水平 2	水平 3	水平 4	水平 5
T_{max}/s	2	1.672	0.964	0.64	0.474
T_{max}/s	1.71	0.95	0.906	1.096	1.368
T_{max}/s	1.592	1.476	0.844	1.106	0.984
T_{max}/s	1.27	1.228	1.386	0.792	1.09
T_{max}/s	1.68	1.22	1.754	1.36	0.814
均值/s	**1.650 4**	**1.309 2**	**1.170 8**	**0.998 8**	**0.946**

表 6.18　不同因素对应的极差（四边形，滞空时间）

因素	θ/（°）	v/（m·s^{-1}）	m/g	θ_r/（°）	v_r/（m·s^{-1}）
极差/s	0.215 6	0.211 2	0.315 2	0.486 4	0.704 4

图 6.4 为各个因素在不同水平下滞空时间的变化，从图中可以看出，弹射角度减小、弹射速度减小、质量块质量减小均可使得柔性拦截网滞空时间的延长，这与第 2 章中的结论是一致的。对这一现象更深层次的物理解释是：柔性拦截网网型的收缩是空气阻力和柔性拦截网中的收缩内力共同造成的，其中柔性拦截网中的收缩内力是主导因素；柔性拦截网中产生收缩内力的主要原因是

柔性拦截网发射时在展开方向存在剩余能量，使得柔性拦截网中产生形变进而产生克服形变的收缩内力；减小质量块质量、减小发射速度、减小弹射角度均可以减小柔性拦截网在展开方向的能量。

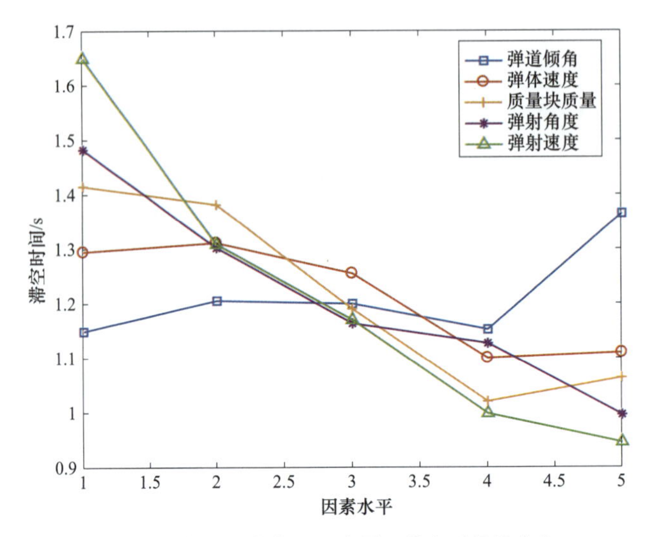

图 6.4 各个因素在不同水平下滞空时间的变化

四边形柔性拦截网滞空时间正交试验的方差分析如表 6.19 所示，从 F 统计量的数值上来看，质量块的弹射速度对柔性拦截网滞空时间的影响最大，按照 90%的置信度仅弹射速度对滞空时间有影响，出现这个结果的原因可能是正交试验采取的样本数量太少，影响因素应至少包含弹射速度、弹射角度、质量块质量。可以确定的是，弹道倾角的大小对于滞空时间的影响很小。

表 6.19 四边形柔性拦截网滞空时间正交试验的方差分析

因素	θ /（°）	v /（m·s^{-1}）	m /g	θ_r /（°）	v_r /（m·s^{-1}）	空列
离差	0.155 1	0.207 4	0.646 1	0.686 9	1.597 5	0.251 7
F	0.616 2	0.824 1	2.567 0	2.728 9	6.346 6	—
$F_{0.05}(4,4)$	6.39					
$F_{0.1}(4,4)$	4.11					
是否影响	否	否	否	否	是	—

6.3.3 有效拦截面积参数灵敏性分析

有效拦截面积的定义是柔性拦截网展开面积在铅垂面内的投影，相比最大展开面积，有效拦截面积是评估柔性拦截网对水平飞来目标抓捕能力的一项重要指标。四边形柔性拦截网正交试验的数值仿真结果如表 6.20 所示。

表 6.20　四边形柔性拦截网正交试验的数值仿真结果

试验号	θ/（°）	v/（m·s^{-1}）	m/g	θ_r/（°）	v_r/（m·s^{-1}）	空列	S_{eff}/m^2
1	1	1	1	1	1	1	12.374 2
2	1	2	2	2	2	2	14.085
3	1	3	3	3	3	3	17.575 6
4	1	4	4	4	4	4	21.205 9
5	1	5	5	5	5	5	24.351 8
6	2	1	2	3	4	5	29.895 7
7	2	2	3	4	5	1	29.16
8	2	3	4	5	1	2	23.142 9
9	2	4	5	1	2	3	6.708 6
10	2	5	1	2	3	4	4.156 4
11	3	1	3	5	2	4	31.673 7
12	3	2	4	1	3	5	14.674 8
13	3	3	5	2	4	1	19.126 3
14	3	4	1	3	5	2	11.239 8
15	3	5	2	4	1	3	7.574 1
16	4	1	4	2	5	3	30.882 6
17	4	2	5	3	1	4	24.535 3
18	4	3	1	4	2	5	13.887 5
19	4	4	2	5	3	1	17.819
20	4	5	3	1	4	2	4.688 3
21	5	1	5	4	3	2	32.245 3
22	5	2	1	5	4	3	25.349 9
23	5	3	2	1	5	4	7.698 8
24	5	4	3	2	1	5	5.983 6
25	5	5	4	3	2	1	9.765 2

各个因素在不同水平下的有效拦截面积如表 6.21～表 6.25 所示。从计算结果来看，有效拦截面积与最大开网面积的差异不特别大，这是因为仿真设置的弹道倾角范围较小。有效拦截面积的极差计算结果如表 6.26 所示，从极差计算结果来看，各因素按照影响作用从大到小排列依次为弹体速度、弹射角度、质

量块质量、弹射速度、弹道倾角，与最大开网面积的分析结果一致。

表 6.21　弹道倾角不同水平下四边形网的有效拦截面积

水平	水平 1	水平 2	水平 3	水平 4	水平 5
S_{eff}/m^2	12.374 2	29.895 7	31.673 7	30.882 6	32.245 3
S_{eff}/m^2	14.085	29.16	14.674 8	24.535 3	25.349 9
S_{eff}/m^2	17.575 6	23.142 9	19.126 3	13.887 5	7.698 8
S_{eff}/m^2	21.205 9	6.708 6	11.239 8	17.819	5.983 6
S_{eff}/m^2	24.351 8	4.156 4	7.574 1	4.688 3	9.765 2
均值/m^2	**17.918 5**	**18.612 72**	**16.857 74**	**18.362 54**	**16.208 56**

表 6.22　弹体速度不同水平下四边形网的有效拦截面积

水平	水平 1	水平 2	水平 3	水平 4	水平 5
S_{eff}/m^2	12.374 2	14.085	17.575 6	21.205 9	24.351 8
S_{eff}/m^2	29.895 7	29.16	23.142 9	6.708 6	4.156 4
S_{eff}/m^2	31.673 7	14.674 8	19.126 3	11.239 8	7.574 1
S_{eff}/m^2	30.882 6	24.535 3	13.887 5	17.819	4.688 3
S_{eff}/m^2	32.245 3	25.349 9	7.698 8	5.983 6	9.765 2
均值/m^2	**27.414 3**	**21.561**	**16.286 22**	**12.591 38**	**10.107 16**

表 6.23　质量块质量不同水平下四边形网的有效拦截面积

水平	水平 1	水平 2	水平 3	水平 4	水平 5
S_{eff}/m^2	12.374 2	14.085	17.575 6	21.205 9	24.351 8
S_{eff}/m^2	4.156 4	29.895 7	29.16	23.142 9	6.708 6
S_{eff}/m^2	11.239 8	7.574 1	31.673 7	14.674 8	19.126 3
S_{eff}/m^2	13.887 5	17.819	4.688 3	30.882 6	24.535 3
S_{eff}/m^2	25.349 9	7.698 8	5.983 6	9.765 2	32.245 3
均值/m^2	**13.401 56**	**15.414 52**	**17.816 24**	**19.934 28**	**21.393 46**

表 6.24　弹射角度不同水平下四边形网的有效拦截面积

水平	水平 1	水平 2	水平 3	水平 4	水平 5
S_{eff}/m^2	12.374 2	14.085	17.575 6	21.205 9	24.351 8
S_{eff}/m^2	6.708 6	4.156 4	29.895 7	29.16	23.142 9
S_{eff}/m^2	14.674 8	19.126 3	11.239 8	7.574 1	31.673 7

续表

水平	水平 1	水平 2	水平 3	水平 4	水平 5
S_{eff} /m²	4.688 3	30.882 6	24.535 3	13.887 5	17.819
S_{eff} /m²	7.698 8	5.983 6	9.765 2	32.245 3	25.349 9
均值/m²	**9.228 94**	**14.846 78**	**18.602 32**	**20.814 56**	**24.467 46**

表 6.25　弹射速度不同水平下四边形网的有效拦截面积

水平	水平 1	水平 2	水平 3	水平 4	水平 5
S_{eff} /m²	12.374 2	14.085	17.575 6	21.205 9	24.351 8
S_{eff} /m²	23.142 9	6.708 6	4.156 4	29.895 7	29.16
S_{eff} /m²	7.574 1	31.673 7	14.674 8	19.126 3	11.239 8
S_{eff} /m²	24.535 3	13.887 5	17.819	4.688 3	30.882 6
S_{eff} /m²	5.983 6	9.765 2	32.245 3	25.349 9	7.698 8
均值/m²	**14.722 02**	**15.224**	**17.294 22**	**20.053 22**	**20.666 6**

表 6.26　四边形柔性拦截网有效拦截面积不同因素对应的极差

因素	θ /（°）	v /（m·s⁻¹）	m /g	θ_r /（°）	v_r /（m·s⁻¹）
极差/m²	2.404 2	17.307 1	11.286 3	15.238 5	5.944 6

四边形柔性拦截网有效拦截面积随各因素水平的变化趋势如图 6.5 所示，从图中趋势分析，弹道倾角与有效拦截面积不存在明显的单调关系；弹体速度

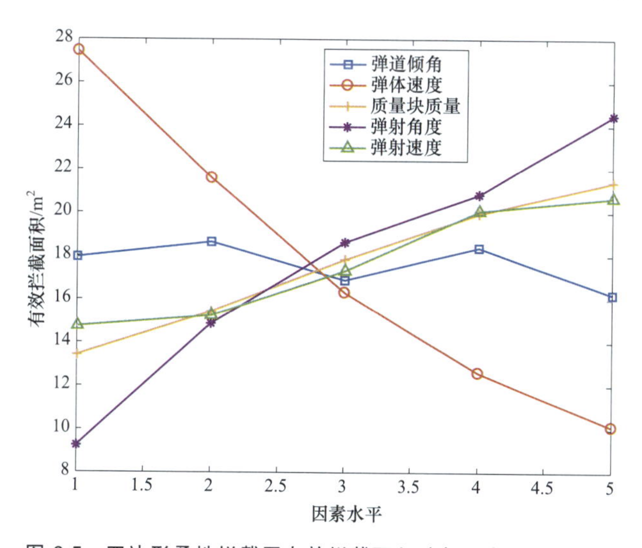

图 6.5　四边形柔性拦截网有效拦截面积随各因素水平的变化

与有效拦截面积表现为负相关关系；质量块质量、弹射角度、弹射速度与有效拦截面积间存在正相关关系。

四边形柔性拦截网有效拦截面积正交数值试验的方差分析结果如表 6.27 所示，在 95%置信度下，各个因素均对四边形网的有效拦截面积具有影响，对比表 6.11 中四边形网最大开网面积的方差分析，仅有弹道倾角的数值变化较大，体现了弹道倾角对于有效拦截的影响。对比各个因素的 F 量，对有效拦截影响从大到小依次为弹体速度、弹射角度、质量块质量、弹射速度、弹道倾角。

表 6.27　四边形柔性拦截网有效拦截面积各因素的方差分析

因素	θ /（°）	v /（m·s^{-1}）	m /g	θ_r /（°）	v_r /（m·s^{-1}）	空列
离差	20.976 2	974.823 1	211.444 3	680.773 0	147.218 3	1.811 2
F	11.581 4	538.218 0	116.742 3	375.867 4	81.281 9	—
$F_{0.05}(4,4)$	6.39					
是否影响	是	是	是	是	是	—

6.4　六边形柔性拦截网参数灵敏性分析

通过正交设计方法对仿真参数进行设置后，下面分别采用极差法和方差法对六边形柔性拦截网的仿真数据进行灵敏性分析。图 6.6 所示六边形柔性拦截

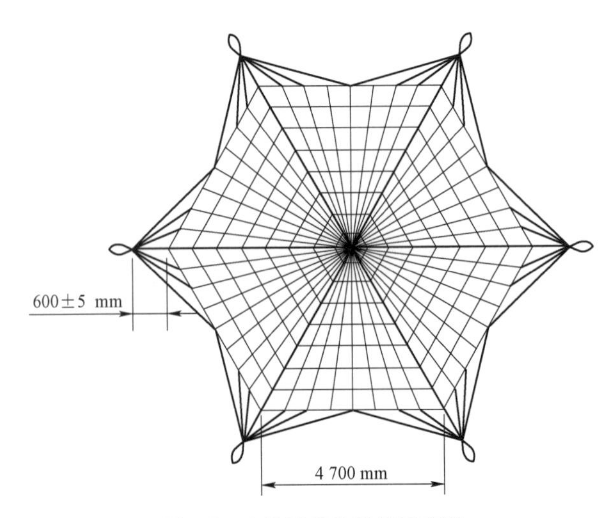

图 6.6　六边形柔性拦截网构形

网由放射形网线组成，可分为网格绳、边线绳、牵引绳和连接绳。柔性拦截网对角顶点的长度为 10.6 m，名义最大开网面积为 72.98 m^2。

6.4.1　最大开网面积参数灵敏性分析

在以往的研究中，六边形柔性拦截网最大开网面积取决于柔性拦截网在展开方向具有的动能大小，能量越大则最大开网面积越大。极差法可以分析因素对于指标的影响程度，极差越大则该因素对该项指标的影响越大。正交仿真试验得到的最大开网面积如表 6.28 所示。

表 6.28　正交仿真试验得到的最大开网面积

试验号	θ/（°）	v/（m·s^{-1}）	m/g	θ_r/（°）	v/（m·s^{-1}）	空列	S_{max}/m^2
1	1	1	1	1	1	1	27.974 1
2	1	2	2	2	2	2	35.958 3
3	1	3	3	3	3	3	45.977 4
4	1	4	4	4	4	4	52.778 1
5	1	5	5	5	5	5	57.795 2
6	2	1	2	3	4	5	61.985 8
7	2	2	3	4	5	1	61.552 9
8	2	3	4	5	1	2	54.648 8
9	2	4	5	1	2	3	27.450 9
10	2	5	1	2	3	4	9.603
11	3	1	3	5	2	4	68.83
12	3	2	4	1	3	5	49.658
13	3	3	5	2	4	1	54.885 5
14	3	4	1	3	5	2	20.537
15	3	5	2	4	1	3	18.589 2
16	4	1	4	2	5	3	69.799 8
17	4	2	5	3	1	4	61.807 8
18	4	3	1	4	2	5	25.517 8
19	4	4	2	5	3	1	39.682 8
20	4	5	3	1	4	2	17.433 9
21	5	1	5	4	3	2	66.495 3
22	5	2	1	5	4	3	54.324
23	5	3	2	1	5	4	24.569 9
24	5	4	3	2	1	5	20.195 6
25	5	5	4	3	2	1	31.895 5

弹道倾角 θ、弹体速度 v、质量块质量 m、质量块弹射角 θ_r 和质量块弹射速度 v_r 在不同水平下对试验结果的影响，计算结果如表 6.29～表 6.33 所示。由式（6.1）可得到弹道倾角对应的极差为 $R_\theta = 25.65 - 18.08 = 7.57$ 极差的计算结果如表 6.34 所示，从表中可以看出，对最大开网面积影响最大的因素的弹射速度，其次是质量块质量、弹射角度、弹体速度、弹道倾角。但是考虑到取值范围的不同，我们这里将计算得到的极差除以因素的取值区间得到了一组新的数据，以此来考察因素变化单位值时最大开网面积的极差，分别得到在弹道倾角每变化一度时最大面积的极差变化为 0.189 3 m²；弹体速度每变化 1 m/s 时，最大面积变化为 0.124 5 m²；质量块质量每变化 1 g 时，最大面积变化为 0.261 2 m²；弹射角度每变化 1° 时，最大面积变化为 0.424 m²；弹射速度每变化 1 m/s 时，最大面积变化为 0.876 5 m²。综合平均意义下的极差和正交试验极差，对最大开网面积影响较大是质量块弹射角度和弹射速度。

表 6.29　弹道倾角不同水平下的最大开网面积

水平	水平 1	水平 2	水平 3	水平 4	水平 5
S_{max}/m²	27.974 1	61.985 8	68.83	69.799 8	66.495 3
S_{max}/m²	35.958 3	61.552 9	49.658	61.807 8	54.324
S_{max}/m²	45.977 4	54.648 8	54.885 5	25.517 8	24.569 9
S_{max}/m²	52.778 1	27.450 9	20.537	39.682 8	20.195 6
S_{max}/m²	57.795 2	9.603	18.589 2	17.433 9	31.895 5
均值/m²	**44.096 62**	**43.048 28**	**42.499 94**	**42.848 42**	**39.496 06**

表 6.30　弹体速度不同水平下的最大开网面积

水平	水平 1	水平 2	水平 3	水平 4	水平 5
S_{max}/m²	27.974 1	35.958 3	45.977 4	52.778 1	57.795 2
S_{max}/m²	61.985 8	61.552 9	54.648 8	27.450 9	9.603
S_{max}/m²	68.83	49.658	54.885 5	20.537	18.589 2
S_{max}/m²	69.799 8	61.807 8	25.517 8	39.682 8	17.433 9
S_{max}/m²	66.495 3	54.324	24.569 9	20.195 6	31.895 5
均值/m²	**59.017**	**52.660 2**	**41.119 88**	**32.128 88**	**27.063 36**

表 6.31　质量块质量不同水平下的最大开网面积

水平	水平 1	水平 2	水平 3	水平 4	水平 5
S_{max}/m²	27.974 1	35.958 3	45.977 4	52.778 1	57.795 2
S_{max}/m²	9.603	61.985 8	61.552 9	54.648 8	27.450 9

续表

水平	水平 1	水平 2	水平 3	水平 4	水平 5
S_{max}/m^2	20.537	18.589 2	68.83	49.658	54.885 5
S_{max}/m^2	25.517 8	39.682 8	17.433 9	69.799 8	61.807 8
S_{max}/m^2	54.324	24.569 9	20.195 6	31.895 5	66.495 3
均值/m^2	**27.591 18**	**36.157 2**	**42.797 96**	**51.756 04**	**53.686 94**

表 6.32 弹射角度不同水平下的最大开网面积

水平	水平 1	水平 2	水平 3	水平 4	水平 5
S_{max}/m^2	27.974 1	35.958 3	45.977 4	52.778 1	57.795 2
S_{max}/m^2	27.450 9	9.603	61.985 8	61.552 9	54.648 8
S_{max}/m^2	49.658	54.885 5	20.537	18.589 2	68.83
S_{max}/m^2	17.433 9	69.799 8	61.807 8	25.517 8	39.682 8
S_{max}/m^2	24.569 9	20.195 6	31.895 5	66.495 3	54.324
均值/m^2	**29.417 36**	**38.088 44**	**44.440 7**	**44.986 66**	**55.056 16**

表 6.33 弹射速度不同水平下的最大开网面积

水平	水平 1	水平 2	水平 3	水平 4	水平 5
S_{max}/m^2	27.974 1	35.958 3	45.977 4	52.778 1	57.795 2
S_{max}/m^2	54.648 8	27.450 9	9.603	61.985 8	61.552 9
S_{max}/m^2	18.589 2	68.83	49.658	54.885 5	20.537
S_{max}/m^2	61.807 8	25.517 8	39.682 8	17.433 9	69.799 8
S_{max}/m^2	20.195 6	31.895 5	66.495 3	54.324	24.569 9
均值/m^2	**36.643 1**	**37.930 5**	**42.283 3**	**48.281 46**	**46.850 96**

表 6.34 不同因素对应的极差（六边形，最大开网面积）

因素	θ/（°）	v/（$m \cdot s^{-1}$）	m/g	θ_r/（°）	v_r/（$m \cdot s^{-1}$）
极差/m^2	4.600 6	31.953 6	26.623 6	25.638 8	11.638 4
单位极差	0.115	0.399 4	0.332 8	0.641 0	0.291 0

按照极差计算出不同因素对最大开网面积的影响，如图 6.7 所示。从图中可以看出网体本身的发射参数是影响柔性拦截网最大开网面积的主导因素，而弹体的运动参数是影响柔性拦截网展开面积的次要因素。从物理规律考虑，造

成这个现象的主要原因是：弹体的弹道倾角和弹体速度影响的是柔性拦截网展开过程中重力相对柔性拦截网发射方向的分量以及柔性拦截网在展开过程受到的气动力，这两项力的作用效果远不及增加柔性拦截网初始发射能量对柔性拦截网最大开网面积的影响，增加柔性拦截网发射在展开方向的能量包括增加弹体速度、弹射角度及质量块质量，即影响柔性拦截网展开面积的三个因素。在正交试验选择的仿真参数设置范围内，这三个因素所占的权重为 83%。

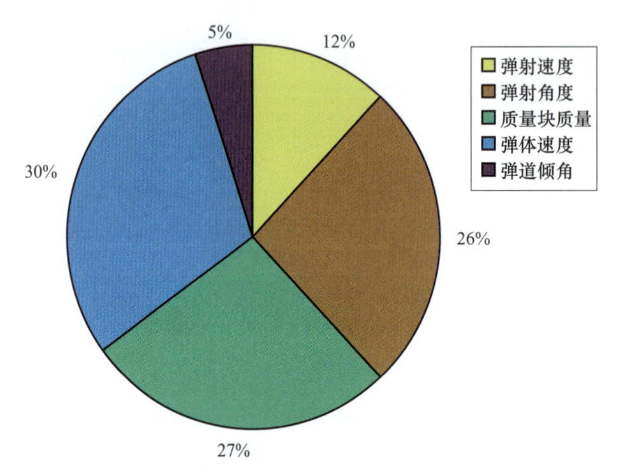

图 6.7 不同因素对最大开网面积的影响

方差法的作用在于可以判断因素影响的显著程度。利用式（6.2）和表 6.28 中的数据，分别计算得到各个因素的平均值和离差，如表 6.35 所示。各个因素的 F 统计量可由式（6.3）计算得到，取置信度为 0.95，因素和误差的自由度均为 4，可得到影响显著性阈值为 $F_{0.05}(4,4)=6.39$。

表 6.35 各因素的方差分析

因素	θ /（°）	v /（m·s^{-1}）	m /g	θ_r /（°）	v_r /（m·s^{-1}）	空列
平均值/m^2	21.063 7	19.973 6	21.063 7	21.063 7	21.063 7	21.063 7
离差	158.103 7	338.525 1	1 431.7	889.046	4 038.6	125.96
F	1.255 2	2.687 6	11.366 6	7.058 2	32.062 5	—
$F_{0.05}(4,4)$	6.39					
是否影响	否	否	是	是	是	—

从各因素的方差分析结果来看，对最大开网面积影响最大的因素依次为弹射速度、质量块质量、弹射角度、弹体速度、弹道倾角。图 6.8 为各因素在不

同水平下的平均最大开网面积，可以看出对弹道倾角、弹体速度这两个不具有明显作用的因素来说，平均最大开网面积与因素水平间不存在明显的线性化关系，而对于质量块质量、弹射速度、弹射角度这三个具有明显作用的因素来说，最大开网面积与因素水平间具有明显的线性化关系。

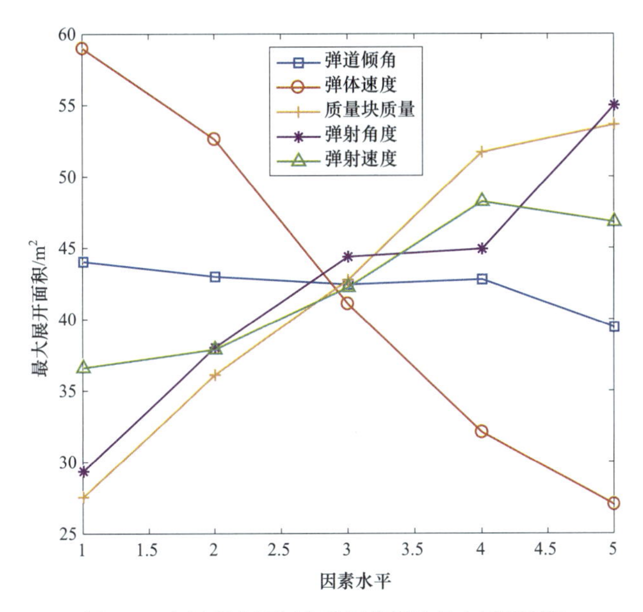

图 6.8 各因素在不同水平下的平均最大开网面积

6.4.2 滞空时间参数灵敏性分析

六边形柔性拦截网滞空时间的计算结果如表 6.36 所示，各个因素在不同水平下的滞空时间如表 6.37～表 6.41 所示。极差计算结果如表 6.42 所示，从计算结果来看，各个因素对滞空时间的影响从大到小依次为弹射速度、弹射角度、质量块质量、弹体速度、弹道倾角。这一结果与四边形柔性拦截网滞空时间的作用规律是吻合的。

表 6.36 六边形柔性拦截网滞空时间的计算结果

试验号	θ	v	m	θ_r	v_r	空列	T_{max}/s
1	1	1	1	1	1	1	2.397 6
2	1	2	2	2	2	2	1.412 2
3	1	3	3	3	3	3	0.98
4	1	4	4	4	4	4	0.7

续表

试验号	θ	v	m	θ_r	v_r	空列	T_{max}/s
5	1	5	5	5	5	5	0.53
6	2	4	2	3	1	5	2.170 8
7	2	5	3	4	2	1	1.002 9
8	2	1	4	5	3	2	0.92
9	2	2	5	1	4	3	0.92
10	2	3	1	2	5	4	0.34
11	3	2	3	5	1	4	0.72
12	3	3	4	1	2	5	1.268 5
13	3	4	5	2	3	1	0.87
14	3	5	1	3	4	2	0.6
15	3	1	2	4	5	3	0.55
16	4	5	4	2	1	3	1.978 4
17	4	1	5	3	2	4	1.272 4
18	4	2	1	4	3	5	0.82
19	4	3	2	5	4	1	0.6
20	4	4	3	1	5	2	0.83
21	5	3	5	4	1	2	0.85
22	5	4	1	5	2	3	1.096 8
23	5	5	2	1	3	4	1.388 3
24	5	1	3	2	4	5	1.033 9
25	5	2	4	3	5	1	0.73

表 6.37　弹道倾角不同水平下对应的滞空时间平均值

水平	水平 1	水平 2	水平 3	水平 4	水平 5
T_{max}/s	2.397 6	2.170 8	0.72	1.978 4	0.85
T_{max}/s	1.412 2	1.002 9	1.268 5	1.272 4	1.096 8
T_{max}/s	0.98	0.92	0.87	0.82	1.388 3
T_{max}/s	0.7	0.92	0.6	0.6	1.033 9
T_{max}/s	0.53	0.34	0.55	0.83	0.73
均值/s	**1.203 96**	**1.070 74**	**0.801 7**	**1.100 16**	**1.019 8**

表 6.38 弹体速度不同水平下对应的滞空时间平均值

水平	水平 1	水平 2	水平 3	水平 4	水平 5
T_{max}/s	2.397 6	1.412 2	0.98	0.7	0.53
T_{max}/s	0.92	0.92	0.34	2.170 8	1.002 9
T_{max}/s	0.55	0.72	1.268 5	0.87	0.6
T_{max}/s	1.272 4	0.82	0.6	0.83	1.978 4
T_{max}/s	1.033 9	0.73	0.85	1.096 8	1.388 3
均值/s	**1.234 78**	**0.920 44**	**0.807 7**	**1.133 52**	**1.099 92**

表 6.39 质量块质量不同水平下滞空时间的平均值

水平	水平 1	水平 2	水平 3	水平 4	水平 5
T_{max}/s	2.397 6	1.412 2	0.98	0.7	0.53
T_{max}/s	0.34	2.170 8	1.002 9	0.92	0.92
T_{max}/s	0.6	0.55	0.72	1.268 5	0.87
T_{max}/s	0.82	0.6	0.83	1.978 4	1.272 4
T_{max}/s	1.096 8	1.388 3	1.033 9	0.73	0.85
均值/s	**1.050 88**	**1.224 26**	**0.913 36**	**1.119 38**	**0.888 48**

表 6.40 弹射角度不同水平下滞空时间的平均值

水平	水平 1	水平 2	水平 3	水平 4	水平 5
T_{max}/s	2.397 6	1.412 2	0.98	0.7	0.53
T_{max}/s	0.92	0.34	2.170 8	1.002 9	0.92
T_{max}/s	1.268 5	0.87	0.6	0.55	0.72
T_{max}/s	0.83	1.978 4	1.272 4	0.82	0.6
T_{max}/s	1.388 3	1.033 9	0.73	0.85	1.096 8
均值/s	1.360 88	1.126 9	1.150 64	0.784 58	0.773 36

表 6.41 弹射速度不同水平下滞空时间的平均值

水平	水平 1	水平 2	水平 3	水平 4	水平 5
T_{max}/s	2.397 6	1.412 2	0.98	0.7	0.53
T_{max}/s	2.170 8	1.002 9	0.92	0.92	0.34
T_{max}/s	0.72	1.268 5	0.87	0.6	0.55
T_{max}/s	1.978 4	1.272 4	0.82	0.6	0.83
T_{max}/s	0.85	1.096 8	1.388 3	1.033 9	0.73
均值/s	**1.623 36**	**1.210 56**	**0.995 66**	**0.770 78**	**0.596**

表 6.42　不同因素对滞空时间的极差

因素	θ /（°）	v /（m・s^{-1}）	m /g	θ_r /（°）	v_r /（m・s^{-1}）
极差/s	0.402 3	0.427 1	0.416 6	0.587 5	1.027 4
单位极差	0.010 1	0.005 3	0.005 2	0.014 7	0.025 7

从图 6.9 可以看出，滞空时间与质量块质量、弹射速度、弹射角度均呈负相关关系，等效地，滞空时间与柔性网在展开方向的能量呈负相关关系。按照极差大小，绘制了各个因素的影响权重，如图 6.10 所示，可以看出，弹道倾角、弹体速度、质量块质量对于滞空时间的影响较小。

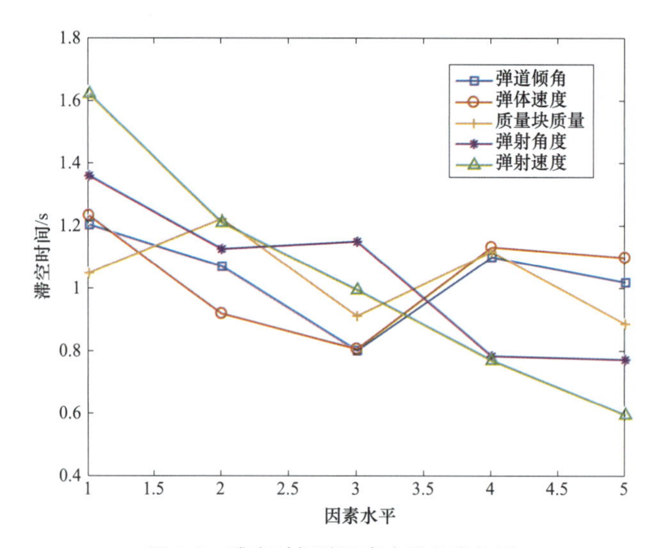

图 6.9　滞空时间随因素水平的变化图

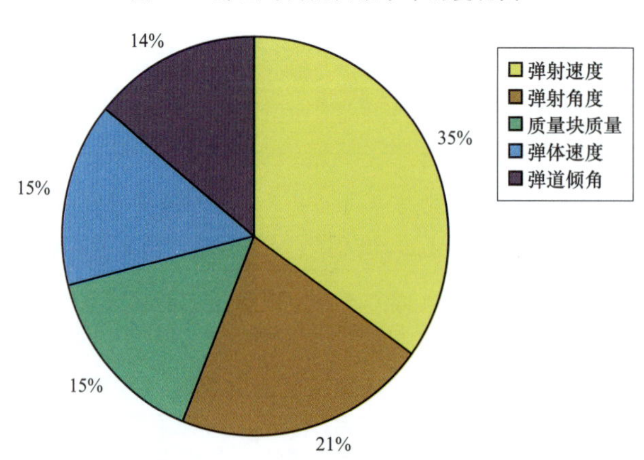

图 6.10　六边形柔性拦截网不同因素对滞空时间的影响

表 6.43 为六边形网的方差分析结果，各个因素的影响权重规律与极差分析结果一致，在 95%的置信度下构造 F 统计量，仅有弹射速度对滞空时间是存在影响的。

表 6.43　六边形柔性拦截网滞空时间方差分析

因素	θ /（°）	v /（m·s^{-1}）	m /g	θ_r /（°）	v_r /（m·s^{-1}）	空列
离差	0.443 2	0.592 7	0.396 8	1.295 5	3.204 9	0.321 5
F	1.378 7	1.843 7	1.234 5	4.029 9	9.969 9	—
$F_{0.05}(4,4)$	6.39					
是否影响	否	否	否	否	是	—

6.4.3　有效限拦截面积参数灵敏性分析

六边形网有效拦截面积指的是网的展开面积在铅垂面内的投影，它是评估柔性拦截网对水平飞行目标捕获能力的一项重要指标。六边形柔性拦截网有效拦截面积的正交试验结果如表 6.44 所示。各个因素在不同水平下的有效拦截面积如表 6.45～表 6.49 所示。正交试验的极差分析结果如表 6.50 所示，与六边形网的最大开网面积对比分析可以看出，除了弹道倾角因素对应的极差数值变化较大外，其他因素的极差基本和六边形网最大开网面积的极差相近，体现了弹道倾角对于有效拦截面积的影响，由于正交试验中弹道倾角的数值选取较小，因此弹道倾角对应的极差数值较小。各个因素对有效拦截面积的影响权重与最大开网面积基本一致。图 6.11 展示了各个因素水平变化时，有效拦截面积的变化趋势，从图中结果来看弹体速度与有效拦截面积呈负相关，弹道倾角与有效拦截面积无明显单调性，质量块质量、弹射角度及弹射速度与有效拦截面积呈正相关。

表 6.44　六边形柔性拦截网有效拦截面积的正交试验结果

试验号	θ	v	m	θ_r	v_r	空列	S_{eff}/m^2
1	1	1	1	1	1	1	27.020 9
2	1	2	2	2	2	2	34.733 1
3	1	3	3	3	3	3	44.410 7
4	1	4	4	4	4	4	50.979 7
5	1	5	5	5	5	5	55.825 9
6	2	1	2	3	4	5	59.873 7
7	2	2	3	4	5	1	61.318 6

续表

试验号	θ	v	m	θ_r	v_r	空列	S_{eff}/m^2
8	2	3	4	5	1	2	54.440 8
9	2	4	5	1	2	3	27.346 4
10	2	5	1	2	3	4	9.566 5
11	3	1	3	5	2	4	66.484 7
12	3	2	4	1	3	5	49.469 1
13	3	3	5	2	4	1	54.676 6
14	3	4	1	3	5	2	20.458 8
15	3	5	2	4	1	3	18.518 4
16	4	1	4	2	5	3	67.421 4
17	4	2	5	3	1	4	59.701 8
18	4	3	1	4	2	5	24.648 3
19	4	4	2	5	3	1	38.330 7
20	4	5	3	1	4	2	16.839 9
21	5	1	5	4	3	2	64.229 6
22	5	2	1	5	4	3	49.234 2
23	5	3	2	1	5	4	22.267 9
24	5	4	3	2	1	5	18.303 4
25	5	5	4	3	2	1	28.907 2

表 6.45　弹道倾角不同水平下六边形网的有效拦截面积

水平	水平 1	水平 2	水平 3	水平 4	水平 5
S_{eff}/m^2	27.020 9	59.873 7	66.484 7	67.421 4	64.229 6
S_{eff}/m^2	34.733 1	61.318 6	49.469 1	59.701 8	49.234 2
S_{eff}/m^2	44.410 7	54.440 8	54.676 6	24.648 3	22.267 9
S_{eff}/m^2	50.979 7	27.346 4	20.458 8	38.330 7	18.303 4
S_{eff}/m^2	55.825 9	9.566 5	18.518 4	16.839 9	28.907 2
均值/m²	**42.594 06**	**42.509 2**	**41.921 52**	**41.388 42**	**36.588 46**

表 6.46　弹体速度不同水平下六边形网的有效拦截面积

水平	水平 1	水平 2	水平 3	水平 4	水平 5
S_{eff}/m^2	27.020 9	34.733 1	44.410 7	50.979 7	55.825 9
S_{eff}/m^2	59.873 7	61.318 6	54.440 8	27.346 4	9.566 5

续表

水平	水平 1	水平 2	水平 3	水平 4	水平 5
S_{eff}/m^2	66.484 7	49.469 1	54.676 6	20.458 8	18.518 4
S_{eff}/m^2	67.421 4	59.701 8	24.648 3	38.330 7	16.839 9
S_{eff}/m^2	64.229 6	49.234 2	22.267 9	18.303 4	28.907 2
均值/m^2	**57.006 06**	**50.891 36**	**40.088 86**	**31.083 8**	**25.931 58**

表 6.47 质量块质量不同水平下六边形网的有效拦截面积

水平	水平 1	水平 2	水平 3	水平 4	水平 5
S_{eff}/m^2	27.020 9	34.733 1	44.410 7	50.979 7	55.825 9
S_{eff}/m^2	9.566 5	59.873 7	61.318 6	54.440 8	27.346 4
S_{eff}/m^2	20.458 8	18.518 4	66.484 7	49.469 1	54.676 6
S_{eff}/m^2	24.648 3	38.330 7	16.839 9	67.421 4	59.701 8
S_{eff}/m^2	49.234 2	22.267 9	18.303 4	28.907 2	64.229 6
均值/m^2	**26.185 74**	**34.744 76**	**41.471 46**	**50.243 64**	**52.356 06**

表 6.48 弹射角度不同水平下六边形网的有效拦截面积

水平	水平 1	水平 2	水平 3	水平 4	水平 5
S_{eff}/m^2	27.020 9	34.733 1	44.410 7	50.979 7	55.825 9
S_{eff}/m^2	27.346 4	9.566 5	59.873 7	61.318 6	54.440 8
S_{eff}/m^2	49.469 1	54.676 6	20.458 8	18.518 4	66.484 7
S_{eff}/m^2	16.839 9	67.421 4	59.701 8	24.648 3	38.330 7
S_{eff}/m^2	22.267 9	18.303 4	28.907 2	64.229 6	49.234 2
均值/m^2	**28.588 84**	**36.940 2**	**42.670 44**	**43.938 92**	**52.863 26**

表 6.49 弹射速度不同水平下六边形柔性拦截网的有效拦截面积

水平	水平 1	水平 2	水平 3	水平 4	水平 5
S_{eff}/m^2	27.020 9	34.733 1	44.410 7	50.979 7	55.825 9
S_{eff}/m^2	54.440 8	27.346 4	9.566 5	59.873 7	61.318 6
S_{eff}/m^2	18.518 4	66.484 7	49.469 1	54.676 6	20.458 8
S_{eff}/m^2	59.701 8	24.648 3	38.330 7	16.839 9	67.421 4
S_{eff}/m^2	18.303 4	28.907 2	64.229 6	49.234 2	22.267 9
均值/m^2	**35.597 06**	**36.423 94**	**41.201 32**	**46.320 82**	**45.458 52**

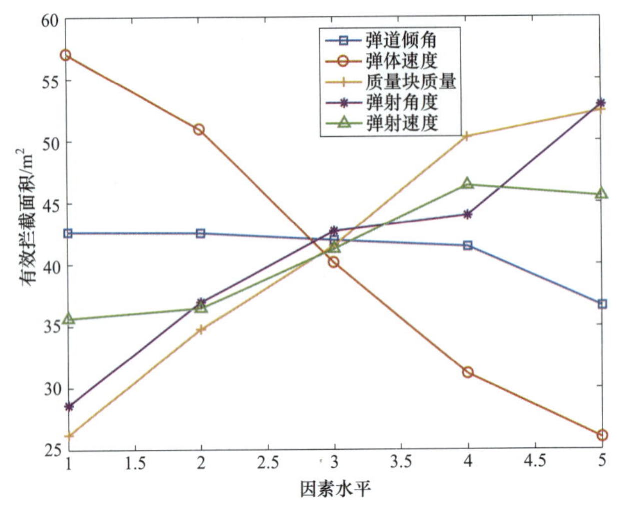

图 6.11　六边形柔性拦截网有效拦截面积随各因素水平变化

表 6.50　不同因素对六边形网有效拦截面积的极差

因素	θ / (°)	v / (m·s^{-1})	m /g	θ_r / (°)	v_r / (m·s^{-1})
极差/s	6.005 6	31.074 5	26.424 5	24.274 4	10.723 8

六边形柔性拦截网有效拦截面积的方差分析如表 6.51 所示，从分析结果来看，弹道倾角对于六边形柔性拦截网的影响较小，一方面这与六边形柔性拦截网特殊的拓扑构形所形成的气动外形有关，另一方面与正交仿真试验中弹道倾角选取的范围较小有关。

表 6.51　六边形柔性拦截网有效拦截面积的方差分析

因素	θ / (°)	v / (m·s^{-1})	m /g	θ_r / (°)	v_r / (m·s^{-1})	空列
离差	126.402 3	3.401 3e+03	2.366 1e+03	1.613 4e+03	491.810 7	52.300 5
F	2.416 8	65.033 0	45.240 3	30.849 0	9.403 6	—
$F_{0.05}(4,4)$	6.39					
是否影响	否	是	是	是	是	—

6.5　本章小结

本章针对柔性拦截网发射参数对关键捕获性能指标的影响进行了灵敏度

分析，找到了影响关键指标的主要因素，通过分析和提炼形成以下结论。

（1）柔性拦截网初始发射动量在展开平面内的投影是决定柔性拦截网滞空时间和最大开网面积的关键物理量。质量块在展开平面内投影的动量越大则柔性拦截网最大开网面积越大，然而，柔性拦截网的滞空时间却越短。因此柔性拦截网的最大开网面积和滞空时间是一对相互矛盾的量，在设计时不可能让二者同时达到最大值，需要根据实际情况，多次利用仿真软件进行计算并结合试验结果寻求最为合理的发射参数组合。

（2）从仿真计算中可以看出，弹体速度对于柔性拦截网的最大开网面积和有效拦截面积均有较大的影响，弹体速度越大，则最大开网面积有效拦截面积越大。据我们所知，柔性拦截网发射前的弹体速度是经过减速伞减速得到的，因此只要增加减速伞的面积或者延长其作用时间来降低柔性拦截网发射前的弹体速度，则可以在很大程度上增加柔性拦截网的最大开网面积，与此同时，由于弹体速度不影响质量块质量在展开平面内的投影，因此降低弹体速度对滞空时间的影响微乎其微。综合以上分析，采取相关措施增大柔性拦截网弹射前的弹体速度是非常经济有效的方法。

（3）多联网发射中的多网性能与发射时间约束及空间约束是紧密相关的，这些因素紧贴工程实际并且变量规模大，很难通过数值试验找到符合实际的规律。但是考虑到多联网发射中的时间约束及空间约束均为小量，因此可以对多联网进行解耦分析，单独对每张网的发射参数进行设计，这种方法也基本能够得到较为合理的解答。

第7章

“低慢小”目标柔性拦截网系统动力学与优化设计

7.1 引　　言

随着各国无人机技术和通用航空事业的迅猛发展，无人机已成为非法活动的重要媒介，而柔性拦截网捕获作为一种非常有效的反无人机手段，其捕获过程具有十分复杂的动力学特征。本章主要针对某无人机捕获系统中的关键动力学问题，开展捕获全过程的动力学分析。首先面向具体的柔性拦截网捕获无人机捕获任务，建立了结合捕获平台发射飞行、柔性拦截网空中展开捕获和降落伞-网回收的全过程动力学模型，并通过与飞行试验对比，对动力学模型进行了部分验证。然后结合无人机目标的机动特性，提出一种新的柔性拦截网成功捕获无人机的评估方法。最后以柔性拦截网最短展开时间和最长有效作用时间为目标对反无人机柔性拦截网捕获系统进行了优化设计。

7.2 柔性拦截网捕获系统描述

柔性拦截网捕获无人机目标过程如图 7.1 所示。

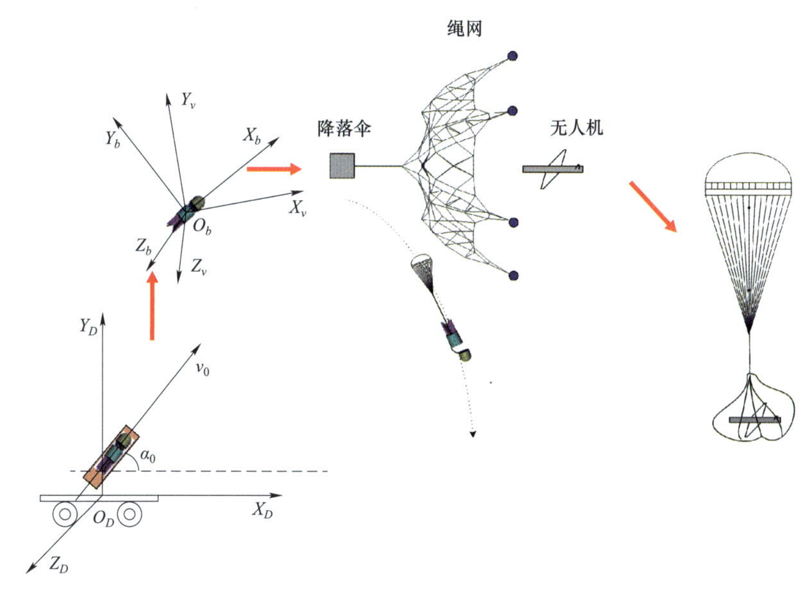

图 7.1　柔性拦截网捕获无人机目标过程

柔性拦截网捕获无人机过程大体划分为三个阶段：第一阶段，捕获平台飞行阶段。通过导弹或其他形式以一定初速度 v_0 和发射角度 α_0，向预定目标发射总质量为 m_0 且封装有柔性拦截网发射机构的捕获平台，捕获平台以气动飞行飞向目标。第二阶段，柔性拦截网展开捕获阶段。当捕获平台飞行至无人机一定距离内，以一定发射速度和发射角度发射柔性拦截网，柔性拦截网与目标发生碰撞缠绕，实现对目标的捕获。第三阶段，伞降阶段。柔性拦截网捕获目标后，降落伞充气张满，与柔性拦截网和无人机一起稳定下落，可实现对目标无人机、柔性拦截网和降落伞的回收。工程项目中的柔性拦截网捕获无人机过程试验如图 7.2 所示。

图 7.2　工程项目中的柔性拦截网捕获无人机过程试验

7.3 柔性拦截网捕获过程动力学

下面分别对捕获平台飞行阶段、柔性拦截网展开捕获阶段和捕获之后的伞降阶段进行动力学建模研究。

7.3.1 捕获平台飞行动力学

采用六自由度刚体模型建立捕获平台的飞行动力学模型。

如图 7.1 所示，以发射点为原点 O_D 建立发射坐标系，O_DX_D 轴为发射时刻 O_D 指向无人机的方向，O_DY_D 轴垂直大地向上，O_DZ_D 轴满足右手坐标系；以捕获平台质心为原点 O_b 建立弹体坐标系，O_bX_b 轴沿弹体纵轴指向头部，O_bY_b 轴在弹体纵向对称面内，垂直于 O_bX_b 轴，O_bZ_b 与其他轴构成右手坐标系；以捕获平台质心为原点 O_b 建立速度坐标系，O_bX_v 轴沿捕获平台的速度方向，O_bX_v 轴在平台对称面内，垂直于 O_bX_v 轴，O_bZ_v 与其他轴构成右手坐标系。下文建立平台从地面发射到接触目标过程的动力学方程。

1. 质心动力学方程

捕获平台在飞行过程中，主要受到重力、气动力和推力的作用。令捕获平台在发射坐标系中的速度为 v_D，在不考虑地球自转的情况下，捕获平台质心的动力学方程为

$$m\dot{\boldsymbol{v}}_D = m\boldsymbol{g} + \boldsymbol{B}_b^D \boldsymbol{B}_v^b \boldsymbol{R}_v + \boldsymbol{B}_b^D \boldsymbol{P} \tag{7.1}$$

式中，m_0 为捕获平台的初始质量；$\boldsymbol{g}$ 为发射坐标系内的重力加速度；$\boldsymbol{R}_v$ 为速度坐标系中的气动力；$\boldsymbol{P}$ 为弹体坐标系内的推力；$\boldsymbol{B}_b^D$ 为弹体坐标系到发射坐标系的转移矩阵；$\boldsymbol{B}_v^D$ 为速度坐标系到弹体坐标系的转移矩阵。

2. 转动动力学方程

在捕获平台的弹体坐标系中建立其绕质心的转动动力学方程为

$$\begin{cases} M_{q.xt} = I_x \dfrac{\mathrm{d}w_x}{\mathrm{d}t} + (I_z - I_y) w_y w_z \\ M_{q.yt} = I_y \dfrac{\mathrm{d}w_y}{\mathrm{d}t} + (I_x - I_z) w_x w_z \\ M_{q.zt} = I_z \dfrac{\mathrm{d}w_z}{\mathrm{d}t} + (I_y - I_x) w_x w_y \end{cases} \tag{7.2}$$

式中，w_x、w_y 和 w_z 为捕获平台的角速度；I_x、I_y 和 I_z 为转动惯量；$M_{q.xt}$、$M_{q.yt}$ 和 $M_{q.zt}$ 分别为捕获平台的气动力矩在弹体坐标系 x_b 轴、y_b 轴和 z_b 轴的分量。将质心运动学方程（7.1）和绕质心转动动力学方程（7.2）联立，结合初始条件即可求解捕获平台的六自由度运动问题。

7.3.2 发射展开动力学

采用质量块牵引的方式展开柔性拦截网，发射装置如图 7.3 所示。柔性拦截网压缩封装在网舱内，牵引质量块通过牵引绳与柔性拦截网相连；发射时，各质量块会以初始速度 v_{net} 分别牵引柔性拦截网，以角度 β_{net} 牵引柔性拦截网向前和两侧展开飞行。

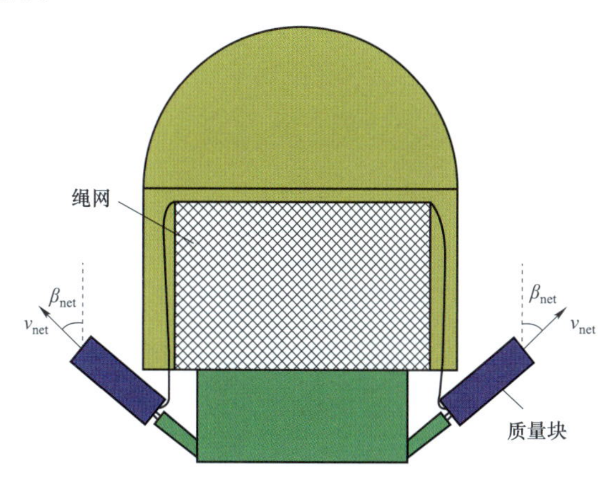

图 7.3 反无人机捕获柔性拦截网发射装置

需要注意的是，由于柔性拦截网从运动中的捕获平台中发射，因此柔性拦截网整体具有和捕获平台一致的初速度。此外，实际的地面柔性拦截网发射展开过程中，捕获平台在发射柔性拦截网之前可能具有一定的俯仰角和攻角（为简化问题，不考虑侧滑角、偏航角和滚转角），如图 7.4 所示。因此在进行柔性

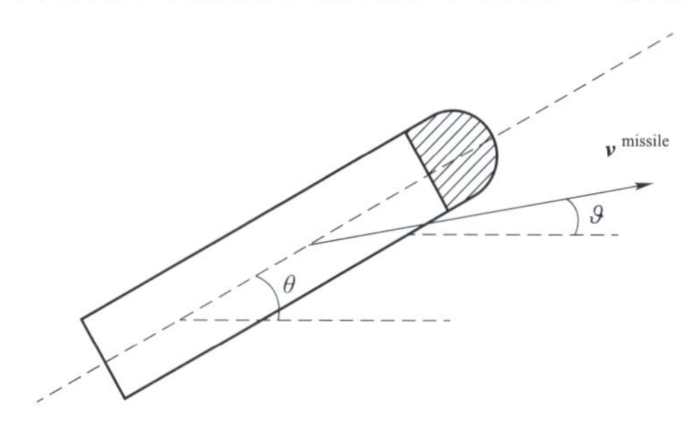

图 7.4 捕获平台的攻角和俯仰角

θ—俯仰角；ϑ—攻角；$v^{missile}$—平台初速度值

拦截网仿真初始参数设置时，需要将上述因素考虑在内。

7.3.3 捕获后的伞–网–无人机组合体动力学

当柔性拦截网碰撞并包裹无人机之后，发射装置弹射出降落伞，与网–无人机组合体组成伞–网–无人机组合体系统并开始坠落。为了便于后续的系统性能分析，忽略柔性拦截网与无人机的碰撞过程和降落伞拉出充气的动力学过程，建立九自由度多体动力学模型。如图 7.5 所示，建立坐标系，其中 O_c 为伞–网–无人机组合体的铰接点，$O_cX_pY_pZ_p$ 为伞体固连右手坐标系，$O_cX_pY_pZ_p$ 为网–无人机组合体固连右手坐标系，O_cX_p 、O_cX_b 轴分别沿着伞–网–无人机组合体的对称轴，C_p 和 C_b 分别为降落伞–网–无人机组合体的质心，$\boldsymbol{L}_p$ 和 $\boldsymbol{L}_b$ 分别为铰接点到伞和网–无人机组合体质心的矢量。

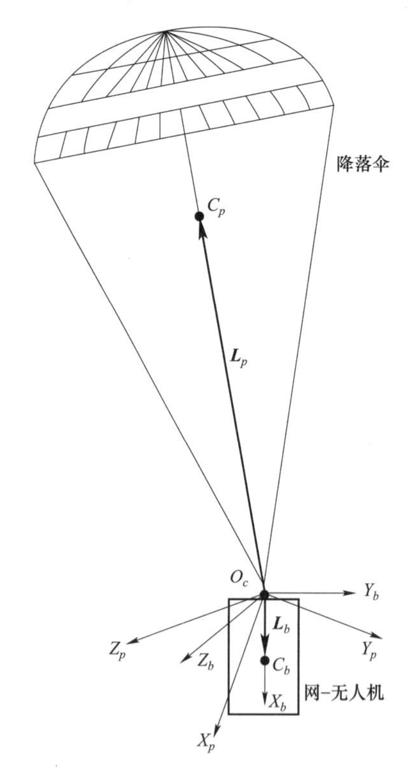

图 7.5 伞–网–无人机组合体系统

记铰接点 O_c 在降落伞坐标系中的速度为 $\boldsymbol{V}_0$，降落伞的转动角速度为 $\boldsymbol{\Omega}_p$，网和无人机组合体的转动角速度为 $\boldsymbol{\Omega}_b$，降落伞的质量为 m_p，关于铰接点 O_c 的转动惯量则表示为 I_p，网–无人机组合体的质量为 m_b，关于铰接点 O_c 的转动惯

量则表示为 I_t。此外，降落伞受到的气动力及气动力矩分别为 $\boldsymbol{F}_p$ 和 $\boldsymbol{M}_p$，子弹受到的气动力及气动力矩分别为 $\boldsymbol{F}_b$ 和 $\boldsymbol{M}_b$，重力加速度为 $\boldsymbol{g}$。得到伞－网－无人机组合体的九自由度动力学方程为

$$m_b\frac{\mathrm{d}}{\mathrm{d}t}[\boldsymbol{V}_0+\boldsymbol{\Omega}_b+\boldsymbol{L}_b]+m_p\frac{\mathrm{d}}{\mathrm{d}t}[\boldsymbol{V}_0+\boldsymbol{\Omega}_p+\boldsymbol{L}_p]=(m_p\boldsymbol{g}+m_b\boldsymbol{g})+\boldsymbol{F}_p+\boldsymbol{F}_b \tag{7.3}$$

$$\frac{\mathrm{d}}{\mathrm{d}t}[I_t\cdot\boldsymbol{\Omega}_b]+m_b\boldsymbol{L}_b\times\frac{\mathrm{d}}{\mathrm{d}t}\boldsymbol{V}_0=\boldsymbol{L}_d\times m_b\boldsymbol{g}+\boldsymbol{M}_b \tag{7.4}$$

$$\frac{\mathrm{d}}{\mathrm{d}t}[I_p\cdot\boldsymbol{\Omega}_p]+m_p\boldsymbol{L}_p\times\frac{\mathrm{d}}{\mathrm{d}t}\boldsymbol{V}_0=\boldsymbol{L}_p\times m_p\boldsymbol{g}+\boldsymbol{M}_p \tag{7.5}$$

综合式（7.3）、式（7.4）和式（7.5）以及相应的初始条件，即可对伞－网－无人机组合体的动力学特性进行仿真分析，预测其坠落点。

7.4　柔性拦截网捕获试验

对捕获平台飞行、柔性拦截网展开捕获和伞降全过程数值仿真，并通过试验数据，分别对平台飞行轨迹模型和柔性拦截网展开模型进行校核与修正。

7.4.1　试验工况设置

结合某网捕系统，无人机质量 $M=5\ \mathrm{kg}$，以 $V=40\ \mathrm{m/s}$ 的速度平行于发射坐标系 O_DX_D 轴向着捕获系统发射点飞来，捕获平台的推力为 0。反无人机柔性拦截网捕获试验主要系统参数见表 7.1。

表 7.1　反无人机柔性拦截网捕获试验系统主要参数

参数	值
捕获平台质量/kg	15
捕获平台发射速度/（m·s^{-1}）	100
捕获平台发射角度/（°）	73
柔性拦截网质量/kg	0.2
单个质量块质量/kg	0.05
柔性拦截网发射速度/（m·s^{-1}）	70

续表

参数	值
柔性拦截网发射角度/（°）	40
柔性拦截网边长/m	5.2
牵引绳长/m	0.5
牵引绳、边线绳和对角线绳直径/m	0.002 5
内部绳索直径/m	0.000 8
降落伞质量/kg	2
无人机飞行高度/m	435

7.4.2 仿真结果分析

捕获平台的飞行轨道试验数据与仿真结果对比如图 7.6 所示。图中的试验与仿真结果曲线较为吻合，且最大的偏差距离为 17.2 m，对应偏差比例为 4.6%，满足工程任务要求，由此证明了捕获平台飞行动力学模型的有效性。

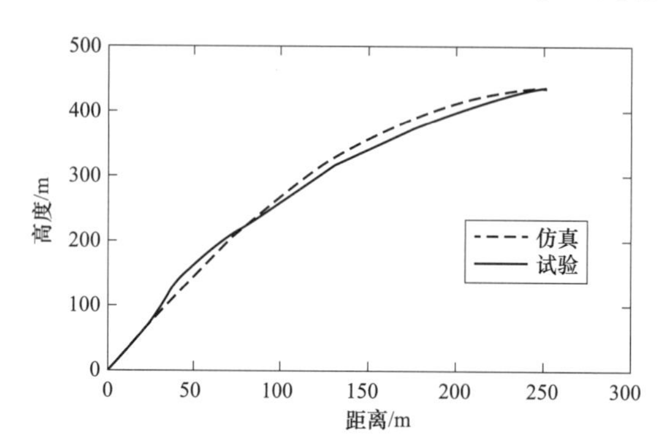

图 7.6 捕获平台的飞行轨道试验数据与仿真结果对比

在飞行试验中，利用图像测量技术，获得了柔性拦截网发射展开过程中对角质量块的距离数据，将其与仿真结果对比，如图 7.7 所示。

从图 7.7 可以看出，试验与仿真的柔性拦截网对角质量块距离曲线较为符合。此外，仿真得到的柔性拦截网形状变化如图 7.8 所示，图中柔性拦截网先呈束状牵引，随后网面迅速展开。将仿真得到的网型图与试验中观测到的柔性拦截网形状进行定性对比后发现，柔性拦截网的展开形状较为吻合，由此证明了无人机捕获系统模型中柔性拦截网展开动力学模型的有效性。

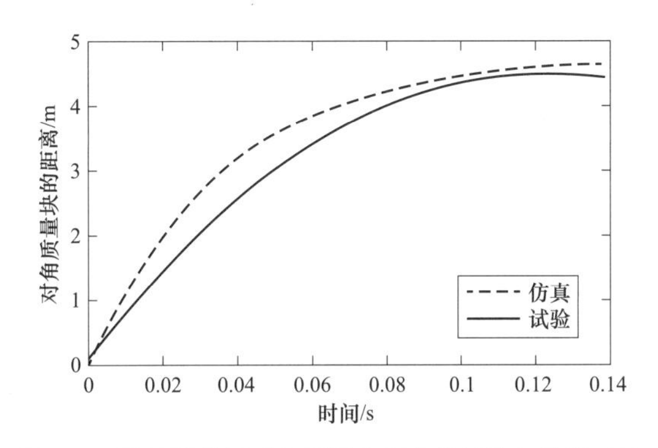

图 7.7　柔性拦截网对角质量块距离的试验与仿真对比

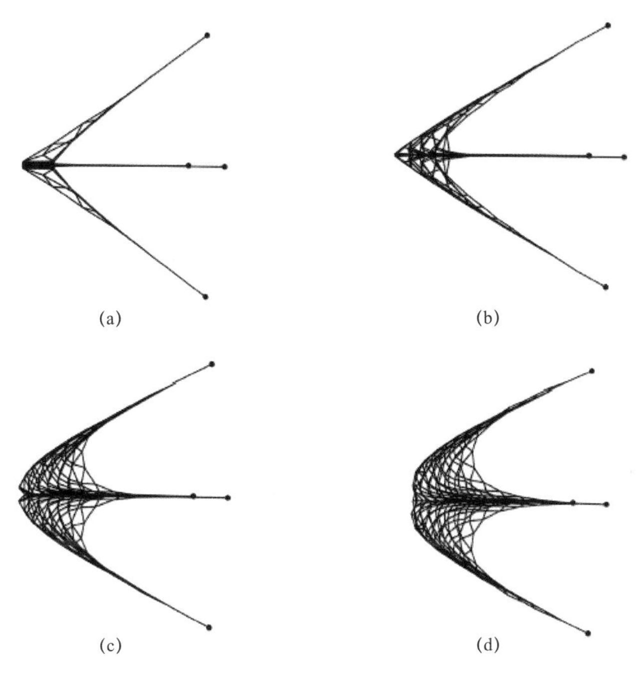

图 7.8　仿真得到的柔性拦截网形状变化

（a）0.2 s；（b）0.6 s；（c）1.0 s；（d）1.4 s

在柔性拦截网发射时刻，质量为 2 kg 的降落伞脱离平台，并以与捕获平台相同的初速度继续向前飞行，降落伞的速度值约为 27.3 m/s，攻角约为 6.5°。忽略碰撞和碰撞之后伞－网－无人机组合体的平衡过程，由动量定理，计算得到碰撞完成及状态平衡之后的伞－网－无人机组合体的速度约为 0.9 m/s，俯仰角约为 83.3°。由于试验测量条件限制，伞－网－无人机组合体的下落过程数据未能得到，只能由仿真计算得到其运动数据。

柔性拦截网捕获无人机全过程的系统高度随相对飞行距离和飞行时间变

化分别如图 7.9 和图 7.10 所示。在第一阶段，捕获平台以 100 m/s 的初速度和 73° 发射角发射，经过 9.0 s 后到达高度约 435.1 m，此时平台的俯仰角约为 6.5°，速度值约为 27.3 m/s；在第二阶段，柔性拦截网质量块以相对捕获平台约 70 m/s 的速度和约 40° 的发射角度牵引柔性拦截网展开并向前飞行，在展开到最大的过程中，柔性拦截网向前飞行了约 4.8 m，向上飞行了约 0.5 m；在第三阶段，柔性拦截网捕获无人机后，与降落伞一同下落，经约 69.4 s 后到达地面，落地速度约为 7.2 m/s。

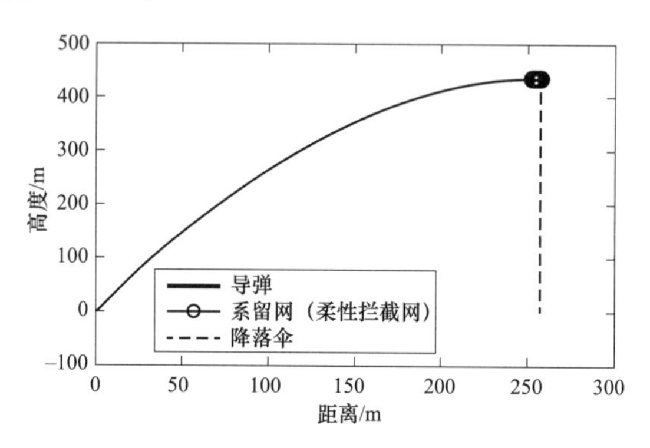

图 7.9　全过程仿真飞行高度随相对飞行距离变化

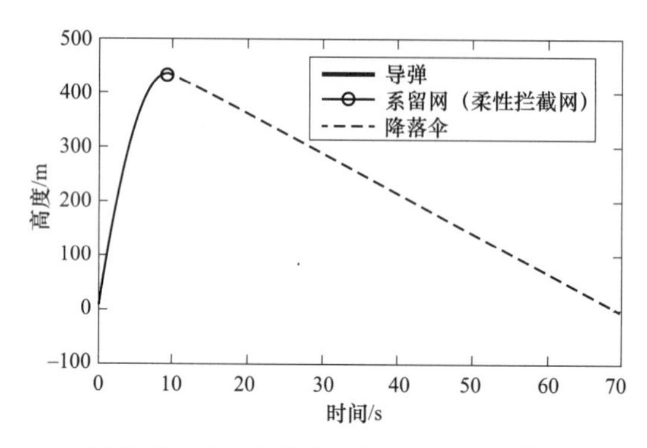

图 7.10　全过程仿真飞行高度随时间变化

7.5　柔性拦截网捕获评估方法

由于柔性拦截网捕获无人机现在属于新兴领域，捕获成功的判定标准等系统的相关定义还不明确，因此本节借鉴导弹拦截相关理论，首次提出了柔性拦截网对无人机捕获的成功判据。

如图 7.11 所示，假定无人机的机动范围为图中的圆柱，其横截面为该时刻的大概率位置点的集合 S^{UAV}。定义柔性拦截网成功捕获无人机的判据为：柔性拦截网与无人机交会的时刻，柔性拦截网网口组成的多边形在 S^{UAV} 平面内的投影面 S^{NP} 能够覆盖 S^{UAV}。

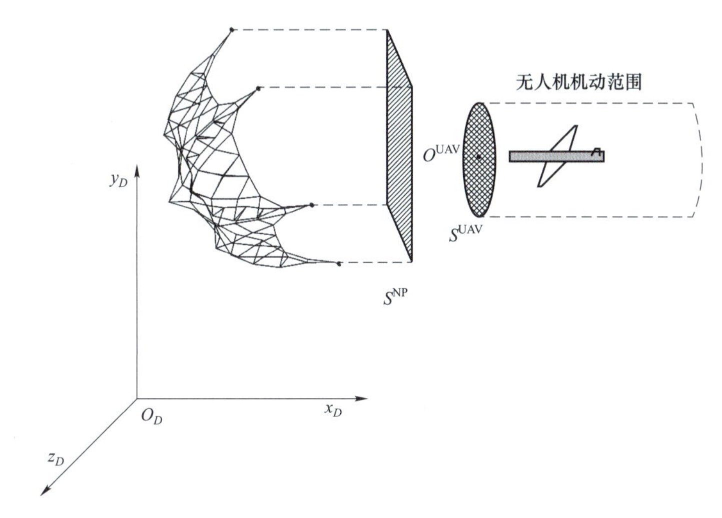

图 7.11 柔性拦截网成功捕获无人机示意图

为了进一步细化上述判据，结合工程实际，定义了地面柔性拦截网无人机捕获的有效作用时间：柔性拦截网的投影面 S^{NP} 从开始到结束覆盖 S^{UAV} 期间柔性拦截网的飞行时间。如图 7.12 所示，t_2^{UAV} 即为有效工作时间，t_1^{UAV} 为柔性拦截网开网展开至 S^{NP} 能够刚好覆盖 S^{UAV} 所需要的时间。

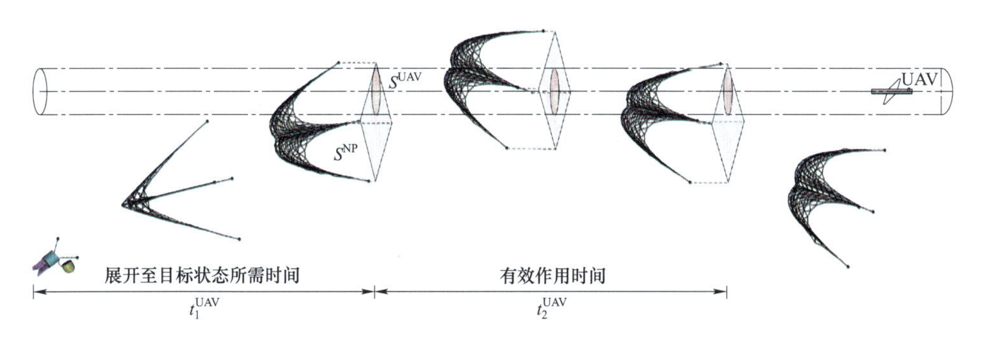

图 7.12 反无人机柔性拦截网捕获有效工作时间示意图

为了便于分析，令无人机沿着 O_DX_D 轴水平向 O_D 点飞行。令柔性拦截网发射瞬间，捕获平台距离无人机机动平面的中心 O_D 点的水平距离为 d^{UAV}，高度差为h^{UAV}（无人机高度与捕获平台高度的差值）。同时假定无人机的水平方向的速度变化范围为$\left[v_{x\min}^{\mathrm{UAV}} \quad v_{x\max}^{\mathrm{UAV}}\right]$。

为了保证无人机在最快水平速度飞行的情况下捕获任务能够成功，柔性拦截网展开至有效捕获状态所需要的时间t_1^{UAV}需要满足

$$d_1^{\mathrm{net}} + v_{\max}^{\mathrm{UAV}} t_1^{\mathrm{UAV}} \leqslant d^{\mathrm{UAV}} \tag{7.6}$$

式中，d_1^{net}为t_1^{UAV}时间内柔性拦截网的水平飞行距离，可由仿真计算得到。

为了保证无人机在最小水平飞行速度运行的情况下捕获任务能够成功，柔性拦截网的有效滞空时间t_2^{UAV}需要满足

$$d_2^{\mathrm{net}} + v_{\min}^{\mathrm{UAV}}(t_1^{\mathrm{UAV}} + t_2^{\mathrm{UAV}}) \leqslant d^{\mathrm{UAV}} \tag{7.7}$$

式中，d_2^{net}为（$t_1^{\mathrm{UAV}} + t_2^{\mathrm{UAV}}$）时间内柔性拦截网的水平飞行距离，可由仿真计算得到。

综上，可以得到柔性拦截网捕获无人机的判断依据为必须满足方程组（7.8）：

$$\begin{cases} t_1^{\mathrm{UAV}} \leqslant \dfrac{d^{\mathrm{UAV}} - d_1^{\mathrm{net}}}{v_{\max}^{\mathrm{UAV}}} \\ t_2^{\mathrm{UAV}} \geqslant \dfrac{d^{\mathrm{UAV}} - d_2^{\mathrm{net}}}{v_{\min}^{\mathrm{UAV}}} - t_1^{\mathrm{UAV}} \end{cases} \tag{7.8}$$

7.6 柔性拦截网捕获系统优化设计

无人机的有限机动能力向柔性拦截网的有效捕获提出了挑战。为了增加系统容差，提高柔性拦截网捕获无人机的成功率，本节在假定已知无人机的机动范围的前提下，以缩短柔性拦截网展开时间和延长有效作用时间为目的，进行柔性拦截网的开网位置与开网参数优化，为捕获平台的地面发射提供依据。

7.6.1 目标函数

在已知无人机的机动范围、柔性拦截网相对捕获平台的发射角度和发射速度之后，其实就可以反解出柔性拦截网开网时刻捕获平台与无人机的相对位置信息与捕获平台自身的俯仰角和攻角等姿态参数。但是由于测量误差、发射误

差以及空气扰动等系统误差的存在，任务设计与实际情况存在一定差距。比如系统误差可能导致在交会时刻，柔性拦截网网口已经收缩回弹，使得 S^{NP} 小于 S^{UAV}；又或者在交会时刻，柔性拦截网网口还未张开至 S^{NP} 大于 S^{UAV}。因此，有必要对任务进行优化设计，增大系统的容差。

在成功捕获无人机的前提下，以最小化展开时间 t_1^{UAV} 和最大化有效作用时间 t_2^{UAV} 为优化目标，即优化目标函数为

$$\begin{cases} f_1^{UAV}\left(x^{UAV}\right) = t_1^{UAV} \\ f_2^{UAV}\left(x^{UAV}\right) = -t_2^{UAV} \end{cases} \tag{7.9}$$

式中，x^{UAV} 为优化自变量。

7.6.2 变量设计

由上述分析，无人机捕获柔性拦截网的优化自变量不仅应包含第 4 章中的柔性拦截网优化自变量，还应包含柔性拦截网在发射时刻与目标的距离 d^{UAV} 和高度差 h^{UAV}。且经过试验发现，捕获平台的速度、俯仰角和攻角对无人机的柔性拦截网捕获亦有不可忽略的影响。

因此，在已知无人机的运动特性后，无人机捕获系统的优化自变量为

$$x^{UAV} = \begin{bmatrix} m^{mass} \\ v^{mass} \\ \alpha^{mass} \\ d^{inner} \\ d^{strengthen} \\ v^{missile} \\ d^{UAV} \\ h^{UAV} \\ \theta \\ \vartheta \end{bmatrix} \tag{7.10}$$

以前文中的无人机和柔性拦截网进行优化，则无人机的速度为定值 40 m/s（即 $v_{min}^{UAV} = v_{max}^{UAV} = 40\ \text{m/s}$），柔性拦截网的内部绳直径 d^{inner} 为 0.000 8 m，加强绳直径 $d^{strengthen}$ 为 0.002 5 m。此外，为了简化问题，令柔性拦截网质量块的质量 m^{mass} 为 0.2 kg，发射速度 v^{mass} 为 70 m/s，柔性拦截网发射时刻捕获平台的初速度 $v^{missile}$ 为 27.3 m/s。

综上，得到优化自变量为

$$x^{\text{UAV}}=\begin{bmatrix}\alpha^{\text{mass}}\\ d^{\text{UAV}}\\ h^{\text{UAV}}\\ \theta\\ \vartheta\end{bmatrix} \tag{7.11}$$

通过优化，可以得到柔性拦截网捕获的最优目标函数值以及其对应的自变量。由此可以迭代得到捕获平台地面发射的各项参数，为整个无人机柔性拦截网捕获系统的设计提供参考。

7.6.3 仿真结果分析

表 7.2 给出了多目标优化问题中自变量的范围和试验中的对应参数值。

表 7.2 反无人机柔性拦截网捕获系统优化参数范围

参数	试验值	下限	上限
俯仰角/（°）	6.42	−10	10
攻角/（°）	0	−5	5
柔性拦截网发射角/（°）	40	20	110
开网时刻与无人机的水平距离/m	4.8	2	8
开网时刻与无人机的高度差/m	0	−5	5

通过优化计算，得到无人机捕获多目标问题的近似前沿，如图 7.13 所示。

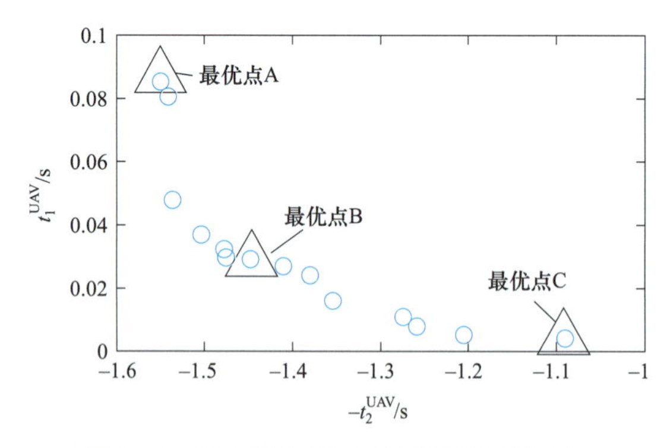

图 7.13 无人机捕获多目标问题的近似前沿

图 7.13 中每个前沿点都是决策者可以接受的解决方案，选取三角形标定的三个优化前沿解为例，与已有试验结果进行对比分析。表 7.3 给出了优化前沿

解对应的 t_1^{UAV} 和 t_2^{UAV} 值。表 7.4 给出了前沿点对应的自变量。

表 7.3　反无人机柔性拦截网捕获系统试验与优化前沿解

参数	试验值	前沿解 A	前沿解 B	前沿解 C
t_1^{UAV}	0.005	0.085	0.029	0.004
t_2^{UAV}	0.683	1.55	1.447	1.09

表 7.4　反无人机柔性拦截网捕获系统试验与优化前沿解对应自变量

参数	试验值	前沿解 A	前沿解 B	前沿解 C
俯仰角/（°）	6.46	−6.29	10.00	−4.17
攻角/（°）	6.42	2.08	−1.50	5.00
柔性拦截网发射角/（°）	40	109.56	106.19	110.00
开网时刻与无人机的水平距离/m	48	7.94	5.62	2.00
开网时刻与无人机的高度差/m	0	−1.31	−0.69	−0.03

为了方便柔性拦截网的运动特性分析和后续无人机集群的捕获研究，提出“柔性拦截网捕获包络曲面”的概念，如图 7.14 所示，其定义为柔性拦截网开始发射至柔性拦截网失去捕获能力过程中，柔性拦截网质量块的运动轨迹在空间中形成的包络曲面。

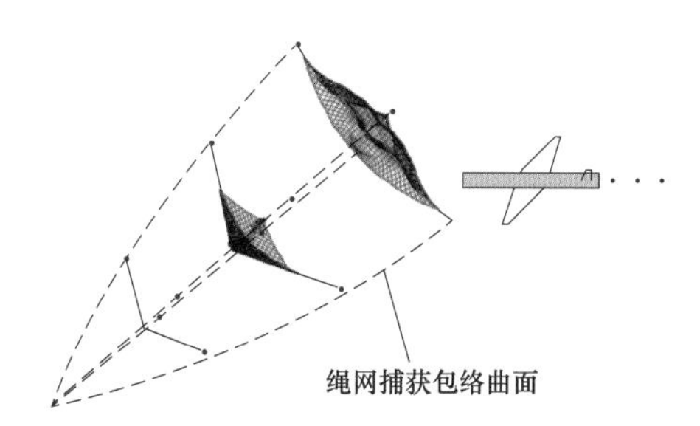

图 7.14　柔性拦截网捕获包络曲面示意图

图 7.15 ~ 图 7.17 为飞行试验测试值和以上三个优化前沿解的柔性拦截网捕获包络曲面。从图中可看到，三个优化前沿解的柔性拦截网前期都在基本垂直于无人机飞行方向的平面内展开，且柔性拦截网向前（迎向无人机方向）飞行

的距离都较短。且表 7.4 中，三个优化前沿解的质量块发射角度均大于 90°，表明柔性拦截网向后（背离无人机方向）发射更能满足任务需求。

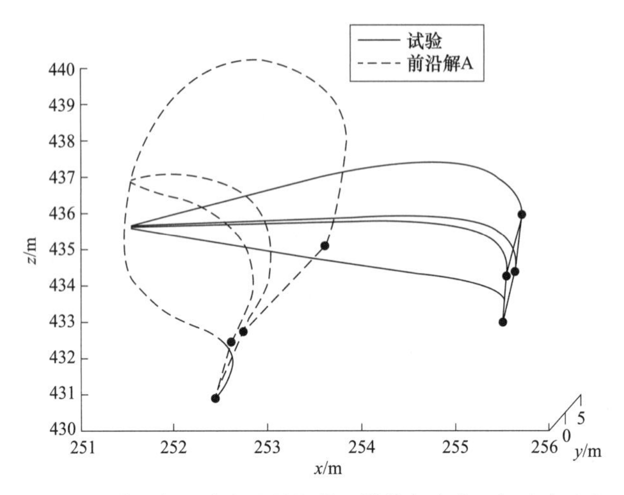

图 7.15　前沿解 A 中的柔性拦截网捕获包络曲面与试验对比

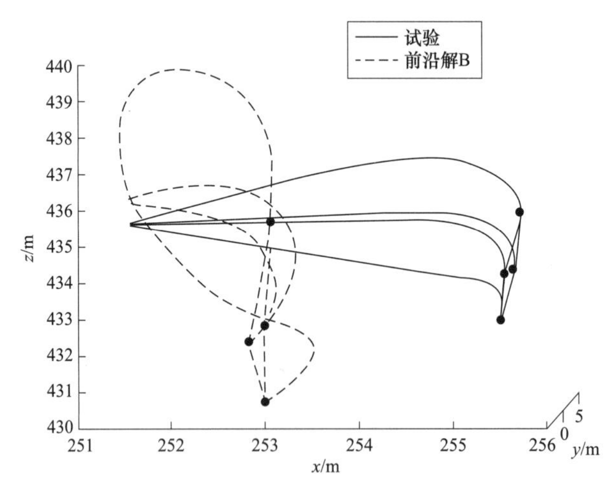

图 7.16　前沿解 B 中的柔性拦截网捕获包络面与试验对比

结合无人机柔性拦截网捕获系统中其他子系统的设计要求，可以从图 7.13 中给出的优化前沿解中选取最优解，并得到相应的最优设计参数。其中，最优攻角、俯仰角、柔性拦截网发射瞬间捕获平台与无人机的距离和高度差可以结合捕获平台的飞行动力学模型，迭代计算得到地面发射参数；最优质量块发射角度可以为捕获平台的结构设计提供参考。

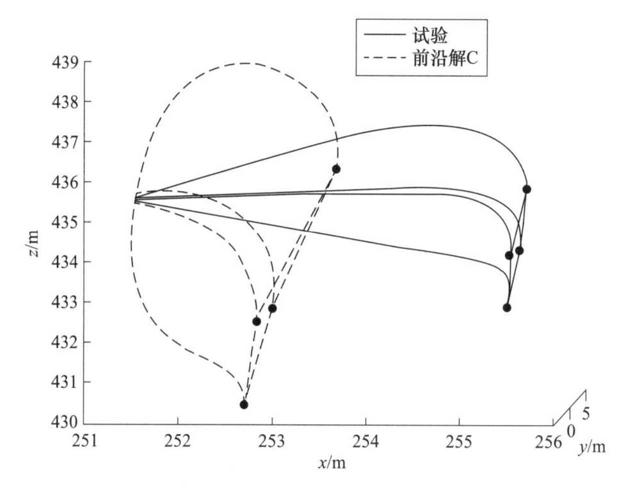

图 7.17 前沿解 C 中的柔性拦截网捕获包络面与试验对比

7.7 本章小结

本章结合具体反无人机目标工程项目，建立了结合捕获平台发射飞行、柔性拦截网展开捕获和降落伞回收的全过程动力学模型，并结合试验对动力学模型进行了部分验证。此外，结合工程实际，本章首次定义了柔性拦截网成功捕获无人机的评估方法,并以最短展开时间和最长有效作用时间作为优化目标量，采用多目标优化的方法对系统进行了优化设计。优化结果为无人机柔性拦截网捕获任务设计提供了理论依据。

第 8 章

总　结

本书面向无人机类“低慢小”目标的现实防控需求，在对“低慢小”目标反制技术研究分析的基础上，围绕目前新兴的柔性拦截网捕获目标方式展开研究。重点针对柔性拦截网系统动力学及试验、柔性拦截网控制、开网参数计算优化等方面进行研究。分别建立了柔性拦截网网绳动力学、网绳展开动力学、捕获目标过程动力学模型，并建立了评价柔性拦截网开网效果评价指标，包括滞空时间、最大开网面积和有效拦截面积。对柔性拦截网长滞空网型保持、多柔性拦截网空中联合组网、柔性拦截网空中开网效果等开展典型工况仿真分析，并将选定的配置参数用于无人机目标柔性拦截网系统动力学模型优化设计，主要内容如下。

1. 研究了柔性拦截网网绳的动力学问题

将网绳离散成若干绳段后，建立了考虑空气作用力的集中质量模型、两节点非线性绳索单元模型和绝对节点坐标模型，在通过试验进行柔性拦截网材料的特性参数获取后，利用网绳的单摆试验对三种模型进行了对比分析。仿真结果表明，非线性绳索单元法兼具计算时间经济性和高精度特性；绝对节点坐标法计算耗时，但其精度最高。在进行碰撞仿真时，绝对节点坐标法的绳索单元的外形更加逼近真实情况，适用于碰撞仿真的建模；集中质量法计算速度最快，对于一些精度要求不特别高的应用场合，是一种进行快速仿真的合理选择。

2. 研究了柔性拦截网网绳展开动力学模型

提出了一种新的柔性拦截网网绳初始折叠封贮模式，并且根据网绳与网包的相对位置关系，建立了网绳拉出展开过程的精细动力学模型。同时，运用伪柔性单元对由于长期折叠封贮导致的绳索弯曲变形进行了模拟与验证。仿真结果表明，考虑了初始折叠后，柔性拦截网运动过程中的空间位置信息和内力信息变化不大，但是柔性拦截网拉出展开过程中的网型变化更加复杂。

3. 对柔性拦截网系统进行了多目标优化设计

提出柔性拦截网开网效果的评估指标，并对柔性拦截网的长滞空网型保持、多网联合组网、空中开网效果进行仿真研究分析。以最大捕获能力和最小设计风险为出发点，综合考虑各种影响柔性拦截网系统性能的因素，以最大有效工作距离和最小柔性拦截网内力为目标进行了柔性拦截网系统的灵敏度分析，然后辅以柔性拦截网网体和质量块的总质量最小为目标函数对柔性拦截网系统进行了多目标优化设计。仿真结果表明，柔性拦截网系统优化设计方案可行，为柔性拦截网捕获任务设计提供了理论依据。

4. 反无人机柔性拦截网捕获系统的多目标优化设计

建立了结合捕获平台发射飞行、柔性拦截网网绳展开捕获和降落伞回收的反无人机目标网绳捕获系统的全过程动力学模型，采用试验的方法对模型进行了部分验证。然后结合无人机目标的运动特性，提出一种新的柔性拦截网成功捕获无人机的判断标准，并在此基础上，对反无人机柔性拦截网捕获系统进行了多目标优化设计。仿真结果表明，反无人机柔性拦截网捕获系统优化设计方案可行，为无人机柔性拦截网捕获任务设计提供了理论依据。

本书在研究过程中的主要创新点如下。

1. 提出了一种新的网绳折叠封贮模式，建立了柔性拦截网拉出展开过程的精细动力学模型

提出一种新的柔性拦截网网绳折叠封贮模式，并且根据网绳与网包的相对位置关系，建立了网绳拉出展开过程的精细动力学模型，同时运用伪柔性单元对由于长期折叠封贮导致的绳索弯曲变形进行了模拟与验证。

2. 运用改进了寻优计算过程的 MOEA/D 进行柔性拦截网系统的多目标优化设计

提出以最大有效捕获距离和最小的柔性拦截网内力为优化目标，在灵敏度

分析的基础上,运用改进了寻优计算过程的 MOEA/D 进行柔性拦截网系统的多目标优化设计。

3. 提出了一种新的柔性拦截网成功捕获无人机的评估方法

基于实际工程项目，建立了结合捕获平台发射飞行、柔性拦截网展开捕获和降落伞回收的反无人机目标的柔性拦截网捕获系统全过程动力学模型，并通过试验对模型进行了部分验证。然后结合无人机的机动特性，提出了一种新的柔性拦截网成功捕获无人机的判断标准，并在此基础上，以最短展开时间和最长有效作用时间为目标进行了无人机目标柔性拦截网捕获系统的多目标优化设计。

参考文献

[1] 陆镇武. 浅谈无人机在土地勘测定界中的应用［J］. 城市地理，2016，6（12）：115-116.

[2] 肖璟. 无人机遥感技术在测绘中的应用［J］. 江西测绘，2016（4）：34-35.

[3] 陈鉴知. 矿区高分辨率空间数据的获取及在土地复垦管理中的应用［D］. 贵州：贵州财经大学，2017.

[4] 无人机航测技术在矿山测绘中的应用研究［J］. 建材与装饰，2018，552（43）：240-241.

[5] 李金香，李亚芳，李帅，等. 无人机遥感技术在新疆皮山地震灾情获取中的应用［J］. 震灾防御技术，2017，12（3）：690-699.

[6] 李强，张景发，罗毅. 2017 年"8.8"九寨沟地震滑坡自动识别与空间分布特征［J］. 遥感学报，2018，4（1）：315-317.

[7] 张静，张科，王靖宇. 低空反无人机技术现状与发展趋势［J］. 航空工程进展，2018，9（1）：34-42.

[8] 罗斌，黄宇超，周昊. 国外反无人机系统发展现状综述［J］. 飞航导弹，2017（9）：24-28.

[9] 秦清，徐毓. "低慢小"目标多装备协同探测分配问题研究［J］. 空军雷达学院学报，2012（1）：5-8.

[10] 万明杰. 国家空天防御面临的十大威胁［J］. 国防科技，2019，40（5）：1-5.

[11] 李勇，毕义明，齐长兴，等. 弹道导弹阵地面临的"低慢小"飞行器威胁及应对策略研究［J］. 飞航导弹，2019（1）：10-15.

[12] 李牧，邵继强，刘成城，等. "低慢小"无人机威胁与探测技术［J］. 警

察技术，2019（2）：71-74.

[13] 吕敬.“低慢小”无人机威胁与防范[J]. 现代世界警察，2017(7)：92-93.

[14] 李明明，卞伟伟，甄亚欣. 国外“低慢小”航空器防控装备发展现状分析[J]. 飞航导弹，2017（1）：62-70.

[15] 杨勇，王诚，吴洋. 反无人机策略及武器装备现状与发展动向[J]. 飞航导弹，2013（8）：27-31.

[16] 刘丽，魏雁飞，张宇涵. 美军反无人机技术装备发展解析[J]. 航天电子对抗，2017，33（1）：60-64.

[17] 马献章，滕明贵，张平. 西部方向“低慢小”目标的挑战与对策[C]. 第五届中国指挥控制大会论文集. 北京：电子工业出版社，2017：151-155.

[18] 范殿梁，徐常星，邢更力，等. 立体化“低慢小”飞行物探测与防御系统设计及应用[J]. 中国安全防范技术与应用，2019（4）：44-50.

[19] 祁蒙，王林，赵柱，等. 新型“低慢小”目标探测处置系统的体系建设[J]. 激光与红外，2019，49（10）：1155-1158.

[20] 蔡亚梅，姜宇航，赵霜. 国外反无人机系统发展动态与趋势分析[J]. 航天电子对抗，2017，33（2）：59-64.

[21] 李晨涛，李志豪，马保俊，等. 便携式反多旋翼无人机系统设计[J]. 科技视界，2018（33）：12-13.

[22] 刘超峰. 反微型无人机技术方案调研[J]. 现代防御技术，2017，45(4)：17-23.

[23] 张进，薛德鑫. 王奉甲. 新型重点区域无人机防控系统[J]. 现代防御技术，2020，48（1）：11-18.

[24] BENVENUTO R，SALVI S，LAVAGNA M.Dynamics analysis and GNC design of flexible systems for space debris active removal[J]. Acta Astronautica，2015，110：247-265.

[25] BENVENUTO R.Implementation of a net device test bed for space debris activeremoval feasibility demonstration[D]. Milam，Italy：Politecnico di Milano，2014.

[26] BENVENUTO R，PESCE V，LAVAGNA M，et al. 3D reconstruction of a space debriscapturing net trajectory during microgravity experiments-results and lesson learnt[C]//67th International Astronautical Congress. Guadalajara，Mexico，2016：105-117.

[27] BOTTA E，SHARF I，MISRA A. On the modeling and simulation of tether-nets for space debris capture[C]//AAS/AIAA Space Flight Mechanics

Meeting.Williamsburg，USA，January，2016.

[28] BOTTA E，SHARF I，MISRA A.Simulation of tether-nets for capture of space debris and small asteroids[J]. Acta Astronautica. 2019, 155：448-461.

[29] BOTTA E M，SHARF I，MISRA A K.Energy and momentum analysis of the deployment dynamics of nets in space [J]. Acta Astronautica. 2017，140：554-564.

[30] BOTTA E，SHARF I，MISRA A. Evaluation of net capture of space debris in multiple mission scenarios [C] //26th AAS/AIAA Space Flight Mechanics，California，USA，February，2016.

[31] Botta E M，Sharf I，Misra A K，et al. On the simulation of tether-nets for space debris capture with vortex dynamics [J]. Acta Astronautica，2016，123：91-102.

[32] SHARF I，THOMSEN B，BOTTA E M，et al. Experiments and simulation of a net closing mechanism for tether-net capture of space debris [J]. Acta Astronautica，2017，139：332-343.

[33] O’CONNOR W J，HAYDEN D J. Detumbling of space debris by a net and elastic tether[J]. Journal of guidance control and dynamics，2017，40 (7)：1829-1836.

[34] SHAN M，JIAN G，GILL E. Deployment dynamics of tethered-net for space debris removal [J]. Acta Astronautica，2017，132 (8)：293-302.

[35] Shan M，Jian G，Gill E，et al. Validation of space net deployment modeling methods using parabolic flight experiment [J]. Journal of guidance control and dynamics，2017，40 (12)：1-9.

[36] 陈钦，杨乐平，张青斌. 空间飞网发射动力学建模仿真研究与地面试验[J]. 国防科技大学学报，2009，31 (3)：16-19.

[37] 陈钦，杨乐平. 空间绳网系统发射动力学问题研究[J]. 宇航学报，2009，30 (5)：1829-1833.

[38] 陈钦. 空间绳网系统设计与动力学研究[D]. 长沙：国防科技大学，2010.

[39] GAO X L. Simulation and analysis on characteristic of space-net system capturing dynamics [D]. Changsha，China：National University of Defense Technology，2011.

[40] ZHANG Q B，SUN G P，FENG Z W，et al. Dynamics modeling and differentia analysis between space and ground for flexible cable net [J]. Journal of Astronautics，2014，35 (8)：871-877.

[41] YANG F. Research on dynamic and experiment of the space net [D]. Changsha, China: National University of Defense Technology, 2011.
[42] Si J, Pang Z J, Du Z, et al. Dynamic modeling and simulation of self-collision of tether-net for space debris removal [J]. Advance in space research, 2019, 8: 2-13.
[43] ZHAI G, QIU Y, LIANG B, et al. Research of capture error and error compensate for space net capture robot [C] //International Conference on Genetic Algorithms, 01, 2008: 467-472.
[44] ZHAI G, ZHANG J, ZHANG Y. Circular orbit target capture using space tether-net system [J]. Mathematical problems in engineering. 2013, 2013 (4): 87-118.
[45] 翟光，仇越，梁斌，等. 空间飞网捕获机器人系统时变惯量姿态动力学研究 [J]. 宇航学报，2008，29 (4)：1131-1136.
[46] 张江. 空间绳网捕获过程碰撞动力学研究 [D]. 哈尔滨：哈尔滨工业大学，2015.
[47] 于洋，宝音贺西，李俊峰. 空间飞网抛射展开动力学建模与仿真 [J]. 宇航学报，2010，31 (5)：1289-1296.
[48] YU Y, BAOYIN H X, LI J F. Dynamic modelling and analysis of space webs [J]. Science China (physics, mechanics and astronomy), 2011, 54 (4): 783-791.
[49] 李京阳，于洋，宝音贺西. 空间飞网两种动力学模型的比较研究 [J]. 力学学报，2011，43 (3)：542-550.
[50] 宝音贺西，李京阳，于洋. 空间飞网系统抛射参数优化研究 [J]. 宇航学报，2012，33 (6)：823-829.
[51] 高庆玉. 空间绳网系统展开动力学与优化设计 [D]. 长沙：国防科技大学，2017.
[52] 赵国伟，熊会宾，黄海，等. 柔性绳索体展开过程数值模拟及实验 [J]. 航空学报，2009，30 (8)：1429-1434.
[53] 赵国伟，朱鸥宁，徐云飞，等. LS-DYNA 带单元在绳索体仿真中的应用研究 [J]. 机械科学与技术，2013，32 (9)：1249-1253.
[54] 郭吉丰，易琳，王班，等. 空间绳网多收口质量块收口过程动力学分析 [J]. 宇航学报，2017，38 (7)：669-677.
[55] 王波，郭吉丰. 采用超声波电机的空间飞网自适应收口机构设计 [J]. 宇航学报，2013，34 (3)：308-313.

[56] 王波，郭吉丰. 空间飞网质量块动力学分析及收口机构优化设计 [J]. 宇航学报，2012，33 (10)：1377-1383.

[57] 王楠. 空间充气结构的充气系统设计和控制 [D]. 哈尔滨：哈尔滨工业大学，2008.

[58] WILLIAMS P，LANSDORP B，OCKELS W. Optimal crosswind towing and power generation with tethered kites [J]. Journal of guidance control and dynamics，2007，31 (1)：81-93.

[59] WILLIAMS P. In-plane payload capture with an elastic tether [J]. Journal of guidance control and dynamics，2012，29 (4)：810-821.

[60] HOBBS S. Disposal orbits for GEO spacecraft：a method for evaluating the orbit height distributions resulting from implementing IADC guidelines [J]. Advances in space research，2010，45 (8)：1042-1049.

[61] PAPAZOGLOU V J，MAVRAKOS S A，TRIANTAFYLLOU M. Non-linear cable response and model testing in water [J]. Journal of sound and vibration，1990，140 (1)：103-115.

[62] BENEDETTINI F，REGA G. Experimental investigation of the nonlinear response of a hanging cable. Part Ⅱ：global analysis [J]. Nonlinear dynamics，1997，14 (2)：119-138.

[63] REGA G，ALAGGIO R. Spatio-temporal dimensionality in the overall complex dynamics of an experimental cable/mass system [J]. International journal of solids and structures，2001，38 (10)：2049-2068.

[64] KOH C G，RONG Y. Dynamic analysis of large displacement cable motion with experimental verification [J]. Journal of sound and vibration，2004，272 (1)：187-206.

[65] BARBIERI N，JÚNIOR O H D S，BARBIERI R. Dynamical analysis of transmission line cables. Part 1—linear theory [J]. Mechanical systems and signal processing，2004，18 (3)：659-669.

[66] BARBIERI N，JÚNIOR O H D S，BARBIERI R. Dynamical analysis of transmission line cables. Part 2—damping estimation [J]. Mechanical systems and signal processing，2004，18 (3)：671-681.

[67] BARBIERI R，BARBIERI N，JÚNIOR O H D S. Dynamical analysis of transmission line cables. Part 3—nonlinear theory [J]. Mechanical systems and signal processing，2008，22 (4)：992-1007.

[68] GOSLING P D，KORBAN E A. A bendable finite element for the analysis of

flexible cable structures [J]. Finite elements in analysis and design，2002，38 (1): 45-63.

[69] GATTULLI V. Nonlinear oscillations of cables under harmonic loading using analytical and finite element models [J]. Computer methods in applied mechanics and engineering，2004，193 (1): 69-85.

[70] BUCKHAM B，NAHON M，SETO M，et al. Dynamics and control of a towed underwater vehicle system，part Ⅰ: model development [J]. Ocean engineering，2003，30 (4): 453-470.

[71] 丁浩，朱四华，王德石. 水下拖曳绳索在随机脉动压力作用下的响应 [J]. 水下无人系统学报，2005，13 (1): 29-32.

[72] BONOMETTI J，SORENSEN K，Dankanich J，et al. 2006 status of the Momentum eXchange Electrodynamic Re-boost(MXER)tether development [C] //AIAA/ASME/SAE/ASEE Joint Propulsion Conference and Exhibit. Huntsville，USA，July，2006.

[73] KHAZANOV G V，KRIVORUTSKY E N，GALLAGHER D L. Electrodynamic bare tether systems as a thruster for the Momentum-Exchange/Electrodynamic Reboost (MXER) project [J]. Journal of geophysical research space physics，2006，111 (A4): 1-7.

[74] SORENSEN K，SCHAFER C. Conceptual design and analysis of an MXER tether boost station [J]. Aiaa paper，2001，1 (1): 1-10.

[75] STASKO S，FLANDRO G. The feasibility of an earth orbiting tether propulsion system [C] //AIAA/ASME/SAE/ASEE Joint Propulsion Conference and Exhibit，Florida，USA，July，2013.

[76] WESTERHOFF J. optimal configuration of mxer tether systems [C] //AIAA/ASME/SAE/ASEE Joint Propulsion Conference and Exhibit，Alabama，USA，July，2003.

[77] SHABANA A. Computational dynamics [M]. West Sussex，UK: John Wiley and Sons Ltd，2010.

[78] GARDSBACK M，TIBERT G. Deployment control of spinning space webs [J] . Journal of Guidance Control and Dynamics，2009，32 (1): 40-53.

[79] GARDSBACK M，TIBERT G. Optimal Deployment control of spinning space webs and membranes，2009，32 (5): 1519-1530.

[80] GARDSBACK M，TIBERT G，IZZO D. Design considerations and deployment simulations of spinning space webs [C] //AIAA/ASME/ASCE/

AHS/ASC Structures, Structural Dynamics and Materials Conference. Hawaii, USA, April, 2007.

[81] BERGAMIN L, IZZO D. Comments on deployment and control of charged space webs [R]. Noordwijk, Netherlands: European Space Agency: the Advanced Concepts Team, 2007.

[82] FAN Z, HUANG P, Meng Z J, et al. Dynamics analysis and controller design for maneuverable tethered space net robot [J]. Journal of guidance control and dynamics, 2017, 40 (11): 1-16.

[83] ZHAO Y K, HUANG P F, ZHANG F, et al. Contact dynamics and control for tethered space net robot [J]. IEEE transactions on aerospace and electronic systems, 2019, 55 (2): 918-929.

[84] 马骏,黄攀峰,胡仄虹,等. 空间飞网机器人网型保持控制方法研究[J]. 西北工业大学学报, 2013 (6): 908-914.

[85] 马骏, 黄攀峰, 孟中杰. 辐射开环空间绳系机器人编队动力学及控制[J]. 宇航学报, 2014, 35 (7): 794-801.

[86] ZHAI G, QIU Y, LIANG B, et al. system dynamics and feedforward control for tether-net space robot system [J]. International journal of advanced robotic systems, 2009, 6 (2): 10-16.

[87] ZHANG Q, LIU W, TSANG E P K, et al. Expensive multiobjective optimization by moea/d with gaussian process model [J]. IEEE transactions on evolutionary computation, 2010, 14 (3): 456-474.

[88] JONES D, SCHONLAU M, WELCH W. Efficient global optimization of expensive black-box functions [J]. Journal of global optimization, 1998, 13: 455-492.

[89] KRITYAKIERNE T, AKHTAR T, SHOEMAKER C A. SOP: parallel surrogate global optimization with Pareto center selection for computationally expensive single objective problems [J]. Journal of global optimization, 2016, 66 (3): 417-437.

[90] REGIS R G. Trust regions in Kriging-based optimization with expected improvement [J]. Engineering optimization, 2016, 48 (6): 1037-1059.

[91] ZHOU Z, ONG Y, NGUYEN M, et al. A study on polynomial regression and Gaussian process global surrogate model in hierarchical surrogate-assisted evolutionary algorithm [C] //2005 IEEE Congress on Evolutionary Computation. Edinburgh, UK, October, 2005: 2832-2839.

[92] MAJDISOVA Z, SKALA V. Radial basis function approximations: comparison and applications [J]. Applied mathematical modelling, 2017, 51: 728-743.

[93] FENG Z, ZHANG Q, TANG Q, et al. Control-structure integrated multiobjective design for flexible spacecraft using MOEA/D [J]. Structural and multidisciplinary optimization, 2014, 50 (2): 347-362.

[94] FENG Z, ZHANG Q, ZHANG Q, et al. A multiobjective optimization based framework to balance the global exploration and local exploitation in expensive optimization [J]. Journal of global optimization, 2015, 61 (4): 677-694.

[95] JONES D R. A Taxonomy of global optimization methods based on response surfaces [J]. Journal of Global Optimization, 2001, 21 (4): 345-383.

[96] DENNIS J E, TORCZON V. Managing approximation models in optimization [C] //Multidisciplinary Design Optimization: State-of-the-art, 1996: 345-383.

[97] YU J C. Evolutionary reliable regional Kriging surrogate for expensive optimization [J]. Engineering optimization, 2019, 51 (2): 247-264.

[98] MESSAC A, ISMAIL-YAHAYA A. Multiobjective robust design using physical programming [J]. Structural and multidisciplinary optimization, 2002, 23 (5): 357-371.

[99] 田志刚，黄洪钟，姚新胜，等. 模糊物理规划及其在结构设计中的应用[J]. 中国机械工程，2002，13 (24): 2131-2133.

[100] FONSECA C M, FLEMING P J. Genetic Algorithms for multiobjective optimization: formulation, discussion and generalization[C]// International Conference on Genetic Algorithms, Illinois, USA, July, 1993.

[101] SRINIVAS N, Deb K. Muiltiobjective optimization using nondominated sorting in genetic algorithms[J]. Evolutionary Computation, 1994, 2(3): 221-248.

[102] DEB K, PRATAP A, AGARWAL S, et al. A fast and elitist multiobjective genetic algorithm: NSGA-Ⅱ [J]. IEEE transactions on evolutionary computation, 2002, 6 (2): 182-197.

[103] HORN J, NAFPLIOTIS N, GOLDBERG D E. A niched pareto genetic algorithm for multi-objective optimization [C] //IEEE Conference on Evolutionary Computation IEEE World Congress on Computational

Intelligence, 2002.
[104] ZITZLER E, THIELE L. Multiobjective evolutionary algorithms: a comparative case study and the strength Pareto approach [J]. IEEE transactions on evolutionary computation, 1999, 3 (4): 260-271.
[105] ZITZLER E, LAUMANNS M, THIELE L. SPEA2: improving the strength pareto evolutionary algorithm for multiobjective optimization [C] // Evolutionary methods for Design, Optimization and control with Applications to Industrial Problems. Proceedings of the EUROGEN' 2001. Athens. Greece, 2001.
[106] KNOWLES J, CORNE D. The Pareto archived evolution strategy: a new baseline algorithm for pareto multiobjective optimisation [C] //Proc Congress on Evolutionary Computation, 1999.
[107] DAS I, DENNIS J E. normal-boundary intersection: a new method for generating the pareto surface in nonlinear multicriteria optimization problems [J]. Siam journal on optimization, 1996, 8 (3): 631-657.
[108] WETTERGREN T A. The genetic-algorithm-based normal boundary intersection(GANBI)method: an efficient approach to pareto multiobjective optimization for engineering design [R]. 2006.
[109] TSENG P, YUN S. A coordinate gradient descent method for nonsmooth separable minimization[J]. Mathematical programming, 2009, 117(1-2): 387-423.
[110] ZHANG Q, LI H. MOEA/D: a multiobjective evolutionary algorithm based on decomposition [J]. IEEE transactions on evolutionary computation, 2007, 11 (6): 712-731.
[111] LI H, ZHANG Q. Multiobjective optimization problems with complicated Pareto sets, MOEA/D and NSGA-Ⅱ[J]. IEEE transactions on evolutionary computation, 2009, 13 (2): 284-302.
[112] ZHANG Q, LIU W, LI H. The performance of a new version of MOEA/D on CEC09 unconstrained MOP test instances [C] //2009 IEEE Congress on Evolutionary Computation June, 2009: 203-208.
[113] Nebro A J, Durillo J J. A Study of the Parallelization of the Multi-Objective Metaheuristic MOEA/D [C]. Venice, Italy, January 2010: 203-208.
[114] 丰志伟. 多目标进化算法研究及在飞行器动力学系统中的应用[D]. 长沙：国防科学技术大学，2014.

[115] 张青斌，唐乾刚，彭勇，等．飞船返回舱降落伞系统动力学［M］．北京：国防工业出版社，2013.
[116] 高庆玉，唐乾刚，张青斌，等．空间绳网二级发射模式动力学分析［J］．兵工学报．2016，37（4）：719-726.
[117] Williams P. Electrodynamic tethers under forced-current variations part 1：periodic solutions for tether librations［J］．Journal of spacecraft and rockets，2015，47（2）：308-319.
[118] 田强，张云清，陈立平，等．柔性多体系统动力学绝对节点坐标方法研究进展［J］．力学进展，2010，40（2）：189-202.
[119] 薛强．弹性力学［M］．北京：北京大学出版社，2006.
[120] 李俊．基于 Newmark 方法的动载荷识别方法研究［D］．南京：南京航空航天大学，2019.

附　录

确定质量块质量，柔性拦截网滞空时间随弹射角度和弹射速度的变化表格，v表示弹射速度，单位为 m/s，α表示弹射角度，单位为°，表格中滞空时间单位为 s。

表 A.1　四边形柔性拦截网（质量块质量 20 g）

v \ α	25	30	35	40	45	50	60	70	80
40	2.30	2.32	2.34	2.29	2.16	2.00	1.66	1.31	1.11
50	2.47	2.47	2.37	2.23	2.03	1.82	1.35	1.12	0.95
60	2.50	2.45	2.31	2.07	1.88	1.61	1.19	0.97	0.84
65	2.50	2.41	2.26	2.01	1.74	1.47	1.12	0.93	0.80
70	2.50	2.42	2.18	1.91	1.62	1.37	1.06	0.87	0.75
75	2.50	2.38	2.14	1.84	1.55	1.32	1.01	0.83	0.72
80	2.50	2.37	2.09	1.77	1.48	1.26	0.96	0.79	0.69
90	2.50	2.26	1.92	1.61	1.35	1.15	0.89	0.74	0.65
100	2.50	2.18	1.81	1.49	1.25	1.08	0.83	0.69	0.62

表 A.2　四边形柔性拦截网（质量块质量 30 g）

v \ α	25	30	35	40	45	50	60	70	80
40	2.07	1.99	1.88	1.73	1.61	1.51	1.31	1.17	1.05
50	2.06	1.87	1.72	1.58	1.43	1.32	1.14	0.99	0.89
60	1.97	1.76	1.57	1.41	1.28	1.16	1.00	0.87	0.77

续表

v \ α	25	30	35	40	45	50	60	70	80
65	1.90	1.70	1.50	1.35	1.22	1.11	0.95	0.83	0.73
70	1.87	1.65	1.44	1.30	1.17	1.07	0.91	0.78	0.69
75	1.83	1.57	1.39	1.24	1.12	1.02	0.86	0.75	0.66
80	1.76	1.53	1.34	1.19	1.08	0.98	0.83	0.72	0.63
90	1.66	1.42	1.24	1.11	1.00	0.91	0.77	0.66	0.58
100	1.56	1.33	1.16	1.04	0.93	0.85	0.71	0.61	0.54

表 **A.3** 四边形柔性拦截网（质量块质量 **40 g**）

v \ α	25	30	35	40	45	50	60	70	80
40	1.84	1.70	1.58	1.46	1.37	1.27	1.14	1.05	0.97
50	1.72	1.55	1.41	1.29	1.20	1.11	0.99	0.90	0.83
60	1.58	1.41	1.27	1.16	1.07	0.99	0.88	0.80	0.73
65	1.52	1.34	1.21	1.10	1.02	0.95	0.84	0.76	0.69
70	1.46	1.29	1.15	1.05	0.97	0.90	0.80	0.72	0.66
75	1.40	1.23	1.11	1.01	0.93	0.86	0.77	0.69	0.62
80	1.35	1.19	1.06	0.97	0.89	0.83	0.73	0.66	0.60
90	1.26	1.10	0.99	0.90	0.82	0.77	0.68	0.61	0.55
100	1.18	1.03	0.92	0.83	0.77	0.72	0.64	0.57	0.50

表 **A.4** 四边形柔性拦截网（质量块质量 **45 g**）

v \ α	25	30	35	40	45	50	60	70	80
40	1.74	1.59	1.47	1.37	1.28	1.20	1.08	1.00	0.94
50	1.59	1.42	1.31	1.20	1.11	1.04	0.94	0.86	0.81
60	1.45	1.30	1.17	1.07	0.99	0.93	0.83	0.77	0.71
65	1.39	1.23	1.11	1.02	0.95	0.89	0.79	0.73	0.68
70	1.32	1.18	1.06	0.97	0.90	0.84	0.76	0.69	0.64
75	1.28	1.13	1.02	0.93	0.86	0.81	0.72	0.66	0.61
80	1.23	1.08	0.98	0.89	0.83	0.77	0.69	0.64	0.59
90	1.14	1.00	0.90	0.83	0.76	0.72	0.65	0.59	0.53
100	1.07	0.94	0.84	0.77	0.71	0.67	0.61	0.56	0.49

表 A.5 四边形柔性拦截网（质量块质量 **50 g**）

V \ α	25	30	35	40	45	50	60	70	80
40	1.65	1.50	1.38	1.29	1.20	1.14	1.03	0.96	0.91
50	1.49	1.34	1.22	1.13	1.05	0.99	0.89	0.83	0.78
60	1.34	1.21	1.09	1.01	0.94	0.88	0.79	0.74	0.69
65	1.28	1.15	1.04	0.96	0.89	0.84	0.75	0.70	0.66
70	1.23	1.09	0.99	0.91	0.85	0.80	0.72	0.67	0.63
75	1.18	1.05	0.95	0.87	0.81	0.76	0.69	0.64	0.60
80	1.13	1.01	0.91	0.84	0.78	0.73	0.66	0.62	0.57
90	1.05	0.93	0.84	0.77	0.72	0.67	0.62	0.58	0.53
100	0.98	0.87	0.78	0.72	0.67	0.63	0.58	0.54	0.49

表 A.6 四边形柔性拦截网（质量块质量 **60 g**）

V \ α	25	30	35	40	45	50	60	70	80
40	1.49	1.36	1.25	1.17	1.10	1.04	0.95	0.89	0.85
50	1.32	1.20	1.10	1.02	0.96	0.90	0.82	0.77	0.74
60	1.19	1.07	0.98	0.91	0.85	0.80	0.73	0.69	0.66
65	1.14	1.02	0.93	0.86	0.80	0.76	0.70	0.65	0.63
70	1.09	0.97	0.89	0.82	0.77	0.72	0.66	0.63	0.60
75	1.04	0.93	0.85	0.78	0.73	0.69	0.63	0.60	0.58
80	1.00	0.89	0.81	0.75	0.70	0.66	0.61	0.58	0.55
90	0.92	0.82	0.75	0.69	0.65	0.61	0.57	0.55	0.52
100	0.86	0.77	0.69	0.64	0.60	0.57	0.54	0.52	0.48

表 A.7 四边形柔性拦截网（质量块质量 **70 g**）

V \ α	25	30	35	40	45	50	60	70	80
40	1.38	1.26	1.16	1.09	1.02	0.97	0.89	0.84	0.81
50	1.22	1.10	1.02	0.94	0.89	0.84	0.77	0.73	0.70
60	1.09	0.98	0.90	0.84	0.79	0.74	0.68	0.65	0.63
65	1.04	0.93	0.86	0.79	0.74	0.70	0.65	0.62	0.61
70	0.99	0.89	0.81	0.75	0.71	0.67	0.62	0.59	0.58
75	0.95	0.85	0.78	0.72	0.67	0.64	0.59	0.57	0.56
80	0.91	0.81	0.74	0.69	0.65	0.61	0.57	0.55	0.54
90	0.84	0.75	0.68	0.63	0.59	0.57	0.53	0.52	0.51
100	0.78	0.69	0.63	0.59	0.55	0.53	0.50	0.50	0.47

表 **A.8** 四边形柔性拦截网（质量块质量 **80 g**）

V \ α	25	30	35	40	45	50	60	70	80
40	1.29	1.18	1.09	1.02	0.97	0.92	0.85	0.80	0.78
50	1.14	1.03	0.95	0.89	0.84	0.79	0.73	0.69	0.68
60	1.02	0.92	0.84	0.79	0.74	0.70	0.65	0.62	0.61
65	0.97	0.87	0.80	0.74	0.70	0.66	0.62	0.59	0.59
70	0.92	0.83	0.76	0.71	0.66	0.63	0.59	0.57	0.57
75	0.88	0.79	0.72	0.67	0.63	0.60	0.56	0.55	0.55
80	0.84	0.76	0.69	0.64	0.60	0.57	0.54	0.53	0.53
90	0.77	0.70	0.64	0.59	0.56	0.53	0.50	0.50	0.50
100	0.72	0.64	0.59	0.55	0.52	0.49	0.47	0.48	0.46

表 **A.9** 六边形柔性拦截网（质量块质量 **30 g**）

V \ α	25	35	45	55	60	65	75	85
40	0.41	0.65	0.84	0.85	0.84	0.84	0.83	0.81
50	0.51	0.87	0.93	0.95	0.92	0.9	0.85	0.81
60	0.66	1	1.11	1	0.96	0.91	0.84	0.78
70	0.95	1.367 373	1.207 28	1.01	0.95	0.89	0.81	0.74
75	1.07	1.439 282	1.257 162	1.01	0.94	0.88	0.79	0.72
80	1.16	1.491 595	1.321 17	1.02	0.94	0.88	0.77	0.69
90	1.09	1.564 169	1.342 811	1.02	0.93	0.85	0.74	0.64
100	1.03	1.581 015	1.332 2	1.02	0.92	0.84	0.71	0.60

表 **A.10** 六边形柔性拦截网（质量块质量 **40 g**）

V \ α	25	35	45	55	60	65	75	85
40	0.62	1.04	1.201 215	1.11	1.06	1	0.95	0.89
50	0.99	1.384 409	1.311 806	1.19	1.11	1.01	0.91	0.84
60	1.426 818	1.526 242	1.295 032	1.17	1.09	0.97	0.85	0.77
70	1.547 79	1.456 909	1.284 795	1.15	1.05	0.94	0.81	0.71
75	1.622 968	1.430 056	1.283 413	1.13	1.04	0.93	0.79	0.68
80	1.657 556	1.443 546	1.278 322	1.12	1.03	0.93	0.76	0.64
90	1.735 83	1.435 935	1.258 986	1.08	1	0.9	0.71	0.61
100	1.670 99	1.410 747	1.232 542	1.06	0.98	0.87	0.67	0.53

表 **A.11** 六边形柔性拦截网（质量块质量 **50 g**）

v \ α	25	35	45	55	60	65	75	85
40	1.213 432	1.461 797	1.368 396	1.261 314	1.213 248	1.16	1.05	0.95
50	1.548 408	1.487 99	1.360 046	1.224 573	1.16	1.1	0.97	0.86
60	1.665 938	1.450 614	1.314 551	1.17	1.1	1.04	0.9	0.77
70	1.603 565	1.411 252	1.261 722	1.13	1.06	0.99	0.82	0.69
75	1.594 219	1.382 211	1.237 9	1.11	1.04	0.97	0.79	0.67
80	1.556 635	1.356 516	1.213 701	1.09	1.02	0.95	0.78	0.63
90	1.501 406	1.310 05	1.17	1.05	0.98	0.92	0.73	0.54
100	1.454 496	1.271 668	1.13	1.01	0.95	0.88	0.67	0.5

表 **A.12** 六边形柔性拦截网（质量块质量 **58 g**）

v \ α	25	35	45	55	60	65	75	85
40	1.515 799	1.527 637	1.401 521	1.305 228	1.246 661	1.19	1.09	1
50	1.621 568	1.452 63	1.327 493	1.225 223	1.17	1.11	1	0.89
60	1.581 451	1.414 086	1.269 68	1.16	1.1	1.04	0.93	0.79
70	1.522 422	1.355 783	1.211 689	1.11	1.04	0.99	0.85	0.68
75	1.512 315	1.328 649	1.18	1.08	1.02	0.97	0.82	0.64
80	1.496 809	1.304 654	1.15	1.05	1	0.95	0.79	0.61
90	1.446 397	1.248 993	1.1	1.01	0.97	0.91	0.74	0.53
100	1.389 086	1.2	1.05	0.97	0.93	0.88	0.69	0.47

表 **A.13** 六边形柔性拦截网（质量块质量 **65 g**）

v \ α	25	35	45	55	60	65	75	85
40	1.582 522	1.484 619	1.392 292	1.291 363	1.251 289	1.204 674	1.11	1.03
50	1.594 779	1.439 009	1.309 297	1.209 786	1.17	1.12	1.02	0.9
60	1.541 152	1.370 85	1.243 183	1.14	1.09	1.05	0.95	0.8
70	1.493 243	1.304 712	1.18	1.07	1.03	0.98	0.87	0.68
75	1.459 059	1.273 905	1.14	1.04	1	0.96	0.83	0.64
80	1.429 345	1.247 075	1.11	1.02	0.98	0.95	0.81	0.6
90	1.377 498	1.19	1.05	0.97	0.94	0.91	0.75	0.51
100	1.325 188	1.13	1	0.93	0.91	0.87	0.7	0.44

表 A.14　六边形柔性拦截网（质量块质量 75 g）

V \ α	25	35	45	55	60	65	75	85
40	1.613 093	1.501 837	1.360 274	1.275 448	1.237 816	1.2	1.13	1.04
50	1.565 821	1.395 411	1.276 638	1.19	1.14	1.11	1.03	0.92
60	1.480 792	1.313 47	1.2	1.1	1.06	1.03	0.95	0.82
70	1.416 822	1.248 666	1.12	1.03	1	0.97	0.87	0.69
75	1.384 095	1.212 371	1.08	1	0.97	0.94	0.85	0.66
80	1.356 601	1.18	1.05	0.97	0.95	0.92	0.81	0.58
90	1.300 732	1.11	0.99	0.92	0.91	0.88	0.76	0.48
100	1.245 003	1.05	0.93	0.88	0.87	0.86	0.71	0.41

表 A.15　六边形柔性拦截网（质量块质量 85 g）

V \ α	25	35	45	55	60	65	75	85
40	1.566 011	1.451 216	1.339 309	1.256 352	1.220 226	1.19	1.13	1.07
50	1.501 579	1.365 948	1.246 503	1.15	1.12	1.09	1.03	0.95
60	1.430 208	1.278 933	1.15	1.07	1.03	1.01	0.95	0.82
70	1.360 831	1.2	1.07	0.99	0.97	0.95	0.89	0.69
75	1.328 125	1.16	1.03	0.96	0.94	0.92	0.85	0.64
80	1.298 643	1.12	0.99	0.93	0.91	0.9	0.83	0.55
90	1.232 73	1.05	0.93	0.88	0.87	0.87	0.77	0.46
100	1.17	0.98	0.88	0.84	0.83	0.84	0.73	0.38